图书馆 · 情报 · 文献学

**国家社科基金项目书系**

　　本书为国家社会科学基金重大项目"总体国家安全观视域下的大数据主权安全保障体系建设研究"（项目编号：21&ZD169）、研究阐释党的十九大精神国家社会科学基金专项"健全国家大数据主权的安全体系研究"（项目编号：18VSJ034）、国家工程实验室"面向网络主权战略的政府大数据治理机制研究"研究成果

# 数据主权论纲：
# 国际态势与中国抉择

## The Outline of Data Sovereignty:
## International Situation and China's Choice

冉从敬　何梦婷 著

国家图书馆出版社

图书在版编目（CIP）数据

数据主权论纲：国际态势与中国抉择 / 冉从敬，何梦婷著．—
北京：国家图书馆出版社，2021.12
　（国家社科基金项目书系）
　ISBN 978-7-5013-7409-0

Ⅰ.①数… Ⅱ.①冉… ②何… Ⅲ.①数据处理－研究 Ⅳ.① TP274

中国版本图书馆 CIP 数据核字（2021）第 269551 号


书　　名　**数据主权论纲：国际态势与中国抉择**
　　　　　SHUJU ZHUQUAN LUNGANG: GUOJI TAISHI YU
　　　　　ZHONGGUO JUEZE
著　　者　冉从敬　何梦婷　著
责任编辑　张　颀
封面设计　陆智昌

出版发行　国家图书馆出版社（北京市西城区文津街 7 号　100034）
　　　　　（原书目文献出版社　北京图书馆出版社）
　　　　　010-66114536　63802249　nlcpress@nlc.cn（邮购）
网　　址　http://www.nlcpress.com
排　　版　北京旅教文化传播有限公司
印　　装　北京科信印刷有限公司
版次印次　2021 年 12 月第 1 版　2021 年 12 月第 1 次印刷

开　　本　710mm×1000mm　1/16
印　　张　22.75
字　　数　290 千字
书　　号　ISBN 978-7-5013-7409-0
定　　价　168.00 元

# 目　录

# 图表目录

## 表目录

# 图目录

# 前　言

当今世界，随着人类进入数字化时代，大数据、云计算等信息技术广泛应用于经济社会、国防军事等领域。全球化发展不断深化，数据的生产、传播共享以及产业应用在全球范围内蓬勃发展，数据在市场经济和产业布局中成为基本要素，在某些领域其地位甚至高于原油等刚需原材料资源，逐渐影响着世界各国企业创新、竞争以及生产力提高等重要方面。早在 2012 年 3 月，美国政府就通过"大数据研究和发展倡议"确立了基于大数据的信息网络安全战略；欧盟的科学数据基础设施投资已超过 1 亿欧元，其力推的"数据价值链战略计划"也通过发掘大数据的巨大市场价值和潜力为 320 万人增加了就业机会，同时欧盟在 Horizon 2020 计划之中纳入了数据信息化基础设施建设内容；此外，联合国还推出了"全球脉动"项目，以期借助大数据预测部分地区的失业、灾害、疾病传播等灾难，以便据此实施救济和帮助。

由此，新的数字化时代下，数据价值凸显并成为国家战略储备资源，深入影响国家和社会发展。大数据资源以其容量大、增速快、种类多、价值高的属性，与社会发展与国家安全深度耦合，主权国家在网络空间、数据治理领域全面回归，围绕数据资源的管辖争议、权益纷争与国际冲突不断，数据资源的地位凸显和数据科技的快速发展推动国际格局与国际秩序进入发展、变革和调整的新时期。各国日益重视利用法律、制度、缔约等多种手段来争夺数据时代下国际秩序的主导权和国际关系的制高点，积极完善数据治理方案、加强跨境数据管控、参与全球数据竞争，力图把握新空间优势，掌握话语权，主要大国围绕主权的新秩序、新规则的博弈正在加剧。

数据主权兴起并与国家安全、综合国力紧密关联。国际数据主权博弈日趋激烈，国际网络空间尚处丛林规则时代，在政治、经济等多重因素交叉影响下，数据主权安全风险更为多变与隐蔽，治理难度极大提升。保障数据主权安全，是保证国家经济、社会正常运行的应有之义，是主权国家不可推卸的重要责任。当前，我国数字经济与数字产业长足发展，产生海量的数据资源，加快建设我国数据主权保障体系刻不容缓。2015年，我国《促进大数据发展行动纲要》首次从官方层面对数据主权作出表述，要求增强数据主权保护能力；2020年，外交部部长王毅在全球数字论坛研讨会上发起《全球数据安全倡议》（*Global Initiative on Data Security*），明确提出尊重他国主权、司法管辖权和数据管理权。2021年，我国颁布的《中华人民共和国数据安全法》进一步凸显"数据主权"概念，要求重要数据，尤其是核心数据的出境要经过国家安全审查。

现实需求导向下推动国内外数据主权研究萌芽，作为跨学科共通性研究热点已经引发法学、信息科学、计算机科学等学科的广泛关注。当前，围绕数据主权的国际博弈进一步加剧，我国面临愈发严峻的国内外数据主权与网络安全风险，国际数据主权竞争局势趋向复杂，颠覆性改变的现实环境与实践需求向数据主权研究提出了更高的要求：数据主权的范畴与边界如何辨析？国际数据主权治理进展态势与治理模式如何？数据主权面临何种风险，且应如何应对？复杂数据主权治理的关键环节何在？中国如何主张和建设国家数据主权，如何形成具有中国特色社会主义的数据主权构建与数据治理道路？这些都是亟待学界思考与回答的关键问题。

对数据主权研究的紧迫性、必要性的认知，和基于认知产生的使命感、责任感，是我们撰写本书的源泉动力。自笔者主持的研究阐释党的十九大精神国家社会科学基金专项"健全国家大数据主权的安全体系研究"开题报告会（2018 年）以来，在课题团队专家的指导下，本人对策划与撰写本书的设想逐渐萌生。初期本人围绕数据主权问题，展开了系列研究，在各位同行专家的指导下，相关研究成果陆续受到同行与领域期刊的认可，在此本人深表感谢。

作为系统围绕数据主权的首部跨学科论著，本书主要围绕数据主权的理论体系、国际进展与我国应对策略，探讨数据主权发展缘起、概念体系与功能构成，对国际数据主权体系演进、保障实践予以梳理和总结，明晰数据主权的国际风险态势与关键治理环节，并在主权视角下进行国内外数据治理态势与进展的总结，进而提出我国数据主权治理策略与实施进路。除前言与附录外，本书主要分为九章，大致按照"理论—政策—实践"的逻辑顺序予以编排组织，同时各章之间也存在彼此交叉和相互印证、对照之处。具体章节内容如下：

数据主权是国家主权在大数据时代下的新延伸、新发展，数据主权既根植于历久弥新的主权概念体系，也立足于数据兴起与网络冲击的客观现实。在第一章"数据主权的历史维度"中，从时间与历史维度，对主权概念由来与演变，数据概念及其权利属性予以界定，把握主权视角下数据的权利体系与特征，并对大数据时代下主权的保障需求进行梳理，从而明晰大数据时代下数据主权兴起的法理与现实基础，同时，从时间与历史维度，对当前数据主权的兴起与发展历程进行调研与梳理，把握数据主权发展特征与规律。

数据主权具有全新的现实背景、规制对象与参与主体，传统主权的概念与内涵在大数据时代下有着新的发展、新的内涵，也面临着新的问题。在第二章"数据主权的基础理论"中，进一步明确主权在大数据时代下的证成，厘定数据主权概念定义及其近年来以"技术主权""数字主权"为脉络的范畴拓展。同时，对数据主权的意义、功能及其构成予以梳理，探讨数据主权面临的内外部挑战。

数据主权为数据权利体系的重要内容，数据主权与数据权利体系协同演进，数据权利体系不完善、数据主体权责不清晰、数据规则混淆等问题严重阻碍数据资源流动与转化，引发国家数据主权安全问题。在第三章"国际数据主权体系演进"中，基于数据主权视角，厘定主权视角下的数据权利体系范畴，充分调研德、美、俄等国数据权利体系演化历程，厘清德国沿袭传统式、美国修正扩张式、俄罗斯突进式演化的不同模式及其核心影响因素，并在我国数据权利体系演化历程上，提出针对个人数据、企业数据、国家秘密等关键数据的构建建议。

数据主权博弈和冲突进一步加剧，数据主权作为国家主权在数据领域的延伸和拓展得到了各主权国家的重视，国内外对于数据采取了基于主权保障的实践探索，进而形成了自身独特的规制体系。在第四章"国际数据主权保障实践"中，以"9·11""棱镜门"为关键事件节点，充分调研美国、欧盟、俄罗斯在不同阶段的数据主权保障实践，把握国际数据主权进展态势。同时，重点选择美国与我国进行对比，将美国数据主权战略体系从内容上分为对内基础建设性战略模块、对内协调防御性战略模块、对外进攻性战略模块、对外防御性战略模块4个主要模块，并已形成物理层、应用层、核心层以及国际视角实施、企业/公民视角实施共5种主要实施范式，并提出如加快立法进程、夯实基础设施建设、鼓励企业共建等相关建议，为我国网络主权战略体系构建提供理论支撑和参考。

数据主权与国家安全、综合国力紧密相关，当前数据主权面临多重风险，如何保障数据主权安全、抵御主权安全风险成为国家发展亟待回答的关键问题。在第五章"数据主权的国际风险态势"中，首先从实践视角对当前各国数据主权风险予以调研，从实践角度梳理在存储、跨境、处理环节中的实际风险。其次，为避免关键环节遗漏，创新性地从数据全生命周期视角综合厘定数据主权在生成与存储、跨境流转、利用与服务、外部环境四层维度的风险，发现在实践中通常将数据生成与存储、跨境流转风险两维度同步治理，同时将此两维度与数据利用与服务、外部环境区分治理，由此总结以数据分级分类、充分性认定、"长臂管辖"等为核心的数据生成与存储、跨境流转维度治理进路，以数据实体与技术管辖、场景理论与风险评估等为核心的数据利用与服务维度治理进路，以国际合作、数据发展的网络攻击与数据霸权治理维度为进路，并提出我国发展建议。

数据跨境流动是数据主权诞生与发展的重要现实背景，也是数据主权保障与治理最为核心的环节，不同国家和地区之间，由于经济发展水平、模式，法律制度渊源和数据主权目标等方面的差异，各国的跨境数据流动的立法、司法和执行管辖产生了明显的管辖冲突和矛盾。在第六章"数据主权风险治理关键环节——数据跨境"中，对数据跨境流动的内涵及在这一环节中数据主权行使的正当性予以探讨，在概念厘定基础上对具有代表性的国家和区域的数据立法政策和具体实践进行调研，总结概括冲突解决原则和管辖分类解决体系，为提出我国促进跨境数据流动治理和管辖模式的完善方案提供参考。

在个人隐私数据遭受侵犯、行业重要数据被非法利用、国家安全及国家秘密得不到充分保障的背景下，国家主权视角下的数据治理整体模式亟待完善。在第七章"数据主权下的国际数据治理模式"，对主权视角下的数据治理的行为主体、对象客体等范畴及基本原则予以厘定，分别从主权域内范围的个人数据保护，以及主权域外效力下的数据跨境流动两大视角切入，调研英国、美国、欧盟、日本、韩国、俄罗斯、澳大利亚及新加坡等主要国家及组织的数据治理立法及监管政策体系；并对主权视角下的国际数据治理模式进行归纳，基于各国的政治制度、立法监管、执法判例等得出了具有典型特征的美国式利益驱动型、欧盟式人本导向型、日韩式外部合作型、印俄式国家稳健型等几大数据治理模式。

数据主权战略下，我国围绕保障数据主权安全、提升数据治理效率展开了系列实践，但从我国海量数据资源、广阔数据市场、复杂数据环境的实际保障需求来看，离我们想达成的目标还有较大差距。在第八章"数据主权下的我国数据治理现状"中，对我国国内的数据治理现状进行调研，在选取银行金融、医疗健康、商业服务和交通地理等重点行业进行行业重要数据界定、数据出境的业务场景分析、司法案例执法解读的基础上，剖析我国数据主权视角下数据治理现存的在宏观架构、行为主体、数据生命周期、地域等各维度上的问题。

数据主权竞争与博弈的大环境下，我国亟待进一步完善数据主权保障机制，厘清符合我国国情的实践进路实践方案。在第九章"我国数据主权治理借鉴与进路"中，基于第八章对国内数据治理调研基础之上总结出现存问题，并结合我国具体国情提出具体建议，包括从战略层面上提出建设中国特色社会主义语境下的数据主权治理体系，从立法层面上提出建立"综合立法、分业立法、特殊立法"相结合的立法模式，从监管层面上提出打造"中央监管、地方执行、行业内统一标准"的监管规制，从数据对象层面上提出制定贯穿于全生命周期的隐私保护及侵权救济制度，并面向数据跨境专题提出完善境内数据出境和境外数据入境的管理规范。

本书由我撰写大纲与要点，在前期研究成果的基础上，分工撰写初稿，具体分工为：前言：冉从敬；第一章：冉从敬、何梦婷、郝伟斌；第二章：冉从敬、何梦婷、刘妍；第三章：冉从敬、何梦婷；第四章：冉从敬、王欢；第五章：何梦婷、黄海瑛；第六章：冉从敬、何梦婷、王欢；第七章：冉从敬、王冰洁、何梦婷；第八章：冉从敬、王冰洁；第九章：冉从敬、何梦婷。全稿由冉从敬、何梦婷统一修改。

本书为我主持承担的国家社会科学基金重大项目"总体国家安全观视域下的大数据主权安全保障体系建设研究"（项目编号：21&ZD169）、研究阐释党的十九大精神国家社会科学基金专项"健全国家大数据主权的安全体系研究"（项目编号：18VSJ034）、国家工程实验室"面向网络主权战略的政府大数据治理机制研究"研究成果。在本书研究与撰写过程中，课题组展开广泛调研、反复论证，博士研究生马丽娜，硕士研究生段文娇、郭潇凡、李晨睿、刘雅卓做了大量文字校对和资料核实等工作。著作出版过程中，国家图书馆出版社各位编辑给予本书大力支持，付出了辛勤劳动。

本书力求在交叉学科中进行创新探索，为系列论著的第一部与开篇，主要在于宏观探讨与全面描述。由于本人的学识有限，书中不足乃至错误之处，恳请各位行业专家与读者朋友批评指正。

冉从敬

2021 年 11 月 30 日

# 1  数据主权的历史维度

大数据时代，网络空间成为陆地、海洋、空气空间、外层空间之后的人类生活"第五空间"，全球数字化浪潮下数据资源重要性不断提升，成为国际竞争的重要战略资源，围绕数据资源的国际冲突与权益纷争不断。数据资源的地位凸显和数据科技的快速发展推动国际格局与国际秩序进入发展、变革和调整的新时期，各主权国家日益重视利用法律、制度、多边条约等多种手段来争夺国际秩序的主导权与国际关系的制高点，积极完善数据治理方案、加强跨境数据管控、参与全球数据资源争夺与市场竞争，力图把握网络战略新空间的竞争优势与话语权。主要大国围绕主权的新秩序、新规则的博弈正在加剧。正是在这一背景下，数据主权（Data Sovereignty）应运而生。

## 1.1  主权概念的由来与演变

主权概念发源由来已久。古希腊思想家亚里士多德被认为是最早阐释主权思想的先哲[①]，其在《政治学》（*Politics*）一书中指出"政体为城

---

[①]  连玉明.数权法2.0:数权的制度构建[M].北京:社会科学文献出版社,2020:192.

邦一切政治组织的依据，其中尤其着重于政治所决定的'最高治权'的组织"①，认为主权掌握者人数的多少是政体分类的主要标准，国家则是拥有主权掌握者最多的政体，可以凌驾于其他政体之上，因此，国家具有统治权。国家拥有最高权力的思想由此初见雏形。16世纪法国政治思想家让·博丹（Jean Bodin）发表《主权论》（On Sovereignty），认为主权是"不受法律约束的、对公民和臣民进行统治的最高权力，不受时间、法律限制，永恒存在"②，第一次系统地提出了近代意义上的主权理论。让·博丹的主权思想主要以"至高无上"的"君主主权论"主权概念和国家主义，强调国家区别于其他社会政治组织的根本标志即在于其拥有至高无上的主权，国家主权具有绝对性、永久性、不可让渡性、不可分割性和不受侵犯性。这一国家主权理论从根本上说是为巩固君主的绝对专制权力服务的，强调君主在其统治的范围内所拥有的至高无上的绝对权力。阿尔色修斯（Johannes Althusius）在让·博丹思想的基础上进一步阐明了"人民主权论"，从契约理论和自然法理论出发，认为国家也是社会契约的产物，主权必须寓于作为法人团体的人民，而权力需根据国家的法律被授予该国的行政官员③，这一理论是迄今为止出现的最早关于人民主权的明确阐述④。

早期主权理论聚焦于"安内"属性，让·博丹和阿尔色修斯以国内政治为主要出发点，形成以对内主权为核心的主权理论。胡果·格劳秀斯（Hugo Grotius）为反对西班牙的侵略、争取荷兰在国际上的独立身份，在《战争与和平法》（De jure belli ac pacis）中首次提出以对外主权为主的国家主权理论，从国际关系的角度出发，将主权定义为不受另

---

① 亚里士多德.政治学[M].吴寿彭,译.北京:商务印书馆,1996:129.
② 萨拜因.政治学说史:下卷[M].邓正来,译.上海:上海人民出版社,2010:75-90.
③ 萨拜因.政治学说史:下卷[M].邓正来,译.上海:上海人民出版社,2010:95-97.
④ 杨宏山.干涉主权论、绝对主权论与限制主权论:关于国家主权的三种不同理论立场[J].世界经济与政治,2000(3):18-22.

一主权控制的独立权利，独立的国家间关系应当在国际法的指引下进行调整①，主权的"至高无上"不仅适用于国内，也适用于国际关系。卢梭（Jean-Jacques Rousseau）提出人民主权理论，对主权理论作出进一步超越，其认为国家主权不能分割也不能转让，一切人权的表现和运用必须表现人民的意志，在法律面前人人平等，君主不得高于法律。在卢梭的主权理论中，主权在普遍协议的框架内具有相对绝对性，侧重"至高无上"的主权理论随着卢梭的人民主权理论得到进一步平衡和发展。

完整的近代意义的国家主权概念是在 17 世纪中叶以后随着威斯特伐利亚体系（Westphalian System）的产生而形成的。1618 至 1648 年的欧洲"三十年战争"时期，欧洲交战诸邦基于胡果·格劳秀斯的《战争与和平法》签订《威斯特伐利亚和约》（Peace of Westphalia）。在这一合约规范下，国家主权开始具备对内对外的双重属性：对内，主权是国内最高的权力，不受任何国内法的约束；对外，主权是独立自主的，不受任何外来力量的干涉，也不受外部力量的侵犯，"安内"与"攘外"在主权内涵中得到同步强调。独立的诸侯邦国开始在国家政治秩序与国际关系实践中认知、承诺、践行国家主权理论，国家的完整和独立由此开始主要体现为主权的完整和独立。

随着威斯特伐利亚体系建立，主权的对内统治和对外独立两项基本内涵正式被广泛接受为国家和国际关系的基石，为无政府状态下的国际秩序和处理有关国家间关键中的冲突与合作提供了法理基础②。在现代民族国家的三波独立浪潮下，特别是在二战结束和联合国成立以后，这一主权理论体系进一步得到广泛认可。

现代主权是对传统主权的继承和发展，现代主权出现的原因有：一是主权国家在谋求生存、获取利益和寻求发展的过程中所产生的内在因

---

① 萨拜因.政治学说史:下卷[M].邓正来,译.上海:上海人民出版社,2010:98.
② 黄志雄.网络主权论:法理、政策与实践[M].武汉:武汉大学出版社,2017:5.

素；二是主权国家处于国际环境变化的过程中所面对的外在不可抗力因素①。现代主权理念的法定含义载于 1945 年《联合国宪章》（*Charter of the United Nations*），其将国家主权与平等合并为一项原则，成为主权平等原则。按照《关于各国依联合国宪章建立友好关系及合作之国际法原则之宣言》（*Declaration on Principles of International Law Concerning Friendly Relations and Cooperation in Accordance with the Charter of the United Nations*）的解释，国家主权平等主要包括以下要素：①各国法律地位平等；②每一国均享有充分主权的固有权利；③每一国均有义务尊重其他国家的人格；④国家的领土完整及政治独立不得侵犯；⑤每一国均有权利自由选择并发展其政治、社会、经济及文化制度；⑥每一国均有责任充分且一秉善意地履行其国际义务，并与其他国家和平相处②。

主权概念漫长的发展历史揭示，主权在保有理论核心的基础上，其概念的内涵与体系处于随着时代发展不断演进与变化的过程中。纵观主权概念的演变与发展历程，可以发现：①主权并不完全是现代产物③，作为贯穿人类社会发展历程中源远流长的思想理念，主权的表现形式或许在不同时代特征下具有不同的表述和形态，在不同的时代需求下有着并不完全相同的诉求表达，但主权理念始终具有稳定、坚实的思想传承；②主权并不是一成不变的静态存在。主权无论在理念上还是实践上都实际表现为一个不断演化发展的过程，数据时代下主权发展的内外部环境条件均出现了颠覆性变化，主权理念也应在新的时代条件下被赋予新的涵义；③主权的核心价值在于维持政治秩序，保障国家、人民安全并维

---

① 连玉明.数权法2.0:数权的制度构建[M].北京:社会科学文献出版社,2020:196.

② 李浩培,王贵国.中华法学大辞典:国际法学卷[M].北京:中国检察出版社,1996:689.

③ 刘杨钺,王宝磊.弹性主权:网络空间国家主权的实践之道[J].中国信息安全,2017(5):3.

护本国利益，在全球化的当下，传统主权概念同样面临发展的新环境、新需求、新问题，如何不断更新和厘定主权内涵体系以应对新的风险与挑战，是各主权国家不可回避的关键问题。

## 1.2 数据概念及其权利属性界定

### 1.2.1 数据的概念

数据并非伴随大数据而生，数据自古有之。远至人类结绳记事，利用图形记录事件，再至人们的口口相传，文字的产生，诗歌的传颂，文字的世代传递，无一不是数据的流通与传递。它既有形也无形，与人类社会的发展密切相关。数据到底是什么？

维基百科定义数据为"未经过处理的原始记录"[①]，我国《新语词大词典》定义数据"是一种以数字形式反映内容的内在连贯的符号系统。数据的内容包括生产、技术、生活和各种社会条件、科学论文和各种文献的内容、领导者的构成、行业发展及开发情况以及各种政策规定等"[②]。数据在不同的领域与时代有不同的定义与发展：从信息视角来看，数据是"可进行重复解读的信息表达形式，适宜于通信、解释或者处理"[③]；从经济视角来看，数据则是关于社会、经济、自然现象的数量指标的统计资料[④]；从计算机视角来看，数据则是能被计算机接受和处理

---

[①] 数据[EB/OL].[2020-04-20].https://zh.m.wikipedia.org/wiki/%E6%95%B0%E6%8D%AE.

[②] 韩明安.新语词大词典[M].哈尔滨:黑龙江人民出版社,1991:447-448.

[③] ZECH H.Daten als wirtschaftsgut-berlegungen zu einem recht des datenerzeugers[J].Computer und recht,2015（3）:137-146.

[④] 刘树成.现代经济词典[M].南京:凤凰出版社,2005:950.

的各种描述事物属性的表示，包括整数、实数、字符、文字、表格、图形、图像和声音等，数据能输入到计算机中，按人们的要求加以处理（如编辑、存储、传送、分类、计算、转换、检索、制表和模拟等），以得到所需要的结果[①]；随着网络信息技术的高速发展，数据体量进一步趋向海量化，数据生产方式发生颠覆性变化，人类由此进入大数据（big data）时代，大数据指具有体量巨大、来源多样、生成极快且多变等特征并且难以用传统数据体系结构有效处理的包含大量数据集的数据[②]，大数据资源及其技术的兴起与发展进一步推动人类社会迈入"信息社会"。

在定义上，数据根据分类标准的不同，可以划分为不同的类型。按照数据性质，可以分为定性数据和定量数据。根据数据的领域，可以分为工业数据、农业数据、商业数据、学术数据等多种类型。根据数据是否经过处理，可以分为原始数据和衍生数据。原始数据即为未经处理、没有经过任何加工的数据。衍生数据为加工后的数据。根据数据主体，可以分为个人数据[③]、企业数据[④]、国家数

---

① 《中国电力百科全书》编辑委员会.中国电力百科全书:电工技术基础卷[Z].北京:中国电力出版社,2001:314-315.

② 编辑出版学名词审定委员会.编辑与出版学名词[M/OL].北京:科学出版社,2021:149[2021-06-30].http://www.cnterm.cn/sdgb/sdzsgb/jbxl/202111/W020211118532730944335.pdf.

③ 我国于2021年8月实施的《中华人民共和国个人信息保护法》第4条明确，"个人信息是以电子或者其他方式记录的与已识别或者可识别的自然人有关的各种信息,不包括匿名化处理后的信息。"此前,欧盟《通用数据保护条例》中将个人数据（personal data）定义为"与已识别或者可识别的自然人相关的任何数据",其中"可识别的自然人"指的是"通过姓名、身份证号、定位数据、网络标识符号以及特定的身体、心理、基因、精神状态、经济、文化、社会身份等识别符能够被直接或间接识别到身份的自然人。"其中,个人数据通常包括自然人的姓名、出生日期、身份证号、住址、电话号码、交易信息、健康生理信息等。

④ 企业数据,通俗而言是企业拥有的、可支配的数据。企业数据可分为两类,一类是企业自身基本情况数据,包括企业人才数据、经营数据、知识产权、发展战略等等。对于这一类的数据,企业通常通过建设数据库和数据平台的形式进行管理。这部分数据,企业拥有绝对的所有权。第二类是企业经用户授权收集到的用户个人数据,包括原始数据和衍生数据。

据①。从国际数据治理实践来看，当前各主权国家均根据其国家利益与需求划分其重要数据类型，并对不同类型数据提出不同的治理与保障方案。

　　数据正在改变现实生活、重塑社会形态，大数据成为新一代信息技术和生产力的代表。美国国际事务及外交政策研究领域权威杂志之一的《外交事务》（Foreign Affairs）2021 年发表的文章《数据即是权力》（Data is Power）中直言，与全球经济的其他要素相比，数据与权力更紧密地交织在一起。数据作为创新日益必要的投入、国际贸易迅速扩张的要素、企业成功的重要因素以及国家安全的重要内容，为所有拥有它的人提供了难以置信的优势。寻求反竞争优势（anticompetitive advantages）的国家和公司都在试图控制数据②。现代社会迈入信息社会，数据成为国家重要战略资源，各国在经济发展、国家建设、社会稳定等方面对数据资源的依赖加重，对数据占有和利用成为国家间竞争和博弈的关键一环。2012 年，奥巴马政府发布了《大数据研究和发展倡议》（Big Data Research and Development Initiative），将数据定义为"未来的新石油"；2020 年 4 月份，我国《中共中央国务院关于构建更加完善的要素市场化配置体制机制的意见》发布，数据成为与土地、劳动力、

①　国家数据，即国家机关所拥有的数据。国家数据通常包括三类，按照机密性依次为：ⅰ涉及国家安全和公共安全的数据，例如军事机密、国防数据、反恐数据、外交数据等。此类数据与国家利益息息相关，一旦泄露，会对国计民生造成极大的影响。ⅱ国家机关所掌握的民生和经济相关的数据及统计数据，包括税务数据、经济增长数据、就业统计数据等等。这一部分与民生和经济发展密切相关，通常会由国家机关统计后进行公布。ⅲ国家机关所公布的政策法规数据，包括行政法规、国民经济发展规划、财政预算决算信息、突发公共事件的应急预案等。这一部分主要是国家机关所制定的规划章程，包括政治、法律、经济、民生、教育等多个方面，由国家机关进行公示。ⅳ国家机关自身拥有的数据，包括人员数据、财务数据等。这一部分通常由国家机关进行内部管理，部分进行公示。
②　洪延青.数据竞争的美欧战略立场及中国因应：基于国内立法与经贸协定谈判双重视角[J].国际法研究,2021(6):69-81.

资本、技术并列的生产要素，成为国家基础性战略资源。数据作为国家战略资源与社会生产要素的重要性已得到广泛认同，对于数据需序化治理的共识也已达成。

## 1.2.2 数据的权利属性

对数据的序化治理依赖完备的数据法规，而数据的权利属性是制定数据化资源确权、开放、流通、交易相关制度，完善数据产权保护制度，构建数据主权治理战略的起点与基石。数据具有民法上客体的特征：①存在于人体之外，数据是对事实、活动的数字化记录，呈现为非物质性的比特构成；②具有确定性，数据存在必须依赖一定的载体，其内容是确定的、稳定的，其载体所承载的内容和数量都可以独占和控制，如欧盟的数据可携权等等相关法律均规定数据主体对其自身相关的数据拥有控制性的权利；③具有独立性，数据本身的呈现形式是比特，所承载的内容是事实和活动，数据能够独立存在，能够与其所表现的形式媒介在观念和制度上进行分离，并具有独立的利益指向；④具有民法以"无形物"作为权利客体的特征，数据所依托的物理介质和承载的内容都具有无形性的表征，数据是以其所含内容来界定权利义务关系，具有类似知识产权所具有的信息垄断性的内在特征[①]。概而言之，数据存在于人体之外，具有确定性、独立性，具有民法上客体的特性，同时其客体的自然属性及特殊性决定了数据难以依靠现有权利制度予以全面规制，必须建立新的保护制度与治理规范。对于数据的权利属性在学界已有广泛讨论，一般认为数据兼具人格权、财产权和国家主权属性。

（1）数据具有人格权属性。人格权是以权利者的人格利益为客体的

---

① 李爱君.数据权利属性与法律特征[J].东方法学,2018（3）:64-74.

民事权利①，指以人的价值、尊严为内容的权利（一般人格权），并个别化于特别人格法益（特别人格权），例如生命权、身体、健康、名誉、自由、信用、隐私②。数据，特别是个人数据，明确地涵盖了自然人如姓名、身份证号、家庭住址、信用状况、运动轨迹、爱好等全面的个人特征，可以指向和识别具体自然人，具有明确的人格权属性。

（2）数据具有财产权属性。客体作为法律上的财产需要具备三个积极要件：有用性、稀缺性和可控制性。当前，数据的商品化、战略资源化已经从实践上证明数据的使用价值和其作为资源的稀缺性，数字经济的快速发展进一步彰显数据作为财产、资源的属性。同时，数据可被记录、加密、存储，并依托于具体的载体和数据控制者，使其可被控制和支配，数据的可控制性得到彰显，由此可见，数据符合法律上财产的要件，具有法律上的财产属性。

（3）数据具有国家主权属性。数据被广泛地运用于科技、教育、医疗、军事等领域之中，现代国家主权的争端不仅仅停留在传统分类下的领陆、领空、领水等，更多地向数字空间扩展，以"棱镜门"为代表的国际事件正式表明，在信息时代，数据已与国家安全、社会发展相互交叉竞合，"数据主权"保卫能力决定了一个国家在未来的位置③。实践上，主权国家有权运用国家权力对数据施以控制和管辖已达成一致：俄罗斯联邦法律规定外国资本不能控股境内重要的数据企业与网站；巴西采取最强有力的措施来规范跨境数据流通，认为除非有充分理由允许将数据传输到国外，否则要求在本地处理数据，而且跨境数据传输的许可证最多可授予三年；德国规定除非有特殊法律依据，否则不允许个体跨境访

---

① 谢怀栻.论民事权利体系[J].法学研究,1996(2):67-76.
② 王泽鉴.民法概要[M].2版.北京:北京大学出版社,2011:38.
③ 任彦.捍卫"数据主权"[N].人民日报,2015-01-14(24).

问位于其他司法管辖区的服务器①；我国早在2010年《中国互联网状况》白皮书中就已明确将位于我国领土界限内的互联网划归我国的主权管辖范围②，其后在2015年颁布的《中华人民共和国国家安全法》、2016年颁布的《中华人民共和国网络安全法》以及2021年颁布的《中华人民共和国数据安全法》进一步对国家在网络空间中的主权进行了明确③。由此可见，数据主权在各国战略蓝图与治理方案中兴起并开始发展，数据资源由此带有明确的国家主权性质。

## 1.3  主权在大数据时代的保障需求

主权理论的阐释与现代领土国家的诞生是同步的④。传统国家主权的概念，始终与地理空间因素紧密关联，传统针对主权的规制与保障方案，也严格围绕领土、领海、领空等有形的物理因素展开。互联网的出

---

①  OSULA A M.Transborder access and territorial sovereignty[J].Computer law & security review,2015（6）:719-735.

②  《中国互联网状况》白皮书[EB/OL].[2021-02-16].http://www.scio.gov.cn/tt/Document/1011194/1011194.htm.

③  《中华人民共和国国家安全法》第25条规定："国家建设网络与信息安全保障体系,提升网络与信息安全保护能力,加强网络和信息技术的创新研究和开发应用,实现网络和信息核心技术、关键基础设施和重要领域信息系统及数据的安全可控;加强网络管理,防范、制止和依法惩治网络攻击、网络入侵、网络窃密、散布违法有害信息等网络违法犯罪行为,维护国家网络空间主权、安全和发展利益。"《中华人民共和国网络安全法》第1条规定："为了保障网络安全,维护网络空间主权和国家安全、社会公共利益,保护公民、法人和其他组织的合法权益,促进经济社会信息化健康发展,制定本法。"《中华人民共和国数据安全法》第36条规定："中华人民共和国主管机关根据有关法律和中华人民共和国缔结或者参加的国际条约、协定,或者按照平等互惠原则,处理外国司法或者执法机构关于提供数据的请求。非经中华人民共和国主管机关批准,境内的组织、个人不得向外国司法或者执法机构提供存储于中华人民共和国境内的数据。"

④  翟志勇.数据主权的兴起及其双重属性[J].中国法律评论,2018（6）:196-202.

现与普及，极大拓展了人类社会经济、文化沟通的渠道，将国家疆域与竞争领域扩展到了网络空间，主权理论由此延伸至虚拟的网络世界。而云计算、大数据为代表的新一代数据技术的发展，使得处于"睡眠"中的海量数据资源可被按照特定主体的特定目的关联与挖掘，产生不可预估的重要价值与情报信息，并与国家政治、经济、文化等各环节紧密关联，冲击着现有各国主权保障体系与国际协调秩序，各主权国家进一步将数据资源提升至前所未有的生产要素高度并纳入国家治理与管辖范畴，进一步催使"网络主权"向"数据主权"的嬗变。基于上文对主权演化过程的分析，本书认为数据主权在全球范围内的兴起根源于主权在大数据时代的保障需求，并主要体现在如下四个方面。

### 1.3.1　数据技术与跨境流动冲击传统国家主权体系

互联网快速发展与普及，数据技术的快速革新，使得海量数据资源依托虚拟网络空间和新兴数据技术进行传播、存储与利用成为可能，网络空间进一步与企业、组织、个人等多元数据主体融合，孕育体量巨大的数据资源，极大提高了数据产生、传输与获取的效率。技术的成熟进一步催生了数据的跨境流动，在跨境流动的过程中，数据存储、管理、利用的主体都发生了变化[①]，使得主权国家依靠传统主权理论难以对数据产生、存储、传播、利用的全生命周期进行有效的控制和管理，传统主权体系在应对大数据时代下的新主权问题时存在一定的"真空"，风险加剧下的制度"真空"危害政治安全、威胁经济安全并侵蚀文化安全，国家主权安全与数据安全面临巨大的威胁。

同时，数据技术与跨境数据流动使得"国家疆界"变得模糊，数据跨境融合和服务带来的大数据融合、合作、外包、分包、众包等各种生

---

① 宋佳.大数据背景下国家信息主权保障问题研究[D].兰州:兰州大学,2018.

产形式的大数据产生方式加剧了国际范围认定数据主权归属的困境①，国际数据跨境流动中的管辖权重叠争议屡见不鲜。传统主权治理体系中的如属地原则、属人原则、保护性管辖原则和普遍性管辖原则等基本原则，难以应对数据时代下由数字资源客体引发的主权问题，实践中以属人管辖和属地管辖为主要原则的国际数据资源归属管辖中也存在冲突。同时，当前尚未出现国际通用的数据跨境流动规则，依据传统主权理论体系形成的国际协定与治理规则也同样难以适应大数据时代的新问题，国际冲突中缺乏国际规则予以制约，各主权国家从自身国家利益出发争取数据管辖权，国家主权治理进一步趋向复杂。在虚拟空间，适用于现实领域的法律体系已远不能满足对其调整和规制需求，现有的主权规制体系面临着巨大冲击，主权概念在全球安全焦虑的背景下，亟待重构和扩展，必须回应新兴信息技术和信息行为的冲击以应对新信息环境下的新问题。

### 1.3.2 数据恐怖主义与霸权主义提供数据主权的正当性诉求

数据技术具有其作为工具与渠道的中立性，但信息技术对国家政治、经济、文化的全面渗透使得其成为恐怖主义、分裂主义、极端主义等传统物理空间中恐怖势力的新工具，借由网络空间与数据技术，将网络空间瞄准为新的攻击目标，并进一步拓展其煽动、策划、组织和实施暴力恐怖活动的渠道，辅之以愈发隐蔽的数据侵害手段，使得单纯依靠组织与个人的防御措施难以奏效，网络恐怖主义成为破坏各主权国家的日常运行、社会稳定、国家安全的重要风险之一，国家权力在网络空间治理中回归的呼声愈发高涨。同时，以美国、欧盟为代表的网络优势国家或组织，具有先进的前沿数据技术、领先的跨国数据企业、垄断的

---

① 冉从敬,肖兰,黄海瑛.数据权利博弈研究:背景、进展与趋势[J].图书馆建设,2016(12):28-33.

广阔数据市场，在绝对的网络空间优势下，这类优势国家以"网络自由""数据自由"等口号大力推行符合其国家利益的数据治理原则，打开他国数据市场，积极争夺全球数据资源，大肆扩展其数据主权边界，推行网络霸权主义，不断威胁其他主权国家的数据主权。

网络恐怖主义和霸权主义直接瞄准主权国家主体，以获取数据资源与信息情报、破坏数据传播与网络运行为目的，攻击对象包括但不限于国家数据基础设施、国家关键数据、企业商业秘密、公民个人隐私数据等，主权国家的国家安全、社会运行、经济发展、文化传播、人民利益均受数据恐怖主义、霸权主义的威胁，使得网络空间中的虚拟数据资源迫切需要国家权利予以规制，在法律、政策的指导和国家机关的监管、协助下共同应对严峻的主权风险问题，避免网络空间成为不受控制的法外之地。

### 1.3.3　后"棱镜"时代全球数据安全焦虑呼吁数据主权的全面回归

互联网发展早期，以约翰·P. 巴洛（John P. Barlow）及其参与创立的电子前沿基金会（Electronic Frontier Foundation）为代表的互联网运动家均积极主张"网络自由"理念，发表著名的《网络空间独立宣言》（*A Declaration of the Independence of Cyberspace*），反对政府对网络空间的介入，"工业世界的政府……我们不欢迎你们，我们聚集的地方，你们不享有主权""你们从来没有要求过我们的同意，你们也没有得到我们的同意。我们没有邀请你来，你们不了解我们，不了解我们的世界，网络空间不在你们的疆界之内"[①]，强烈要求网络空间的去主权化，提倡网络空间独立自主地管理数据资源、解决数据纷争，倡导互联网行业自治和数据在网络空间中的无限制流动。数据安全新问题及数据霸

---

① 巴洛：网络空间独立宣言[EB/OL].[2021-03-30].http://lawincyber.com/893.

权、数据恐怖主义的出现，使得网络空间中数据资源规制与数据风险应对难以仅仅依靠行业自治完成，甚至难以通过单个国家完成治理，网络空间开始转而寻求国家权力的介入。

2013 年 6 月美国"棱镜"计划（PRISM）[①] 秘密监控项目曝光，美国政府与包括微软、雅虎、谷歌等在内的 9 家跨国网络巨头合作，直接进入跨国网络与数据公司的中心服务器挖掘数据、获取情报，对即时通信和存储数据进行深度监听，监听与分析对象涵盖了所有使用以上跨国网络巨头服务的各国用户，以及任何与国外人士通信的美国居民。"棱镜门"事件以其存在之久、程度之深、侵犯之广在国际社会引起巨大争议，使得全球陷入数据安全焦虑。国际社会全面意识到数据资源对于国家安全的重要意义，现实数据安全威胁与国际数据霸权受到广泛关注，全球由此掀起了新一轮的数据资源争夺与网络军备竞赛。此前，网络空间在发展历程中，一直将主权国家视为对立面，标榜"绝对自由"，反对将现实空间的任何政府管制延伸至网络空间。"棱镜门"则将国家数据安全危机和个人隐私安全危机暴露出来，传统依靠企业等非国家权力主体的"自律"和互联网行业的"行业标准"实现网络空间"自我监管"的治理方式已经被全方位宣告无效，数据主权的介入成为对抗数据霸权和捍卫国家安全危机的必然出路。这一背景下，"数据主权"概念在全球网络空间全面回归，各个国家或组织纷纷开始加快数据立法，如欧盟、俄罗斯、澳大利亚、巴西等，力图通过数据本地化、数据流通限制等方式，捍卫数据主权。

---

① "棱镜"计划（PRISM）是一项由美国国家安全局自 2007 年起开始实施的绝密电子监听计划，该计划的正式名号为"US-984XN"。英国《卫报》和美国《华盛顿邮报》2013 年 6 月 6 日报道，该项目，使得美国政府可以直接进入美国国际网络公司的中心服务器里挖掘数据、收集情报，包括微软、雅虎、谷歌、苹果等在内的 9 家国际网络巨头皆参与其中。

### 1.3.4 "数据全球化"背景下国家博弈稳固数据主权地位

经济全球化重塑了全球竞争格局与国际秩序，改变了人类社会发展模式并使得各主权国家迈入"合作—竞争"的博弈新阶段。数据技术的快速发展催生新一轮以数据资源为核心的"数据全球化"，数据资源的价值被置于国家发展生产要素的高度，国家存储、处理、挖掘、管理数据的能力，与国家安全和综合实力紧密关联，由此，全球围绕数据资源、数据市场、数据经济的争夺与博弈进入白热化，主权介入数据治理与国际数据竞争将是可预见未来的必然发展方向。正如，我国华为等高科技企业在美国或在由美国控制的自由市场上均遭到严格抵制[1]，甚至被赋予"中国霸权论"等标识[2]进而严格限制进入，保障美国数据市场管辖权的单一性，此类风险依靠企业自身难以应对，针对主权国家的博弈稳固数据主权的关键地位。

每个国家的经济、政治和文化环境不一，所采取的应对跨境数据流动、保障本国数据安全、参与国际数据治理的管辖模式也不一样，正如美国凭借自己的技术经济优势，企图在全球实现美国相关数据的扩张管辖；而欧盟在"棱镜门"事件之后，开始注重欧盟对外的跨境数据流动规制，力图建立区域内稳固的数据管辖机制。因此，随着各国逐渐认识到数据的重要意义和价值，纷纷采取法制规范对数据进行管理和运用，但当前尚未有统一的国际数据治理方案，辅之以数据虚拟性、复制性等特点，其中围绕数据的管辖冲突、司法实践冲突将会进一步加剧。一方面，缺乏统一的全球数据管理规范，各国为了维护自身权益，只能通过国内法来管理跨境数据流动，而以国内法执行域外管辖，则会产生管辖冲突，造成各为其主的无序数据管辖状态；另一方面，各国之间的立

---

① 沈逸.美国压制华为出于私心和错误认知[N].环球时报,2019-03-22(15).
② 庞中英.中国在全球治理中担纲什么角色？中国版"非霸权的国际领导"[N].华夏时报,2018-01-15(37).

法、司法和执行管辖的实践理念也不一样，即使按照统一的约定进行管辖，在实际中也会产生冲突。

## 1.4 数据主权的兴起与发展

数据资源以其容量大、增速快、种类多、价值高的属性，与社会发展与国家安全深度耦合，数据主权快速兴起并引发全球关注，关切数据主权的治理方案逐渐在各国国家战略蓝图中占据核心地位。美国通过《澄清域外合法使用数据法案》（*Clarifying Lawful Overseas Use of Data Act*，CLOUD Act，以下称 CLOUD 法案）、《加利福尼亚州消费者隐私法案》（*California Consumer Privacy Act*，CCPA）等制定数据流通标准，管控数据市场行为；英国分别于 2009、2011 和 2016 年颁布和修订了《国家网络安全战略》（*National Cyber Security Strategy*），维护国家网络安全和加强数据资源保护；俄罗斯陆续通过《俄罗斯联邦信息、信息化和信息保护法》（*Federal Law No. 149-FZ of July 27, 2006, on Information, Information Technologies and Protection of Information*）《俄罗斯联邦国家安全战略》（*National Security Strategy of the Russian Federation*）《俄罗斯联邦信息安全学说》（*Doctrine of Information Security of the Russian Federation*）等加强了数据管控和主权保障；我国在 2019 年密集发布《数据安全管理办法（征求意见稿）》《个人信息出境安全评估办法（征求意见稿）》等文件加强管控跨境数据流动，2021 年进一步通过了《中华人民共和国数据安全法》和《中华人民共和国个人信息保护法》。

主权代表一个国家在其领域内所拥有的最高权力，随着互联网的渗透及信息技术的发展，国家主权的概念不断延伸拓展，逐渐演化出网络

主权、数据主权等新概念。数据主权经历媒介主权、网络主权再到数据
主权的概念扩张①，并继续不断演化延伸，本节对上述主权概念予以厘
定，明晰数据主权概念与近似概念间的差异，把握数据主权属性与内
涵，明确数据主权治理理论的关键。

### 1.4.1　从媒介主权、网络主权到数据主权的发展嬗变

16世纪末，让·博丹认为主权具有绝对性与永久性②，《威斯特伐利
亚和约》形成的"国家主权"概念已基本受到国际法的广泛承认，主权
由此成为对内最高、对外独立的绝对权。主权理论具有历久弥新的重要
特征，从而在网络与数据时代进一步演化出媒介主权、网络主权、数据
主权等新权利束。

媒介主权（Media Sovereignty）是盛行于传统媒体时代的主权概念，
指一个国家对其境内媒介及其所传播的内容能够不加干涉行使的权力③。
其主要包括：①对媒介本身的所有权，各国政府对媒介拥有者身份作出
详细规定；②对媒介内容的保护，本国媒体传播内容的主体必须是本国
媒体或制作公司所制作的内容；③对媒体通路的主权宣示，也即国家
对传播渠道的控制。媒介主权围绕传统实体媒介对象展开，其对媒介自
身、媒介内容及媒介通路的主权控制思想，及后续网络主权、数据主权
等概念的定义与管辖体系划分有着重要借鉴意义。随着信息传播主客体
及通路突破传统实体媒介，媒介主权无法覆盖网络空间新问题，"网络
主权"在新的治理矛盾下应运而生。

网络主权（Cyberspace Sovereignty）指"一国基于国家主权对本国

---

①　冉从敬,陈贵容,王欢.欧美跨境数据流动管辖冲突表现形式及主要解决途径
研究[J].图书与情报,2020（3）:77-85.

②　BODIN J.On sovereignty[M]. Cambridge:Cambridge University Press,1992:345.

③　沈国麟.大数据时代的数据主权和国家数据战略[J].南京社会科学,2014（6）:
113-119.

境内的网络设施、网络主体、网络行为及相关网络数据和信息等所享有的最高权和对外独立权"[1]，包括独立权、平等权、管辖权、防卫权等四项权能，国家既对一国领土内的网络基础设施和网络活动享有主权，也可以在国际范围内自由实施网络行动[2]，厘清数据主权需要从更广义的网络主权开始[3]。1996年世界经济论坛发表《网络空间独立宣言》，提出"我们不欢迎你们，我们聚集的地方，你们不享有主权"。网络空间（cyberspace）是依托现实信息基础设施构筑的虚拟空间，在没有既定秩序和有效规则的制约下，网络空间自治会逐渐异化，影响国家稳定安全和社会秩序。为应对现实挑战，国家主权溢出至网络空间中，适用于传统媒介的媒介主权延伸至新一代信息空间，"网络主权"由此兴起与发展。2013年4月，北约正式发布《可适用于网络战的国际法的塔林手册》（*Tallinn Manual on the International Law Applicable to Cyber Warfare*，后文简称《塔林手册》），指出"国家有权对其主权领土范围内的网络基础设施和网络行为实施控制，对他国的网络基础设施进行的任何干涉都是对主权的侵犯"[4]。2013年6月，第6次联合国大会通过联合国"从国际安全的角度来看信息和电信领域发展政府专家组"（UNGGE）所形成的决议的第20条规定"国家主权和源自主权的国际规范和原则适用于国家进行的信息通信技术活动，以及国家在其领土内对信息通信技术基础设施的管辖权"[5]，实际确认了网络空间中国家主权的存在。2017

---

① 网络主权：理论与实践（2.0版）[EB/OL].[2021-07-12].http://www.cac.gov.cn/2020-11/25/c_1607869924931855.htm.
② 黄志雄.网络空间国际规则制定的新趋向：基于《塔林手册2.0版》的考察[J].厦门大学学报（哲学社会科学版），2018（1）：1-11.
③ 冯硕.TikTok被禁中的数据博弈与法律回应[J].东方法学，2021（1）：74-89.
④ 朱莉欣.聚焦《塔林手册》透视网络战规则[EB/OL].[2019-03-25]. http://theory.people.com.cn/n/2015/1130/c386965-27870836.html.
⑤ 联合国裁军事务厅.从国际安全角度看信息和电信领域的发展[EB/OL].[2019-03-21].https://www.un.org/disarmament/zh/.

年 2 月出版的《可适用于网络行动的国际法的塔林手册 2.0 版》( *Tallinn Manual 2.0 on the International Law Applicable to Cyber Operations*，以下简称《塔林手册 2.0》)第一条"主权（一般原则）"明确否定了网络空间"全球公域说"，认为"尽管（全球公域）定性在法律之外的方面可能是有用的，国际专家组并不接受这一定性，原因是它忽略了网络空间和网络行动中那些涉及主权原则的地域属性"①。

网络空间可区分为"物理层""逻辑层"和"数据层"②，对应网络主权也可按照这一逻辑分为三个层次。在"物理层"，主要是对领土内支持网络活动的物理基础设施的主权，密切关联国家领土；在"逻辑层"，主要是国家对计算机代码的主权，核心在于国家能否控制域名系统（The Domain Name System，DNS）；在"数据层"，则因数据所有者、存储者与使用者在地理位置上的分离，极易产生针对如数据所有权、管辖权等的主权纷争。当前在物理、逻辑层上的数据主权规制已形成较全面、统一的治理规则，而在数据层，网络信息渠道造成了数据来源地与储存地的割裂、数据控制者与所有者的分离以及数据管辖权与治理权的模糊③，各主权国家诉求不一，针对数据的主权风险治理尚未有完备方案，成为网络主权治理痛点所在。随着数据分析与挖掘技术发展，数据量井喷式增长背后的政治利益和商业价值提升，网络主权进一步强调取得对网络中的数据的占有和管辖的权利④，由此分化出数据主权⑤。

---

① SCHMITT M. Tallinn manual 2.0 on the international law application to cyber operations[M].2nd ed.Cambridge：Cambridge University Press，2017：12.

② 许可.数据主权视野中的 CLOUD 法案[J].中国信息安全，2018（4）:40-42.

③ 邵怿.论域外数据执法管辖权的单方扩张[J].社会科学，2020（10）:119-129.

④ 蒋洁.云数据跨境流动的法律调整机制[J].图书与情报，2012（6）:57-63.

⑤ WOODS A K. Litigating data sovereignty[J].The Yale law journal，2018（2）:328-406.

### 1.4.2 沿袭主权理念体系的数据主权

大数据时代，数据主权是网络主权的核心主张[1]和网络主权延伸到数据层面的必然结果[2]。数据成为战略资源，互联网弱化了传统国际法中的地域性，强烈虚化了主权国家地理意义上的边界。随着数据价值与传播的进一步提升，个人、社会、国家与数据关联进一步深化，数据主权应运而生。

数据主权指国家对其管辖地域内的数据享有的生成、传播、管理、控制、利用和保护的权力[3]。数据主权是国家主权在信息化、数字化和全球化发展趋势下新的表现形式，在性质上，数据主权属于国家主权的下属权力，继承了国家主权相应属性，因而各国均要求基于国际法赋予的平等地位，对自己国家"网络空间内部"的人、事和物实行独立自主的完全管理，充分适用属人属地原则。

数据主权的主体是国家以及政府，客体为数据，不仅包含境内治理，也包含跨境管理，涉及重要核心数据和个人数据两个关键部分[4]。数据主权包括数据管理权和数据控制权。数据管理权是一国对本国数据的传出、传入和对数据的生成、处理、传播、利用、交易、储存等的权限，以及就数据领域发生纠纷所享有的司法管辖权；数据控制权是指一国对本国数据采取保护措施，以免数据遭受被篡改、伪造、毁损、窃取、泄露等风险，从而保障数据的真实性、完整性和保密性[5]。

---

① 刘金河,崔保国.数据本地化和数据防御主义的合理性与趋势[J].国际展望,2020( 6 ):89-107,149-150.

② 何傲翾.数据全球化与数据主权的对抗态势和中国应对——基于数据安全视角的分析[J].北京航空航天大学学报( 社会科学版 ),2021( 3 ):18-26.

③ 齐爱民,盘佳.数据权、数据主权的确立与大数据保护的基本原则[J].苏州大学学报( 哲学社会科学版 ),2015( 1 ):64-70,191.

④ 邓崧,黄岚,马步涛.基于数据主权的数据跨境管理比较研究[J].情报杂志,2021( 6 ):119-126.

⑤ 肖冬梅,文禹衡.数据权谱系论纲[J].湘潭大学学报( 哲学社会科学版 ),2015( 6 ):69-75.

　　国家数据主权是国家主权在数据时代下所演化出的一种全新的权力类型，是其概念在新时代下的自然延伸与表现，是总体国家安全观对国家数据治理能力的现实要求，是国家在数据治理层面的对内最高统治权和对外独立权，涵盖国家对其数据资源的所有、使用以及发展等多种权力。国家数据主权战略是指导国家数据主权安全与发展全局的总体方略，是国家数据主权根本利益的集中体现。国家数据主权战略由国家根据其数据发展现状、国内外数据环境，规划安全与发展目标，并由此制定的统筹和指导国家数据资源建设与利用，提升国家数据治理能力和应用水平，保障国家数据主权安全的策略的集合。

## 2  数据主权的基础理论

当前，网络空间的复杂多变使得各方难以对"数据主权"提出统一定义，"数据主权"概念多在国际协定与各国战略中予以阐释。2013 年4 月，北约正式发布《塔林手册》，指出"对他国的网络基础设施进行的任何干涉都是对主权的侵犯"[①]；同年 6 月，联合国大会决议提出"国家主权和源自主权的国际规范和原则适用于国家进行的信息通信技术活动，以及国家在其领土内对信息通信技术基础设施的管辖权"[②]，实际确认了网络主权的存在；2017 年，《网络行动国际法塔林手册 2.0》第一条"主权（一般原则）"明确否定网络空间"全球公域"说，认为"它忽略了网络空间和网络行动中那些涉及主权原则的地域属性"[③]。由上述总结，本书梳理数据主权概念体系，并探讨其价值与功能，系统围绕数据主权形成其理论体系。

---

① 朱莉欣.聚焦《塔林手册》透视网络战规则[EB/OL].[2018-12-30].http://theory.people.com.cn/n/2015/1130/c386965-27870836.html.

② 从国际安全角度看信息和电信领域的发展[EB/OL].[2018-12-15].https://www.un.org/disarmament/zh/.

③ SCHMITT M. Tallinn manual 2.0 on the international law application to cyber operations[M].2nd ed.Cambridge：Cambridge University Press,2017：12.

## 2.1　数据主权的证成

随着科学技术和社会的进步，电子数据已经渗透到了每一个国家的方方面面。存储设备和计算机终端的普及为更多的主体参与数据活动提供了便利，网络又将个人与国家、用户与企业、国内与国外的数据连接起来。这些处于联系中的数据包含着各个国家的文化、政治、经济的关键领域中至关重要的信息，并且借助大数据技术可以以特定目的为纲进行有序收集、组合、分析等处理。最终，国家的科学技术、防务安排、市场动态等处理结果作为新的数据资源将蕴含着生存与发展等最重要的国家利益，而数据的保护不当则会导致国家的重要信息与情报发生泄露，在宏观上危害国家安全，微观上也将损害国家对本国公民和组织保护的有效性。因此，国家利益作为一个国家相对于其他国家而言所偏好的客观实在的综合，在数据领域也必须由该国自身行使管辖权来维护。

从网络空间和数据相关技术角度看，虚拟空间中的规则与物理空间中规则的联系常常是比较微弱的。在物理空间中，物和资源拥有确定的所有权人和固定的存放位置，具有清晰的一物一主权力关系和明确的管辖权行使国。在网络空间中，数据因为计算机技术赋予其无限复制且不减损的特性，只要技术规则允许，就可以同时被多个权利人和多个国家的计算机系统占有和使用，这与物理空间当中的权利归属判断规则显著不同。数据的收集是物理空间中的资源向网络空间转化的过程，收集者与数据提供者和数据代表的事物三者在物理空间中常常处于不同国家的管辖之下，需要服从其本国的法律体系。不同的国家、组织或个人依据不同的法律对同一份数据提出各自的不同诉求，难免会发生权力竞合。因此，数据在虚拟空间中的跨境流动属于人类生产力进步带来的新现象，在原有的法律制度下难以做出有效的调和。

国家主权是一个国家拥有的最本质的权利属性和法律属性，是国家固有的权利，也是国内位阶最高的权力。主权国家是现代国际社会中最基本的存在单位。国家对辖区内的一切人、物、事件拥有最高管理权。一国在境内进行的立法、司法和执法活动属于内政的范畴，是一国依据国家主权具有独立性和排他性的行为。国家进行此类活动，意在建立和维持国内秩序，保护国民，维护国家利益。诚如原有的国内法律制度用于维护国内社会已经存在的利益，数据出现后引发的新问题也同样对一国有责任维护的利益存在影响。数据之上利益的得失将首先出现在一国之内，影响该国主权活动所针对的国家利益的实现与完整性。国家必先从本国的角度出发制定新的规则和政策用于规制数据相关法律关系。当本国与外国的国家利益不同，且法律规范难以衔接时，国家间将陷入冲突之中。随着全球化的深入，国家主权越来越从"国家主义"过渡到"全球主义"。

全球治理的观念对原有的国家主权的自主性造成了挑战，国家主权理论也逐渐开始更多地要求每一个国家以多边民主协商的方式承担全球治理的共同责任。因此，国家在参与国际数据治理合作的过程中，主权国家的独立权和平等权则更加凸显。在网络空间的治理模式的讨论方面，越来越多的国家意识到网络空间治理和数据治理之间的关联性，并且需要各主权国家相互协作才有可能达到目的。虽然持不同立场的国家存在不同的观点，但各方均本着"平等者之间无管辖权"的理念，积极立法与合作治理证明了网络空间并非法外之地，网络中的数据治理需要构建数据主权制度。

而国家主权这一概念的存在，强化了国家的法律身份属性。有观点认为国家主权的内涵分为两个方面，即"身份意义"和"权能意义"。前者是主权作为国际人格者的资格和对国家辖区内的最高统治者的资格即"主人"的概念，后者是主权者可以具体享有的不同权力与权利。主权及其附带的法律权利以领土的事实为基础[①]。没有领土，一个法律人格者不可能是一个国家。因此，主权概念只能结合领土来理解。而领土主权的国际法规则来源于罗马法当中所有权和占有的规定，领土主权的实质包含在所有权理论中。因此，国家主权从领土角度出发至少包含着所有权和管辖权两重基本的权利。《大陆架公约》创造了主权权利的概念，它是具有主权性质的现实的国家权利，也是主权国家谋求国家利益的权利。国家主权对国家利益具有决定作用，主权所包含的上述两种权能也必然包含着维护国家利益的意义。因此，应当以领土主权理论为基础，将网络空间中由国家或国民创造、与本国利益具有密切关联性的数据纳入主权的覆盖范围，构建国家数据主权制度[②]。

## 2.2  数据主权的概念

学界尚未对"数据主权"提出统一的定义。但"数据主权"的存在及其重要性已经通过各类国际协议、国家法律得到承认，且其内涵不断被完善。数据主权概念自提出之时，就因其与地理区域和国家政治的紧密联系，而与数据的跨境流动密不可分。目前的大数据主权研究中，相当多的研究从全局视角研究数据跨境的相关问题。Meltzer 认为主权国家应制定新的数据贸易规则，进一步规范互联网及跨境数据流动[③]。Syuntyurenko 探讨了新的信息技术在社会交往和社会制度发展中的影

① 徐玉梅. 身份意义与权能意义：国家数据主权治理法治化[J].行政论坛，2021（6）:8.

② 汪映天. 国家数据主权的法律研究[D].沈阳:辽宁大学,2019.

③ MELTZER J P. The internet, cross-border data flows and international trade[J]. Asia & the Pacific policy studies,2015（1）:90-102.

响①。Paladi 等人讨论了由不同的司法管辖区和数据所有者的数据争论带来的云数据的地理定位问题②。Vulimiri 等人针对广域大数据（WABD）的跨数据中心的数据传递与数据主权限制不兼容的问题，提出了一系列解决方案③。Shin 根据个人信息跨境流动，从管理和体制方面，研究政府、企业和个人作为利益相关者如何解决数据安全问题④。Mosch 等人提出了 π–Cloud 个人安全云的建设方案，力图解决现有的云服务方案在个人数据主权问题上的安全隐患，使得用户可保障自身数据的主权安全⑤。Zharova 关注俄罗斯与欧盟在云服务上的系统建设开发与国家政策制定，总结俄罗斯公民在云服务上的个人数据处理问题⑥。总的来看，目前的大数据主权研究处于起步阶段，但已经引起了学术界的广泛关注。

### 2.2.1　数据主权的概念定义

数据主权具体含义是什么？当前围绕数据主权的定义较为纷杂，各

① SYUNTYURENKO O V. Network technologies for information warfare and manipulation of public opinion[J]. Scientific & technical information processing,2015（4）:205-210.

② PALADI N, ASLAM M, GEHRMANN C. Trusted geolocation-aware data placement in infrastructure clouds[C]// 2014 IEEE 13th International Conference on Trust, Security and Privacy in Computing and Communications Beijing, China. IEEE,2014:352-360.

③ VULIMIRI A, CURINO C, GODFREY P B, et al. WANalytics:geo-distributed analytics for a data intensive world[C]// ACM SIGMOD International Conference on Management of Data, May 31,2015, Melbourne, Victoria, Australia. ACM,2015:1087-1092.

④ SHIN Y J. A study on privacy protection tasks for cross-border data transfers[C]//2014 International Conference on It Convergence and Security, Beijing, China. IEEE,2014:1-4.

⑤ MOSCH M, GRO S, SCHILL A.User-controlled resource management in federated clouds[J]. Journal of Cloud Computing,2014,3:1-18.

⑥ ZHAROVA A. The salient features of personal data protection laws with special reference to cloud technologies, a comparative study between European countries and Russia[J]. Applied computing & informatics,2016（1）:1-15.

类狭义、广义的定义不胜枚举。总体来看，目前对数据主权的认识存在两种核心见解：①数据主权是领土主权在数据领域的延伸，定义为一国独立自主地对本国数据加以管理和利用的权利[①]。数据主权的主体是国家，是网络主权的核心主张[②]和网络主权延伸到数据层面的必然结果[③]，作为领土主权试图在主权领土范围内对数据进行有效管控。这一认知发源较早且成为当前国内学界对数据主权的主流认知，如齐爱民和盘佳等相关学者对这一概念进一步细化与提升为国家对其政权管辖地域内的数据享有的生成、传播、管理、控制、利用和保护的权力[④]。但由于数据本身天然的跨境性，实践中这类数据主权通常会主张突破领土范围的管辖权，引发主权国家之间的法律冲突，目前各国的数据本地化立法、欧盟《通用数据保护条例》(*General Data Protection Regulation*, GDPR)[⑤]以及美国CLOUD法案中的数据主权主张都属于此类[⑥]。②数据主权是对数据的实际占取，定义为数据主权是数据所有者占有、使用和处理其数据的能力[⑦]。数据主权的实际拥有者不仅是国家，而更多地指向跨国互联网信息巨头，重点在于"描述互联网信息巨头们对海量数据的占有和使

---

① 曹磊.网络空间的数据权研究[J].国际观察,2013(1):53-58.

② 刘金河,崔保国.数据本地化和数据防御主义的合理性与趋势[J].国际展望,2020(6):89-107,149-150.

③ 何傲翾.数据全球化与数据主权的对抗态势和中国应对:基于数据安全视角的分析[J].北京航空航天大学学报(社会科学版),2021(3):18-26.

④ 齐爱民,盘佳.数据权、数据主权的确立与大数据保护的基本原则[J].苏州大学学报(哲学社会科学版),2015(1):64-70,191.

⑤ 《通用数据保护条例》也称为一般数据保护条例,欧洲议会于2016年4月14日通过,在欧盟官方公布正式文本的两年后,即2018年5月25日正式生效,学界普遍认为该政策将会对欧盟的数据保护起到很大的支持作用。

⑥ 齐爱民,祝高峰.论国家数据主权制度的确立与完善[J].苏州大学学报(哲学社会科学版),2016(1):83-88.

⑦ FILIPPI P D, MCCARTHY S.Cloud computing:centralization and data sovereignty[J].European Journal of Law and Technology,2012,3(2):1-21.

用"①。区别于依托传统主权理论而衍生出的"网络主权""信息主权"等概念，这一认知并不认可数据主权是传统主权在数据领域的延伸，如蔡翠红等学者认为数据主权意味着数据即使被传输到云端或远距离服务器上，仍然受其主体控制，而不会被第三方所操纵②。这一认知的"占有和使用"涉及了数据的收集、聚合、存储、分析、使用等一系列流程，反映了数据的商业价值与新经济的价值链，而跨国互联网公司凭借强大技术能力在此竞争中占据优势。在这两种主要认知不断发展的同时，多重视角的综合与交叉下，如翟志勇等学者也从综合的认识视角，提出数据主权实施上具有双重的属性，既可以视为领土主权在数据领域的延伸，也可以视为数据世界的独立主权③。

本书认可数据主权存在及其存在的合理性，同时在对比中可以发现，第二类概念认知中充分意识到占据数据资源重要性，但忽略了数据主权的提出是主权国家维护其权威性和合法性的必然要求④，从权利行使的角度，在强调数据实体与技术的同时忽视了在主权保障中国家主体存在的正当性和无可取代性，实际以偷换概念的方式形成了对数据主权的新的认识。但同时，第二种概念认识也为我们动态认识数据主权概念提供了新的参照，相关新兴主体与要素亟待在全新的数据主权治理范畴中予以不断扩展。进一步而言，本书认为数据主权可细分为硬数据主权和软数据主权两大类别，二者同时包含积极地捍卫、治理本国与国际数字空间事务的权能与消极地制止他国干涉国内数字空间事务的权能。硬数

---

① 胡凌.什么是数据主权？[EB/OL].[2021-10-07].https://www.guancha.cn/HuLing/2016_09_03_373298.shtml.

② 蔡翠红.云时代数据主权概念及其运用前景[J].现代国际关系,2013(12):58-65.

③ 翟志勇.数据主权的兴起及其双重属性[J].中国法律评论,2018(6):196-202.

④ 蔡翠红.云时代数据主权概念及其运用前景[J].现代国际关系,2013(12):58-65.

据主权主要指向主权独立不容侵犯，遵循国内事务独立管辖；软数据主权主要指向主权平等不容侵蚀，遵循国际事务共同治理。换言之，硬数据主权是指一国对于关涉本国的数据对内具有天然的、无可商榷的数据控制权和数据管辖权等，软数据主权是一国对于关涉他国的数据对外具有可协商可探讨的数据治理权等（见图2-1）。

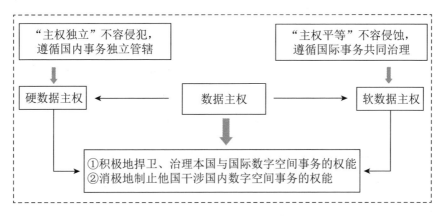

图2-1　数据主权的基本谱系

### 2.2.2　数据主权概念的不断延伸与拓展

数据主权治理实践不断发展，"技术主权""数字主权"等新概念不断衍生，与数据主权概念协同演进，共同推进着主权视角下数据治理的新发展。

2018年欧盟委员会提出"数字主权"（Digital Sovereignty）概念[①]，2020年欧洲议会智库发布《欧洲的数字主权》（*Digital Sovereignty for Europe*）研究报告，阐述欧盟提出的数字主权背景和加强欧盟在数字领域战略自主权的行政方针，并提出24项可能采取的措施；随后，欧洲对外关系委员会发布《欧洲的数字主权：中美对抗背景下从规则

---

① 鲁传颖,范郑杰.欧盟网络空间战略调整与中欧网络空间合作的机遇[J].当代世界,2020（8）:52-57.

制定者到超级大国》（*Europe's Digital Sovereignty: from Rulemaker to Superpower in the Age of US-China Rivalry*）报告，阐述了欧盟不能继续满足于通过加强监管来捍卫数字主权，应做规则制定者，并直接参与数字竞争，保证超级大国地位。欧盟数字主权涉及大数据、人工智能、5G、物联网以及云计算等内容，同时也强调大数据与个人隐私、信息基础设施关联，已对欧盟造成潜在的安全风险，因此数字主权的核心仍为数据主权。

随着信息网络技术的不断发展和创新，大数据和人工智能等前沿技术的优势可能促进新战略平衡形成，全球科学技术竞争加剧，信息网络技术在网络空间的应用治理问题成为各国关切的重点，"技术主权"（Technological Sovereignty）引发关注。2020年2月，欧盟密集发布《欧洲数据战略》（*A European Strategy for Data*）《塑造欧洲的数字未来》（*Shaping Europe's Digital Future*）及《人工智能白皮书——通往卓越与信任的欧洲之路》（*White Paper: on Artificial Intelligence—a European Approach to Excellence and Trust*）三份战略文件明确提出"技术主权"概念，这一概念与数据主权密切相关，并在技术、规则和价值三方面大大拓宽了原有理论的外延[①]，"描述了欧洲必须具有的能力，即基于自己的价值观、遵守自己的规则、做出自己的选择的能力"[②]。

由此可见，数据主权在稳定沿袭主权概念的同时，呈现不断演化的趋势。其延伸概念中，对于数据主权中所蕴含的数据实体、数据技术深度关切，概念延伸趋势为我们探讨数据主权风险与保障方案提供了重要参考。

---

① 刘天骄.数据主权与长臂管辖的理论分野与实践冲突[J].环球法律评论,2020（2）:180-192.

② LEYEN U V D.Op-ed by commission president von der leyen[EB/OL].[2021-07-01].https://ec.europa.eu/commission/presscorner/detail/en/ac_20_260.

## 2.3  数据主权意义与功能

### 2.3.1  数据主权的重要意义

数据主权是国际数据体系完善发展的重要诉求与方向，对于各国数字经济健康发展、国家稳定运行、人民隐私保障具有重要意义，对于国际社会和平发展、防御恐怖主义、保障集体安全也具有前所未有的重要作用，具体来说，其意义主要包括：

（1）坚持数据主权是应对网络空间暴力威胁的现实需求。尊重主权国家在网络安全互动中的主体地位，有助于更有效地建立网络安全国际行为准则。网络空间去中心化、普及化特点使得各类非国家行为体在安全互动中扮演着重要角色。然而，这也意味着以网络为平台或工具的暴力实施主体日益扩散，怀有恶意的黑客、犯罪团体和恐怖组织都能轻易获取网络攻击工具并施加侵害。与主权原则要求的合法暴力垄断相悖，网络武器掌握在不同的行为主体手中并很容易复制和转移，极大提升了网络空间的安全风险。例如，2015 年网络安全公司 Hacking Team 遭到黑客入侵，其囤积的大量漏洞资源外流，这些资源随后多次被其他黑客和组织用于开展大规模网络入侵。网络空间安全形势日益严峻，重要原因之一便在于暴力工具的扩散化使得网络空间整体暴力受控度降低。网络空间行为主体多元化虽然是创新发展的重要源泉，但其带来的暴力扩散仍然需要以国家为主体的主权治理。不仅如此，尊重主权国家在网络安全互动中的主体地位，有助于更有效地建立网络安全国际行为准则。根据集体行动理论，集团内行为体数量越多，越不利于集体行动的实现。基于主权国家的网络安全国际行为准则制定，能够将协商和沟通过程限定在数量有限的群体之中，达成共识的概率将大大增加①。

（2）贯彻数据主权是明确网络空间权责分配的重要保证。当行为主体间出现冲突对抗时，归因错误有可能引发严重的战略误判和冲突升级。主权原则对权责不明的纠正首先是通过主权立法的形式实现的。在国际层面上，主权同样促进了国际行为体之间的权责分配。各国纷纷建立的国家网络安全战略，实则蕴含着主权国家对其在网络空间合法权益的主张，以及对他者尊重和保证这些主张的义务的期待。

（3）尊重数据主权是保障网络空间多元文化的重要途径。大数据全局融合与跨境传播进一步创造一体化的文化平台，同时也侵蚀着传统民族文化的独特性和多样性。网络文化的碰撞甚至冲突同样可能引发混乱失序。网络恐怖主义和宗教极端思想固然是国际社会应当合力打击的对象，但一些西方国家自诩占据着文明的"制高点"，利用网络手段传播诋毁或讽刺非西方宗教信仰的信息内容，何尝不是造成这些乱象的始作俑者。在充分确保网络空间开放一体的同时，对网络互动中的传统文化以及建立在此基础上的群体认同，亦需加以有效维护。许多伊斯兰国家将损害其宗教信仰的网络信息和行为列为非法，泰国则严厉打击那些在网络上冒犯其王室和制度的言行，这些都体现出主权国家为保障其文化独特性不受网络侵蚀所做出的努力②。

（4）维护数据主权是促进网络空间平等发展的内在诉求。以美国、欧盟为代表的网络空间优势国家或组织依托其跨国数据产业巨头与绝对领先的数据核心技术，依托庞大的国际数据市场，实现了对国际数据市场与全球数据资源的绝对控制，同时，辅之以强大的网络空间意识形态与数据时代流行文化输出，事实上已掌握国际数据空间的绝对话语权，以网络空间优势国家为主导的国际数据治理体系俨然已成为数据霸权主

---

① ② 刘杨钺，王宝磊. 弹性主权：网络空间国家主权的实践之道[J]. 中国信息安全，2017（5）：37-39.

义的背书，面向数据资源的国力竞争与主权博弈实际已处于不平等的现实状态。如美国长期在网络空间号召的"网络自由"原则，主张要使互联网能够经受跨越网络、边界和区域的各种形式的干扰而始终保持通畅，虽有其历史渊源，但更多地，通过达成全球网络自由，美国将"网络自由""新媒体""信息化手段"纳入源自冷战时期和平演变策略的"公共外交"①，打开他国数据市场并获取他国关键数据资源，从而为美国国家利益服务。当前，以我国为代表的网络空间发展中国家，在网络空间竞争中积极倡导"数据主权"，国际数据治理机制正处于变革发展的关键时期，国际数据治理体系亟待主权国家的回归，以国家为核心主体的网络空间治理能够更准确地反映国际网络空间权力结构变化，更好地体现发展中国家的参与权和主动权，更有效地使网络技术发展服务于全人类共同利益。

### 2.3.2　数据主权的特征与功能

经过上述探讨，我们得知数据主权是国家主权在数据领域的延伸拓展，是国家主权的下层概念，而国家主权具有不可剥夺性、完整性和平等性等绝对属性，同时也具有权力行使主体的可变更性、行使方式的差异性、主权行使的有限性和内容的历史演变性等相对属性②。故国家主权同数据主权的特征在一定程度上是相同的，但也存在一定的差异性，数据主权有着自身独特的性质。具体来说，数据主权的性质如下：

第一，数据主权的相对独立属性。从理论上来说，数据主权是传统的国家主权引申至数据领域的拓展成果，传统的国家主权在强调自身的

---

① 阚道远.深度解析:美国最新"网络自由"的战略与技术[EB/OL].[2021-03-21].https://www.guancha.cn/ZuoDaoYuan/2011_09_25_123936.shtml.

② 刘早荣.对国家主权基本特征的再认识[J].武汉大学学报(社会科学版),2001(4):484-488.

独立属性行使主权时，必然受到传统的国家法和自然法的限制约束，主权国家在行使自己的独立和自由权利的同时也会受到他国同等权利的限制①。因此，数据主权同样具有相对独立性，一国的跨境数据流动必须遵守国际跨境数据流动规则，同时也会受到其他国家的数据管制规定的约束，本国的数据主权独立只是相对的。从现实中来说，数据主权同样也只是相对独立的：一是发达国家与发展中国家间的科技经济差异致使发展中国家在跨境数据流动管制中处于劣势，数据主权难以实现绝对独立；二是跨境数据流动跨越实际物理边界，涉及数据从生产到销毁的多方主体，进一步加剧了权力管制的复杂性，数据主权更加难以区分实现真正独立。故本书认为数据主权呈现出相对独立的特性。

第二，数据主权的权利义务双重属性。正如前文所述，数据主权涵盖对内的最高统治权和对外的平等独立权，换言之，主权国家对于国内的数据具有依法管辖处置的权力，数据主权的权利属性具体表现为数据的所有权和管辖权，类似于民法中物的所有权和支配权，数据的所有权是一国能够对于本国数据进行完全支配的权利②，具有完全排他的特征，本文将数据管辖权定义为主权国家基于数据自产生创造到搜集整理、储存运用，再到销毁的全流程中对于数据本身及与数据相关的硬件设施和软件技术等元素的运营掌管的权利③；针对数据主权的义务属性而言，义务具体表现为保护国内公民的数据权利不受侵犯、避免本国及本国国民对国际上其他国家的数据主权侵害和以相关国际数据组织成员国的身份履行义务或以主权国家为身份承担应尽的全球数据管制义务。数据主权的权利义务双重属性是由主权国家应对国内国外两个数据环境和实现数

---

① 果园,马可.跨境数据流动的主权分析[J].信息安全研究,2016(9):787-791.

② 龙荣远,杨官华.数权、数权制度与数权法研究[J].科技与法律,2018(5):19-30,81.

③ 蔡翠红.云时代数据主权概念及其运用前景[J].现代国际关系,2013(12):58-65.

据使用及保护两个层次所决定的，也是主权国家于数据领域必须重视的一点。

第三，数据主权的部分可让渡属性。按照传统的主权观视角，国家主权独立对外，任何国家不得侵犯本国的主权完整，但伴随着世界经济一体化的发展，越来越多的国际组织成立，打破了原有经济政治局势中国家单独存在局面，为了维护国际社会秩序，各国的主权需要作出一定的让渡[①]。但需要强调的是，主权让渡不能危及作为国家根本属性的主权的价值存在[②]，主权让渡也不是忽视主权，而是为了更好地维护主权，即牺牲暂时的、局部的利益以求维护长远的、整体的利益[③]，故国家利益的维护是主权让渡的初衷和前提；在数据领域，数据主权的让渡是指为了更好地维护国际和本国的数据权益，在平等、无歧视、自愿的前提下[④]，一国将本国数据的所有权和管辖权部分让渡给他国行使。具体而言，数据所有权的部分让渡主要是将其他国家所持有的、加工提取的但存储于我国境内的数据的所有权让渡给他国[⑤]，将他国数据的所有权归还给他国，这也符合所有物的所有权归属于所有人的法理。而数据管辖权的部分让渡主要是指在双边或者多边的国家间数据治理合作、参与的国际组织互利互惠的数据交流和因全球共同利益开展的国际活动等形式下，将本国所掌握的数据资源有限制地供给他人支配使用，旨在实现数据资源的最大化利用和跨境数据流动的合理有效规制。

---

① WALKER D M.The Oxford companion to law[M].Oxford：Oxford University Press,1980:439,1163.

② 刘凯.国家主权让渡问题研究综述[J].东岳论丛,2010(11):153-157.

③ 何智勇.经济全球化背景下的国家主权原则与主权让渡问题[D].上海：复旦大学,2013.

④ 叶传智.论国际环境保护与国家主权原则之间的关系[J].学理论,2018(11):69-71.

⑤ 贾雪羚.基于主权原则的跨境数据流动治理研究[D].北京：对外经济贸易大学,2017.

第四，数据主权的相对平等属性。只要是在国际上合法存在的主权国家，其国土面积大小、经济发展快慢、人口数目多少、综合国力强弱以及政权体制差异等因素都不影响一国国际上的应有的平等地位[①]，各主权国家均理应平等地参与各类国际事务，平等行使自己的权利和承担自己的义务。国家主权的平等属性也可以引申至数据主权的平等性：独立的主权国家互相尊重彼此的数据主权平等地位、平等地参与国际数据事务和平等地缔交多边数据组织等。但这都是理论化前提下数据主权的平等性体现，在现实实践中，一方面由于发达国家和发展中国家在科技经济上的实力差距，导致发展中国家在资源获取中处于劣势，进而在数据资源跨境流动中的管辖、使用上，处于不利地位；另一方面，由于数据的跨境流动使得基于数据的权属关系进一步复杂化，导致原有的数据资源的差距进一步扩大化。数据主权的绝对平等地位也只是法律上的理论平等，结合具体的跨境实践，所展现出的只是数据主权的相对平等属性。

主权有其稳定沿袭的基本内涵与在不同时代下的更新解释，基于主权的演变机理与功能理解，结合大数据时代下主权面临的威胁与保障需求，本书对数据主权的功能做如下基本的思考与探讨：

从主权概念来看，"数据主权"应理解为国家主权在网络空间的延伸与适用，沿袭了主权理论的稳定内核，那数据主权应当包括对内主权和对外主权两方面要素，正如法泰尔所说："不论以什么方式进行自己治理而不从属于任何外国人的任何民族就是主权国家。完全自治构成国家主权的内侧，而独立则构成他的外侧。"所以，从这个角度理解，数据主权的功能也应包含对内、对外两方面。对内数据主权可以理解为一国在遵守国际法义务的前提下，对其境内与数据相关的数据基础设施、

---

① 高德胜,钟飞燕.国之基石:社会主义中国国家主权理论的历时性考察[J].河南师范大学学报(哲学社会科学版),2019(1):9-15.

数据活动以及人员等进行管理的权力，例如制定和实施数据相关法律法规，从而实现对本国数据的传出、传入及对数据的产生、收集、存储、传输和处理环节的管理。对外数据主权可以理解为一国在对外关系中可以独立自主地开展数据相关的活动，例如参与网络空间数据相关国际规则制定或加入有关国际条约和协定的独立权[①]。

从规制目的来看，传统主权的秩序功能主要体现在 4 个方面：①限制暴力。即主权承载者在其管辖范围内合法地、排他地垄断着暴力工具，以此限制了暴力的扩散，并为主权国家之间的互动提供了稳定、可期待的行为模式；②明确权责，即主权作为政治共同体内的最高权威，同时蕴含着维持秩序和服务公利的责任义务，也明确了集体不当行为的追责对象；③保护文化特性，即主权往往与一定的民族和社会身份认同联系在一起，构建出自我与他者的想象的边界，增强了政治共同体内的集体认同感和向心力；④促进平等，即主权有助于在国际体系中减轻强者对于弱者的结构性压迫，为不论实力高低的行为主体提供至少是道义上的平等地位[②]。

在这一视角下，数据主权的秩序性功能也主要包括：①规制网络与数据霸权主义、恐怖主义。主要体现为，主权国家在其管辖范围内或者多国以国际协定形式，合法地、排他地掌握排除网络与数据霸权主义、恐怖主义的暴力工具，可以合法有效地限制暴力扩散；②明确数据与网络空间治理权责，即一方面，一国能够独立自主地管理与控制本国互联网基础设施及网络空间，涵盖如数据独立运行权、平等互联权、防卫权等核心权利，另一方面，也可明确各国在尊重他国数据主权、参与国际

---

① 何波.数据主权的发展、挑战与应对[J].网络信息法学研究,2019(1):201-216,338.

② 刘杨钺,王宝磊.弹性主权:网络空间国家主权的实践之道[J].中国信息安全,2017(5):37-39.

治理中的核心义务，共同保障健康运行的网络空间体系；③弱化和消除技术变革的负面政治影响，以促进国际数据资源问题与网络空间治理问题上的平等互商体系，避免强权国家对网络空间发展中国家的倾轧与侵犯。

### 2.3.3　数据主权的权项与构成

从权利结构来看，数据权利由数据权利主体、数据权利客体、数据权利内容构成。第一，数据主权的主体是独立的主权国家。虽然目前关于国家主权的概念有狭义和广义之分，前者认为数据主权就只是国家数据主权，后者认为数据主权既包含国家数据主权又包括个人数据主权，以美国学者乔尔·P.特拉赫特曼（Joel P. Trachtman）为代表[①]，而个人数据主权则可称为数据权，指用户对其数据的自决权和自我控制权[②]。本文采用的是前者的观点，但同时强调个人数据应该由国家数据主权管辖，理由如下：一是国家数据主权是个人数据主权得以实现的前提，而国家数据主权又依赖于个人数据主权的支撑和表达[③]，即国家数据主权只是以个人数据主权作为表达形式，而在国际上还是采用的国家数据主权，以国家为主体；如果仅仅只保护国家层面的数据而忽视个人数据权，那么国家数据主权的保护也只能是纸上谈兵；二是本文研究的是国家间的跨境流动管辖冲突，主要涉及的是国家层面；三是国家主权的主体是独立的主权国家，那么作为国家主权的下位概念，数据主权的主体也只能是相对应的独立主权国家。传统的国家主权是不同的主权国家作为主体在领土、领海和领空等具体的实际区间进行主权管辖活动行使主权权利，

---

①③　TRACHTMAN J P.Cyberspace，sovereignty，jurisdiction，and modernism[J].Indiana Journals of Global Legal Studies，1998（2）:561-581.

②　蔡翠红.云时代数据主权概念及其运用前景[J].现代国际关系，2013（12）:58-65.

目的在于保障本国免受其他国家的欺凌和占有，实现国内和谐稳定和国际主权平等独立；而数据主权则仍是主权国家作为活动主体对本国的所独享的数据（包含个人数据和国家层面数据）实施管辖掌控，进而避免因跨境数据流动给主权国家的权威性和独立性带来威胁挑战，独立自主地对本国所有数据进行合法管控治理，以求实现数据资源的独立所有、使用和管控。

第二，数据主权的客体是数据。如同马建光和姜巍从大数据的视角指出数据是一种"海量、高增长和多样化的信息资产[①]"一样，本文认为数据是一种可以利用的资源，具备民法上"物"的意义和属性，即属于一种人身外能够被主体控制利用、加工满足生产生活需要和成为物质财产的物体或自然力，具备非人格性和可利用性[②]。具体来说，数据作为数据主权的作用客体，内容包含两个层面：一是数据作为一种非人格性的物理存在可以作为有效信息的蕴含和传递的介质，以载体的形式满足人类生活生产的发展需要；同时也可以作为原材料用来加工提取新的数据信息来满足更多的社会需求；另外依据2003年的李宏晨[③]网络游戏装备失窃案[④]，可以推断出数据也可以作为一种虚拟化资产为人使用保存。二是数据作为数据主权的作用客体，但是人是数据活动的依托主体，从数据的产生传递、搜集整理、加工提取和销毁覆灭等流程环节，人的主体

---

① 马建光,姜巍.大数据的概念、特征及其应用[J].国防科技,2013(2):10-17.

② 何可靖.对民法中的物进行思考[J].法制博览,2016(30):75-76.

③ 杨永凯.互联网大数据的法律治理研究:以大数据的财产属性为中心[J].石河子大学学报(哲学社会科学版),2018(2):61-68.

④ 案件主要内容如下:李宏晨发现自己账户下的游戏装备不翼而飞,在咨询游戏运营商之后发现已被转移至另外一位玩家名下,于是李宏晨向游戏运营公司申请获取该玩家的相关信息,但被运营商以隐私保护为由予以拒绝。于是李宏晨将运营商诉至北京市朝阳区法院要求赔损,运营商辩称游戏装备仅为代码数据,不具有真正的物理财产属性,拒绝赔偿。因此,数据是否具有物的属性成为本案判决的关键。在适用普通程序的基础上,经过三次开庭调查,最终,法院判定要求运营商恢复李宏晨的虚拟游戏装备,据此,我们可以推断出法院承认了数据的物权客体属性。

作用至关重要，因而数据主权的作用对象除在囊括数据元素外，同时也应该顺应数据时代的发展潮流，将和数据有联系的参与人员、专业方法和物理设施等纳入规制范畴。

从权利内容上来看，传统的国家主权由四项基本权利组成，即平等权（一国平等参与国际事务不受其他国家歧视侮辱的权力）、独立权（一国独立自主处理本国事务不受其他国家干涉的权力）、自卫权（一国维护本国的政治经济独立和领土完整采取武力等形式进行自我防卫的权力）和管辖权（一国对本国内的除享有豁免权的任何人和事物进行支配及选择本国经济、政治制度的权力）[①]。拓展延伸到数据空间，数据主权既是主权理念在网络与数据时代下的新发展，也同样是对传统主权理念体系的稳定沿袭，数据主权也同样有基本权项：

（1）数据管辖权。即国家对本国数据管理和处置的权利。数据的管辖权表现为国家权力机关对数据空间的规范，具体为一国对其数据生成、存储和传输的物理设备以及相关服务等享有维护、管理和利用的权利[②]。国家可以决定本国的各方面制度并制定具体政策，从立法、执法和司法以及国际协定四个途径建立与维护国家的法律秩序，具体地行使管理权和控制权。

（2）数据独立权。即国家自主地制定数据法律、政策以及管理方式。数据独立权是一国独立管理本国范围内的数据基础设施和数据资源，保护本国数据安全，排除他国随意干涉本国数据基础设施、数据资源的权利。首先包括主权国家对本国数据空间的治理权利，治理权利可以体现为多种形式，如道德、政策和法律规范等，主要是维护国家在数

---

① 章成,顾兴斌.国家主权的概念建构与行使实效经纬:张力下的发展与创新[J].南昌大学学报(人文社会科学版),2014(3):102-107,124.

② 蔡翠红.云时代数据主权概念及其运用前景[J].现代国际关系,2013(12):58-65.

据空间的最高权威。其次包括禁止他国干涉本国数据管理的权利。数据空间虽然无边界，但对本国的数据管理，其他国家不应强制干涉。

（3）数据平等权。即一国不得对其他国家主张数据管辖权，并能平等参与国际数据合作共享的权利。当前，国际互联网的域名解析体系采用的是"中心式分成管理模式"，其中唯一主根服务器和12台辅根服务器中的9台服务器均在美国，且全球主要电子设备服务商与网络服务商均在美国及欧盟等网络空间优势国家或组织，事实上，除美国以外的其他各国的网络数据尚难以独立存在，事实上的数据平等权亟待网络空间发展中国家与国际组织协同推进，使得相应数据管理权限逐步移交至中立机构，推动国际网络空间走向更为独立。

（4）数据自卫权。即当国家遭受外部数据窃取、监控或攻击时抵抗的权利。根据国家主权原则，各国有义务尊重他国的主权和独立，各国基于生存和安全，为维护主权和独立，有权采取国际法允许的一切措施进行自我保全。当前，世界各主权国家均积极发展数据基础设施，培养数据专业人才，建设网军部队并发展数据经济，数据空间难以有物理空间的"战争"发生，从"棱镜门"事件发生以来，各主权国家实际面对的自卫对象是国际数据霸权主义与恐怖主义，警惕外来网络攻击和意识形态上的和平演变，取得或维护自身的权益，实现自身发展。

从宏观权利治理方案来看，国家数据主权可以分为宏观、中观和微观三个层面。宏观权利主体是国家，中观权利主体是组织、机构，微观层面是个人。内容上，包括对数据的管辖权、独立权、平等权和自卫权等多项权利内容。权力形式上，包括但不限于各类型政策与制度，具体有法案、指南、标准、框架、协议、规范等多种类型。上述三个维度的构成要素相互交叉，共同构成了一个国家数据主权战略构成要素的三维坐标体系。

## 2.4 数据主权面临的挑战

自 1648 年威斯特伐利亚体系建立以来，主权原则成为国家间互动的基本准则。但当前，各国数据主权内部治理法规尚未成熟，国际数据主权统一规范尚未形成，伴以数据跨境流动与全球数字经济体量的进一步指数式增长，和数据霸权主义与网络恐怖主义的进一步滋生，经济全球化进程已带来了在国际层面上国家经济主权、政治主权和文化主权的侵蚀和削弱，信息社会与大数据时代的到来，则进一步对主权原则的行使带来了挑战。

### 2.4.1 数据巨头与数据技术的进一步崛起

微软前总裁布拉德·史密斯（Brad Smith）提出科技巨头更应被视为"数字瑞士"，意指科技巨头更为趋向新形态的国家，并在现有的传统主权国家间保持中立，是"超国家"的"国家"。在现代国家诞生之前，主权的主体是多元的，皇帝、国王、领主、教会等等都有一定意义上的主权，此时的主权尚未形成绝对的、最高的和排他的特征，现代国家的诞生将国家数据主权收归国家权力机关。但数据主权下，数据巨头的出现直接改变数据主权主体版图，这一类数据科技公司在巨大数据市场、强大科技实力的支撑下，实际掌握了全球数据权利核心，发挥着越来越重要的话语权，掌握国家"数据铸币权"与国家数据经济主权。如 Facebook 于 2019 年 6 月发布白皮书推出 Libra 加密货币项目，建立一套简单的、无国界的货币和为数十亿人服务的金融基础设施，旨在成为一个新的去中心化区块链，低波动性的加密货币和一个智能合约平台，力图设立一个由一篮子法定货币支撑的稳定货币，可以在全球范围内作为一种交换手段 ①。Libra 一经提出，当年就受到美国众议院金融服务委员会听证会的严重不信任，质疑其将威胁政府管理的金融系统，在监管者和立法者的担忧下，其效用大大缩水。2021 年 12 月，Libra 改名为 Diem，定位为一个单一的、锚定美元的稳定货币，力图以"独立组织"的身份通过美国监管部门的审核。哈佛商学院教授肖莎娜·朱伯夫（Shoshana Zuboff）出版的新书《监视资本主义时代》(*The Age of Surveillance Capitalism*) 揭示了大型科技公司可通过监视用户的行为数据，获取巨额利润，并进而主导资本主义社会，重新构筑权力体系 ②。

### 2.4.2　数据跨境流动与技术发展本身带来网络信息安全隐患

伴随着全球数字贸易的发展，跨境数据的体量在不断增加，数据与国家网络信息安全的紧密程度也不断加深。从最初满足基本通信功能的邮件、语音、网络视频等业务，传递个人通话数据、文本数据、音视频数据等，到现在由消费互联网转向产业互联网，制造、医疗、农业、交通、运输、教育等产业的生产、交易、融资、流通等环节均互联网化，由此产生的行业经济运行数据、企业运营数据、交易数据、技术数据等，都可能在网络中跨境传输。云计算的发展驱动各个行业领域将内部的信息服务外包给云计算服务商，大量经济运行、社会服务乃至国家安全相关的信息和数据将会形成向主要云服务企业集中的趋势，对这些海量数据的深度挖掘和分析可能泄露国家政治生活、经济发展、社会民生的重要信息，带来安全风险和隐患。同时，从信息技术来看，数据主权也面临着技术本身发展带来的挑战。大数据时代，数据的利用和管理主要依托于云计算基础设施和服务的发展，但是云计算业务的模式，增加了跨境服务和交易的可能性，本身就跨越了主权的界限，这是

---

① Diem（原Libra）[EB/OL].[2021-03-22].https://www.8btc.com/p/libra.
② 翟志勇.数据主权时代的治理新秩序[J].读书,2021（6）:95-102.

技术的本质属性对数据主权的挑战。产业发展和自主技术是实现数据主权的关键保障，虽然目前中国数据产业发展取得了一定进展，但中国仍处于云计算发展的初级阶段，企业创新能力较弱，在信息通信产业渗透率较低，无论从体量还是技术来看，都与国外龙头企业存在不小差距。与此同时，数据存储、传输、分析等技术环节也存在受制于人的问题。数据存储层面，银行等重要行业的存储设备主要为国际商用机器公司（International Business Machines Corporation，IBM）等国外厂商垄断；数据传输层面，美国思科公司（Cisco System，Inc.）设备占据中国骨干网络超过一半的市场份额；数据分析处理层面，美国甲骨文公司（Oracle Corporation）占据全球数据库市场近一半份额。此外，在操作系统和芯片方面，中国通信设备自主能力相对不足，底层元器件的生产水平难以满足要求，而国外厂商早已在芯片、操作系统等领域掌握先机，微软、苹果、谷歌三家公司生产的移动智能终端操作系统早已平分天下，中国自主研发推广难度较大。

### 2.4.3 国际数据资源与主权博弈进一步白热化

当前，国际网络主权冲突加剧，欧美等国积极展开网络主权战略布局，国家战略、法律政策发布密集、合作实践频繁，积极展开网络攻防，尤其针对我国实施战略遏制。2020 年 7 月起，美国对我国"脱钩断供"，利用"实体清单"打击我国高科技企业及科研院校，先后封杀 TikTok、微信在美业务；视频会议公司 Zoom 宣布停止向我国用户提供产品的直接销售与升级，英国国家网络安全中心（The National Cyber Security Centre，NCSC）也对外表示"Zoom 易受到中国监控"；印度封禁 59 款中国 app 并要求提交算法。数字化发展已被纳入党和国家重点发展战略规划之中，数据作为生产要素已成为经济发展、社会进步重要资源，我国"十四五"规划强调进一步加快数字化发展并将数据中心纳入

"新基建"建设①。数据产业纵深发展，截至 2021 年 1 月，全球互联网普及率已达 59.5%，网民规模高达 46.6 亿②；2020 年，我国的数字经济规模超 35.8 万亿元③。数字经济快速发展的同时，也催生数据垄断的出现，破坏数字生态和竞争秩序，易产生政治操纵、数据权利侵害等社会危害。Facebook、Google 等数据巨头滥用数据市场地位，通过操控和利用海量数据威胁他国国家数据主权安全、侵害用户数据权益；剑桥分析公司非法窃取个人数据，企图操纵舆论，美国政府借助苹果公司解锁沙特空军官员个人电话④等因数据垄断造成的数据权利侵害事件层出不穷，如何应对数据垄断威胁已成为数据经济下各国革新发展的关键议题。习近平总书记在第二届世界互联网大会上发出"网络空间命运共同体"倡议。我国具有卓越数据规模与广深网络空间优势，但网络主权战略建设起步较晚，数据治理体系尚需完善，面临复杂的内部治理需求与严峻的外部风险态势。如何加快建设网络主权下数据治理规则体系，提出网络空间治理的中国方案，成为我国网络空间战略发展的核心问题。

### 2.4.4　激烈博弈下全球数据主权意识尚未觉醒

对于非传统安全而言，国家主权的使用必须经过技术支撑和共识铸造的过程。1999 年，英国政治学家蒂姆·乔丹（Tim Jordan）首次从政

---

① 中华人民共和国中央人民政府.中共中央关于制定国民经济和社会发展第十四个五年规划和二〇三五年远景目标的建议[EB/OL].[2020-12-15].http://www.gov.cn/zhengce/2020-11/03/content_5556991.htm.

② WE ARE SOCIAL，HOOTSUITE. Digital 2021 global overview report[R/OL].[2021-03-26].https://wearesocial.com/uk/blog/2021/01/digital-2021-uk/.

③ 中国互联网络信息中心.第47次《中国互联网络发展状况统计报告》[EB/OL].[2021-02-28].http://www.cnnic.net.cn/hlwfzyj/hlwxzbg/hlwtjbg/202102/P020210203334633480104.pdf.

④ SHUBBER K.US presses Apple to unlock iPhones of Saudi gunman[EB/OL].[2020-08-06].http://www.ft.com/content/eb3cf780-3642-11ea-a6d3-9a26f8c3cba4.

治学和社会学角度系统阐述了网络权利（Cyberpower）的概念，认为网络权力是网络空间与互联网上的政治与文化的权力形式[①]。美国学者约瑟夫·尼格罗（Joseph Nigro）提出网络权力取决于用于创造、空白纸和沟通信息的一系列电子和计算机有关的资源，包括硬件基础设施、网络、软件及人类技能，从行为的角度来定义，网络权利就是指通过使用网络空间中相互联系的信息资源获得期望结果的能力[②]。西方大国一系列争夺网络空间行动的实质，即获得制网权这种新型国家权力，不仅影响互联网，还可以进一步作用于国家主权与国际社会。

虽然数据主权的立法政策实践已经在多国存在，但对于数据主权的概念和范围，目前国际社会还尚无定论。从不同国家视角来看，俄罗斯、欧盟、美国等国家和组织出于自身利益考量，对数据主权持有不同的态度。俄罗斯基于国家安全考虑积极主张行使数据主权；以欧盟及其成员国为代表的国家出于对公民个人数据的严格保护，在实践中也不断强化其数据主权，2018 年生效实施的《通用数据保护条例》更是直接扩大了条例的适用范围。而以美国为代表的国家则更加注重大数据所带来的商业利益，虽然其通过 CLOUD 法案确立了域外数据索取权，但从整体来看，美国在不同场合积极倡导主张数据跨境自由流动。此外，数据主权对于数据控制能力不同的国家来说意义不同。相比而言，数据控制能力处于弱势的国家更加认可国家数据主权概念，希望通过国际沟通协作加强本国对于数据管理和利用的权力，例如，爱尔兰政府在微软案提交的"法庭之友"陈述中强调，爱尔兰的主权不应受到侵犯，并指出获取存储于爱尔兰境内数据的合适方式应该是通过国际条约和国际合作；而数据控制能力较为强势的国家本身并不担心数据被掠夺和利用，更加

---

① JORDAN T.Cyberpower：the culture and politics of cyberspace and the internet[M]. London：Barnes and Noble，1999：5-6.

② NIGRO L J.The future of power[J]. Parameters，2012（3）：94-96.

关注数据的使用权而不是所有权。

## 2.4.5 数据霸权与恐怖主义危及国家利益

从国际来看，以美国为代表的发达国家建立了相对完善的数据管理法律体系，利用行业巨头先进的技术能力，形成了覆盖上中下游的产业布局，掌握了数据管理的关键节点，实际形成了对于他国的数据霸权。"棱镜门"事件中，美国利用国家安全局等情报部门直接获取微软、思科等行业巨头的庞大数据资源，严重侵害了其他国家的国家利益。大数据时代，通过海量数据的汇集，还可精确描绘出与国家、企业、个人相关的关键信息，当数据收集、存储、保存等措施不当时，可能加剧数据泄露风险。早在 2013 年，习近平总书记给倪光南等院士作出《在中国工程院一份建议上的批示》，计算机操作系统等信息化核心技术和信息基础设施的重要性显而易见，我们在一些关键技术和设备上受制于人的问题必须及早解决。倪光南引用习近平《在网络安全和信息化工作座谈会上的讲话》解读道："市场换不来核心技术，有钱也买不来核心技术，必须靠自己研发、自己发展。"2021 年 7 月 5 日，国家网络安全审查办公室发布《网络安全审查办公室关于对"运满满""货车帮""BOSS 直聘"启动网络安全审查的公告》，指出为防范国家数据安全风险，维护国家安全，保障公共利益，依据《中华人民共和国国家安全法》《中华人民共和国网络安全法》，网络安全审查办公室按照《网络安全审查办法》，对"运满满""货车帮""BOSS 直聘"实施网络安全审查。当前我国在关键信息基础设施安全保护、数据安全管理等方面的专门立法尚未出台实施，难以有效规制境外企业和组织机构的恶意行为。

# 3 国际数据主权体系演进

数据是"可进行重复解读的信息表达形式,适用于通信、解释或者处理"[①]。新信息时代,数据成为驱动社会发展的战略性资源,围绕数据的国际竞争与博弈愈演愈烈,深刻颠覆全球安全格局。随着数据主权地位的确立,数据确权的迫切程度与日俱增。数据流通利用纷争不断,数字经济的发展需以清晰制度为基础,同时个人、企业及国家数据安全的保护亟须法规支撑。世界各国在本国国情基础上展开丰富的数据权利立法立规实践,从而形成差异化的数据体系演化模式。

数据主权下,数据应用实践中所出现的问题,多是集中于数据的权利主张[②]。数据的权利属性得到理论上的广泛认可与讨论,在实践上,虽然数据权利尚难有统一定义,但在各国法规及宣言中已开始进行数据资源的权利义务划分,并先在个人数据领域凸显。1970年,德国黑森林州颁布全球第一部个人数据保护法,个人数据权利由此诞生,并逐步纳入企业、国家等主体权利;2011年,法国颁布其第一份信息安全战略《信息系统防御和安全战略》(*Cyber Security Strategy*);同年,俄罗斯发布

---

① ZECH H.Daten als wirtschaftsgut—Überlegungen zu einem "recht des datenerzeugers"[J].Computer und recht,2015(3):137-146.

② 李爱君.数据权利属性与法律特征[J].东方法学,2018(3):64-74.

《主权互联网法》(*Sovereignty Internet Law*)，要求其公民个人数据必须存于境内；2018 年欧盟《通用数据保护条例》出台，根本性颠覆跨境电子取证与司法的国际制度；2018 年，我国将《数据安全法》《个人信息保护法》纳入立法规划，随后发布《数据安全管理办法（征求意见稿）》《个人信息出境安全评估办法（征求意见稿）》等配套文件，大力推进数据权利框架与具体制度设计。2020 年，我国将《个人数据保护法》列入人大立法规划，《中华人民共和国数据安全法（草案）》强调"国家保护公民、组织与数据有关的权益"①；2020 年，《深圳经济特区数据条例（征求意见稿）》规定"数据权"为"权利人依法对特定数据的自主决定、控制、处理、收益、利益损害受偿的权利"②，开地方数据权立法先河；7 月，"数据权利"作为大数据战略重点实验室全国科学技术名词审定委员会研究基地收集审定的第一批大数据新词之一向社会发布试用③。当前，数据权利厘定与规制成为促进我国数字经济发展、保障我国网络安全的关键议题。

　　数据价值不断凸显，数据主权下，数据与信息"非物"属性带来数据确权的"痛点"，数据权利体系研究成为热点。围绕数据权利与体系本身，国内外研究者积极探讨数据权利人格权属性④与财产权属性⑤，形成了"新型人格权说""知识产权说""商业秘密说"等为引领的数据权

---

① 《中华人民共和国数据安全法（草案）》公开征求意见！（附全文）[EB/OL].[2021-03-20].http://www.ahwx.gov.cn/zcfg/gfxwj/202007/t20200708_4629245.html.

② 深圳市司法局关于公开征求《深圳经济特区数据条例（征求意见稿）》意见的通告[EB/OL].[2021-03-20].http://sf.sz.gov.cn/hdjlpt/yjzj/answer/5748.

③ 全国科学技术名词审定委员会.全国科学技术名词审定委员会大数据新词发布试用[EB/OL].[2021-03-20].http://www.cnctst.cn/xwdt/tpxw/202007/t20200723_570712.html.

④ 舍恩伯格,库克耶.大数据时代:生活、工作与思维的大变革[M].盛杨燕,周涛,译.杭州:浙江人民出版社,2013:17.

⑤ 程啸.论大数据时代的个人数据权利[J].中国社会科学,2018(3):102-122,207-208.

利学说①。如肖冬梅和文禹衡将数据权分为数据主权和数据权利②；齐爱民指出应遵循数据主权原则、数据保护原则、数据自由原则等建立数据权法律制度③；吕廷君认为数据权利体系是由国家数据主权、政府数据权、公民数据权等构成的复合体系④。针对数据权利及体系治理实践，研究均重点关注以欧盟《通用数据保护条例》⑤、日本《个人信息保护法》⑥、德国《信息技术安全法》⑦等具体法案，对其数据权利与义务规制⑧、数据跨境传输治理⑨与企业数据保护⑩等关键话题予以探讨。同时，随着实践不断深入至细分领域，患者数据⑪、未成年数据⑫等特定对象受到关注，并

① 秦顺,邢文明.数据权及其权利体系的解构与规范:对《深圳经济特区数据条例（征求意见稿）》的考察[J].图书馆论坛,2021（1）:132-140.

② 肖冬梅,文禹衡.数据权谱系论纲[J].湘潭大学学报（哲学社会科学版）,2015（6）:69-75.

③ 齐爱民,盘佳.数据权、数据主权的确立与大数据保护的基本原则[J].苏州大学学报（哲学社会科学版）,2015（1）:64-70.

④ 吕廷君.数据权体系及其法治意义[J].党政干部参考,2017（22）:35-36.

⑤ GUINCHARD A. Taking proportionality seriously: the use of contextual integrity for a more informed and transparent analysis in EU data protection law[J]. European law journal,2018（6）:434-457.

⑥ 方禹.日本个人信息保护法（2017）解读[J].中国信息安全,2019（5）:81-83.

⑦ 王亦澎.德国新信息技术安全法及其争议和评析[J].现代电信科技,2016（4）:23-27.

⑧ PUIG A R.Liability for data protection law infringements:compensation of damagesunder article 82 GDPR[J].Revista de derecho civil,2018（4）:53-87.

⑨ HELVACIOGLU A D，STAKHEYEVA H.The tale of two data protection regimes:the analysis of the recent law reform in Turkey in the light of EU novelties[J]. Computer law & security review,2017（6）:811-824.

⑩ HAUCK R.Personal data in insolvency proceedings:the interface between the new general data protection regulation and（German）insolvency law[J]. European company and financial law,2019（6）:724-745.

⑪ MICHALOWSKA K.Patients' genetic data protection in Polish law and EU law - selectedissues[J].Medicine law & society,2018（1）:29-46.

⑫ TAYLOR M J，DOVE E S，LAURIE G，et al. When can the child speak for herself? the limits of parental consent in data protection law for health research[J].Medical law review,2018（3）:369-391.

针对区块链合约 ①、警务数据 ②、电子医疗数据 ③ 等新兴领域展开研究。

数据主权新时代，数据权属与保护已成为亟待解决的关键问题，个人数据、企业数据的管理方案与国家数据管理战略协同，共同演绎为我国数据主权治理体系。我国数据保护规则建设尚处起步阶段，导致数据主体权责不清、数据规则混淆等问题。当前研究虽对数据权利体系重要性达成共识，但研究较为零散，整体性研究尚处空白，对实践指导意义有限。本章在充分调研国内外数据权利体系建设历程基础上，探讨国际数据权利体系演化主要模式，同时对比我国现状，思考我国数据权利体系建设进路，为我国数据权利体系建设与数据治理实践提供借鉴。

## 3.1 数据权利及其体系概述

数据权利随信息技术产生而出现，并先在个人数据领域凸显。1970年，德国黑森州颁布全球第一部个人数据保护法，数据权利由此诞生，并逐步纳入企业、国家等主体权利。2020年，我国将"个人数据保护法"列入人大立法规划，《深圳经济特区数据条例（征求意见稿）》开地方数据权立法先河；7月，"数据权利"作为大数据战略重点实验室全国科学技术名词审定委员会研究基地收集审定的第一批大数据新词之一向

---

① CEKIN M S.Blockchain technology and smart contracts in terms of law of obligationsand data protection law[J].Istanbul hukuk mecmuasi,2019（1）:315-341.

② LYNSKEY O Z.Criminal justice profiling and EU data protection law: precariousprotection from predictive policing[J].International journal of law in context,2019（2）:162-176.

③ SARABDEEN J, MOONESAR I A. Privacy protection laws and public perception of data privacy:the case of Dubai e-health care services[J]. Benchmarking,2018（6）:1883-1902.

社会发布试用①。数据权利厘定与规制成为促进我国数字经济发展、保障我国网络安全的关键议题。

数据权利起源于信息科技传播下数据本体化冲突、社会对人格尊严的日益尊重和个体对数据财产化保护的强烈呼求。已有研究认为，数据权利是指主体以某种正当、合法理由要求或呼请承认主张者对数据的占有，或要求返还数据，或要求承认数据事实（行为）的法律效果②。实践中数据权利尚难有统一定义，主要在各国法规及宣言中予以宣示与明确。我国《中华人民共和国数据安全法（草案）》强调"国家保护公民、组织与数据有关的权益"③；2020年，《深圳经济特区数据条例（征求意见稿）》规定"数据权"为"权利人依法对特定数据的自主决定、控制、处理、收益、利益损害受偿的权利"④。

数据权利体系尚未有统一定义，数据权利主客体划分标准多样，同一主体在各数据情景下承担不同的责任与义务，数据权利划分与体系构建中存在诸多争议与"模糊"。当前研究普遍认为数据权利具有财产权、人格权、国家主权属性⑤，并逐渐确立以公权性质的数据主权和以私权性质的个人数据权与企业数据权为内核的"三线数据权"框架⑥，已有国内外制度研究虽在解构与规范数据权利体系上有诸多探索，但多围绕如数据跨境等具体问题与权利类型展开，简单依据数据主客体的划分而展开

① 全国科学技术名词审定委员会.全国科学技术名词审定委员会大数据新词发布试用[EB/OL].[2020-07-23].http://www.cnctst.cn/xwdt/tpxw/202007/t20200723_570712.html.

② 李爱君.数据权利属性与法律特征[J].东方法学,2018(3):64-74.

③ 《中华人民共和国数据安全法（草案）》公开征求意见!（附全文）[EB/OL].[2021-03-28].http://www.ahwx.gov.cn/zcfg/gfxwj/202007/t20200708_4629245.html.

④ 深圳市司法局关于公开征求《深圳经济特区数据条例（征求意见稿）》意见的通告[EB/OL].[2020-07-15].http://sf.sz.gov.cn/hdjlpt/yjzj/answer/5748.

⑤ 李爱君.数据权利属性与法律特征[J].东方法学,2018(3):64-74.

⑥ 魏远山.我国数据权演进历程回顾与趋势展望[J].图书馆论坛,2021(1):119-131.

的权利体系构建仍然容易引起混乱与争端。

鉴于国内外治理实际，本书定义数据主权视角下的"数据权利体系"为狭义的由法律制度组成的体系范畴，不涉及组织机构、实施手段、人员技术等关联领域，综合相关研究定义[①]，明确数据权利体系为包括指向"公权力"的数据权力与"私权利"的数据权利（见表3-1）。其中，指向公权力为以国家为中心构建的数据权力，即国家数据主权，其核心内容是数据管理权和数据控制权；指向私权利为以个人为中心构建的数据权利，包括数据人格权（实践中通常呈现为隐私制度）和数据财产权（实践中通常呈现为商业秘密制度）。

表 3-1 数据权利体系框架

| | | | |
|---|---|---|---|
| 数据权利体系 | 数据主权 | 数据管理权 | 公权力，以国家为中心构建 |
| | | 数据控制权 | |
| | 数据权利 | 数据人格权　知情同意权 | 私权利，以个人及企业为中心构建 |
| | | 数据人格权　数据修改权 | |
| | | 数据人格权　数据被遗忘权 | |
| | | 数据财产权　数据采集权 | |
| | | 数据财产权　数据可携权 | |
| | | 数据财产权　数据使用权 | |
| | | 数据财产权　数据收益权 | |

随着数据要素地位的确立，数据确权的迫切程度与日俱增。数据流通利用纷争不断，数字经济的发展需以清晰制度为基础，同时个人、企业及国家数据安全的保护亟须法规支撑。世界各国在本国国情基础上展开丰富的数据权利立法立规实践，从而形成差异化的数据体系演化

---

① 肖冬梅,文禹衡.数据权谱系论纲[J].湘潭大学学报（哲学社会科学版）,2015(6):69-75.

模式。

　　面对数据这一新生事物，传统权利法理开始失效<sup>①</sup>，数据的属性决定其制度体系必须及时调整以适应新环境需求，由此数据权利体系在不同的社会环境与需求下，呈现独特演化历程与阶段特点。本章基于世界经济论坛发布的《2016 年全球信息技术报告》( *The Global Information Technology Report 2016* )，选择具有体系建设优势与突出法制特点的德国、美国和俄罗斯为调研对象，溯源其体系演化历程，分析其模式特征，为我国体系构建提供国际经验借鉴。

　　需说明的是，全球数据权利进展始终呈现不均衡的发展特点。一方面，在关乎个人与企业的私权范畴内，各国体系发展历程漫长，具有显著阶段性特征，体系演化具有明确的过程性；另一方面，在以数据主权为核心的公权力范畴内，由于"数据主权"概念发源较晚、发展历程较短，阶段性特征尚未凸显，各国以保障国家安全、避免国外干预为导向构建权力体系，演化具有统一趋向性。鉴于此，本章对不同权利对象采用不同的分析模式，重点分析各国私权利演化阶段和总结各国公权力发展现状，从而客观探讨各国体系演化模式。

## 3.2　德国：沿袭传统，渐进式演化模式

　　德国作为大陆法系代表，具有悠久成文法传统。在欧盟整体框架下，其数据权利体系具有深远的制度渊源，演化呈现和缓的渐进式特点。在体系内容上，其承袭现有制度系统，注重以人权为核心协调数据产业发展与权利保护，倡议推动开发数据经济价值、提升数据开放利用

---

① 韩旭至. 数据确权的困境及破解之道[J]. 东方法学,2020( 1 ):97-107.

水平；体系框架上，形成了以个人数据权益与企业商业秘密为核心的私权利体系、以主权安全保障为中心的公权力体系，支撑国家各层次数据权利保障。

### 3.2.1　数据权利：传统人权制度基础上的修订完善模式

"个人数据保护对于欧洲人而言是一项基本权利"，欧洲一直将"隐私视为一种建立在基本人权之上的政治要求"[①]。德国深受欧盟人权思想影响，对已有制度在大数据环境下的应用予以解释，采取以一般人格权为基础保护个人数据[②]、以竞争法为核心保障企业数据权利的承袭修订模式。在初、中期立足于个人数据人格权与企业数据安全保障上，在后期则转向关切数据价值的开发利用，谋求二者平衡发展，其演化可分为如下三阶段：

（1）萌芽：相关法令规制下的非强制性保护阶段

信息技术萌芽背景下，数据价值开发与数据权利保障的冲突尚未引起重视。早期德国以数据价值实现为核心诉求，将企业数据纳入企业商业秘密范畴，以相关反不正当竞争法案保障企业数据安全，尚未规制企业的数据收集、利用行为；同时以人权法案保障个人数据权利，将已有个人隐私权法令延伸至数据对象，以扩展解释的方式最小成本地解决个人数据保护问题，但多为原则性声明，法条宽泛、约束力有限。

1896年德国颁布全球第一部反不正当竞争特别法《向不正当竞争行为斗争法》（*Act against Unfair Competition*）[③]，基于反不正当竞争法

---

① REIDENBERG J R.E-commerce and trans-atlantic privacy[J].Houston law review,2001,38:717-749.

② 齐爱民.大数据时代个人信息保护法国际比较研究[M].北京:法律出版社,2015:53.

③ 何勤华,任超.德国竞争法之百年演变——兼谈对中国竞争法之借鉴意义[J].河南省政法管理干部学院学报,2001(6):15-24.

对商业秘密进行保护，并后续专门为商业秘密立法；1909 年颁布《反不正当竞争法》（*Anti-unfair Competition Act,* 简称 UWG 1909）初步构建商业秘密保护系统，后又经历两次修订，构成其商业秘密保护核心依据，企业数据由此得到初步规制与保障。同时，保障人权始终是欧洲社会发展核心诉求，早在 1948 年出台的《世界人权宣言》（*Universal Declaration of Human Rights*）就强调个人隐私权和自由表达权，1953 年颁布《欧洲人权公约》（*The European Convention on Human Rights*），为数据主体赋权奠定隐私理论框架。德国深受欧盟框架整体影响，将个人数据安全问题纳入人权范围，但早期以非强制性条约加以规定。这一阶段，德国数据权利保护思想主要通过各种司法解释与判例来予以明确，未提升至专门法阶段，后通过 1954 年"读者来信案"、1958 年的"骑士案"、1973 年的"伊朗王后案"确立了对个人隐私的人格权保护，为后期形成基于人格权的隐私保护的主流进路奠定重要基础。

（2）发展：专门法令规制下的数据权益保护阶段

二十世纪六七十年代后，信息技术深入发展，个人数据泄露、市场数据垄断等问题愈发严重，数据开发与个人权利冲突日益凸显，前期以解释已有法律法规的体系模式难以解决现实需要，针对现实问题的专门立法成为此阶段德国的主要模式。

德国积极开展个人与企业数据权利的专门性立法。1970 年，德国出台首部个人数据保护专门法《德国黑森州个人数据保护法令》（*Hessian Data Protection Act*，简称 HDSG），其联邦各州在此框架下陆续开启个人数据保护立法进程，规范个人数据使用与流通；1978 年，《联邦数据保护法》（*Federal Data Protection Act*）生效，确立了公私二元制立法模式，建立起了从中央到地方的个人数据保护法规体系，并规范了企业的数据收集权、使用权和流转权，进一步提升个人数据地位、保障了个人数据权利<sup>①</sup>；1990 年《联邦数据保护法》(*Federal Data Protection Act*, BDSG)修订中进一步将个人对信息的控制权上升为宪法意义上的基本权利，缩小公私领域数据保护标准差异，更为严格地规范企业数据行为、保障消费者数据权益；同时，德国在欧盟发布的《商业秘密集体豁免条例》(*Application of Article 85 (3) of the Treaty to Certain Categories of Know-How Licensing Agreements*)框架下明确界定了商业秘密范畴，通过《技术转移集体豁免条例》(*Technology Transfer Block Exemption Regulation, TTBER*)将商业秘密纳入知识产权领域加以保护，并在欧盟颁布《商业秘密保护指令》(*Trade Secrets Protection Directive*)后形成了与欧盟内部统一的商业秘密保护体系，保障企业数据安全同时促进信息市场发展。

路径上，受制于已有技术与认识，这一时期对数据完整性的侵害在实践中最有代表性，德国因此在通说和司法实践中均将数据信息与存储载体关联<sup>②</sup>，1990 年德国联邦最高法院在判例中认定，数据存储载体与其存储的计算机程序共同构成一个有体物，逐步形成以数据存储载体为依托的"数据财产所有权"保护思路。同时，此阶段，德国相关数据保护法开始呈现明确的以保护个人免受其个人数据侵害的特征，"数据财产所有权"开始呈现向"数据人格权"保护模式变迁的态势。

（3）完善：市场利益与人格权利的价值平衡阶段

全球数字时代到来，面对竞争日益激烈的国际市场，欧洲紧密联合步伐加快，积极推进单一数字市场战略，寻求统一市场竞争秩序规范。同时，随着公民数据意识苏醒，欧洲"人权"原则在数据治理中进一步

---

① 黄震,蒋松成.数据控制者的权利与限制[J].陕西师范大学学报(哲学社会科学版),2019(6):34-44.

② 王镭.电子数据财产利益的侵权法保护——以侵害数据完整性为视角[J].法律科学(西北政法大学学报),2019(1):38-48.

凸显，德国力图在保障数据权利前提下实现与数据价值开发的平衡，从数据人格权出发、加快数据权利确权成为德国主要治理模式。

德国专门性立法进一步深化至根本性确权，并不断平衡数据权利与经济发展。个人权利上，2000 年欧盟《欧盟基本权利宪章》（*Charter of Fundamental Rights of the European Union*）第 8 条第 1 款首次规定个人数据保护权，开始将个人数据保护权归为基本权利的范畴，推动德国《电信服务法》（*Telecommunications Service Law*）修正案、《里斯本条约》（*Treaty of Lisbon*）等制度来落实欧盟统一要求，不断强化数据权利保障；2016 年《通用数据保护条例》出台，将保护公民数据权利和设定个人数据自由流动规则作为核心目标，创制数据可携权等权利，德国在其框架下进一步保障了在本国内个人数据权利的无条件适用。在垄断规制体系完善的背景下，德国对企业数据权利治理进一步关切个人权益保障与企业、产业发展的平衡，强化对数据垄断行为的规制，先后在《联邦数据保护法》修正案、《欧盟数据保护基本条例》（*Datenschutz-Grundverordnung*，DSGVO）下加强企业中个人数据隐私保护力度，明确个人数据商业使用中对消费者造成侵权时的惩罚机制；2016 年《反不正当竞争法》中规范数据市场竞争行为，保护竞争参与者、消费者以及其他参与人免遭不正当竞争之害[①]，并奉行"法不禁止即自由"用户数据处理原则，适当放宽企业采集、使用数据的限制，推动数据产业发展；2017 年通过并实施《反对限制竞争法》第九修正案（*Ninth Amendment of the Act against Restraints of Competition'ARC – Gesetz gegen Wettbewerbsbeschränkungen*），降低了企业合并中资产审查的门槛，从而增加企业数据垄断与违法行为的违法成本。

同时，随着专门法不断建设，德国设立联邦通信委员会、反垄断执

---

① Anti-unfair competition act（UWG）[EB/OL].[2021-03-20].https://lexetius.com/UWG/3,2Feb.27,2018.

法机构、数据保护局等数据治理部门，共同完成市场数据审查、数据监管、数据保护等职责，加强对数据企业个人数据滥用与隐私侵犯中的执法力度，如 2016 年德国相关部门因怀疑 Facebook 在收集用户上网习惯数据时未充分告知用户收集范围与性质，侵犯用户隐私权而对其展开调查①。

### 3.2.2  数据主权：域内外标准均衡化发展模式

德国重视国家数据所有权②，其数据权力标准以主权安全为重，域内完善数据保护与规制，推进政府数据开放利用，域外在欧盟影响下以"属人""属地"融合原则管辖，维护数据主权安全，推进跨境贸易。其域内外的权力体系相互配合，并考量国际关系、欧盟标准及自身发展等多方因素，呈现出均衡发展特点。

（1）域内：数据安全与价值开发稳步推进为趋向

德国早期将国家数据纳入国家秘密范畴，划定国家数据保护内容和范围，并根据时代发展完善基础设施、人员机构设置等方面具体保护对策，以人权为基础推动数字经济统一市场战略，逐渐完善域内数据防护、开放共享和价值开发。1975 年通过《联邦议院保密规定》（*Federal Parliament Secrecy Rules*）划定国家秘密等级和范围，随后在《刑法典》（*German Criminal Code*）修正案中新增资料伪造罪、计算机破坏罪等七项计算机犯罪；并通过《信息和通信服务规范》（*Information and Communication Service Act*）界定了网络犯罪、数字签名、个人隐

① Preliminary assessment in Facebook proceeding:Facebook's collection and use of data from third-party sources is abusive[EB/OL].[2021-03-20].https://www.bundeskartellamt.de/SharedDocs/Meldung/EN/Pressemitteilungen/2017/19_12_2017_Facebook.html.

② 汪映天.国家数据主权的法律研究[D].沈阳:辽宁大学.2019.

私等多项信息安全问题①，颁布《国家网络安全战略》(*Cyber Security Strategy for Germany*)等法案，进一步完善数据安全防护体系；积极推进数据开放共享，于 2010 年通过"国家电子政务战略"将开放政府数据列为政府建设重点，建立政府数据开放体系及开放数据集，同时注重吸纳新技术，提升关键基础设施建设来保障数据所有权及控制权，2011 年《国家网络安全指南》中提出了保护关键基础设施、建立安全部门等内容，2015 年《信息技术安全法》(*IT-Security Act*)中强调了维护关键信息基础设施；在提升安全性的基础上注重保障公民知情权、数据人格权和参与度，推动政府数据开放以挖掘数据价值，陆续颁布《行政诉讼法》(*Administrative Litigation Act*)、《信息自由法》(*Freedom of Information Act*)、《环境信息法》(*Environmental Information Act*)、《消费者信息法》(*Consumer Information Act*)及《地理数据存取法》(*Geographic Data Access Act*)等，从各领域保障公民获取政府数据及信息的权利，进一步强化公民数据共享权，发挥公民主体数据治理潜力。

（2）域外："属人"与"属地"原则逐步融合为趋向

德国通过不断加深"属人主义"与"属地主义"原则融合来规范数据跨境管辖和流通，整体法规呈现以防御为主的倾向。德国最初签订《108 公约》(*Convention for the Protection of Individuals with Regard to Automatic Processing of Personal Data*，也称《关于个人数据自动化处理的个人保护公约》)明确数据跨境的基本法律规制，指出应协调尊重公民隐私与保障信息自由流通②。国际贸易进一步发展，欧盟积极谋求更细化的跨境数据管辖方案，1995 年颁布的《个人数据保护指令》

---

① 相丽玲,陈梦婕.试析中外信息安全保障体系的演化路径[J].中国图书馆学报, 2018（2）:113-131.

② Convention for the protection of individuals with regard to automatic processing of personal data（1981）[EB/OL].[2021-03-20].https://www.coe.int/en/web/conventions/full-list/-/conventions/rms/0900001680078b37.

（*The Data Protection*）提出了"充分性"的保护标准判断，但未正式成型；2012 年，德国参与签订的《108 公约》修订版强调了信息自由流通中尊重隐私和保护个人数据的重要性，体现了"属人"倾向；2014 年，德国总理默克尔建议欧洲应建立自己的互联网基础设施，以保障数据存储于欧盟境内，体现了对"属地"原则的提倡；欧盟单一数字市场战略进一步推进，于 2018 年颁布了《通用数据保护条例》及《非个人数据在欧盟境内自由流动框架条例》（*Regulation on a framework for the free flow of non-personal data in the European Union*），德国执行了其中细化的"充分性"保护标准判断，制定了允许数据传输的具体情形，适当保留了一定程度的数据本地化要求，在数据安全保障基础上推进了数据贸易，逐步实现了"属人"与"属地"原则的融合。

## 3.3　美国：利益优先，扩张式演化模式

美国作为英美法系代表，其制度建设广泛吸纳判例经验，与司法经验积累紧密关联，基于其技术领先实力与市场垄断优势，以 140 余部法案构建全球最为完备的数据权利制度体系。其整体以数据价值实现与保障为核心诉求，以对外扩张为主要态势，构建以数据价值开发为核心的个人与企业权利体系，和以域外扩张为核心的国家主权体系，通过促进数据市场发展、规范多元主体数据行为、强化域外数据管辖"长臂"来保障主权域内外数据安全，实现数据价值，从而形成其独特数据权利体系演化模式。

### 3.3.1　数据权利：市场经验积累下的修正补充模式

数字经济是美国国家实力的重要支柱，美国始终以保障本国数字经

济在全球经济市场中的统治性为治理核心，不断基于市场需求与国际环境对数据权利制度进行修订补充，出台系列数据法令制度完善规则体系，呈现出数据价值开发与数据权利保障波动博弈的特征。早期，美国对数据安全和个人权益关注不足，在数字市场深入发展和个体权利意识觉醒的内外部压力下，个人数据权利开始更多地受到重视和保障，具体可分为以下三阶段：

（1）萌芽：判例与一般法为主的非正式防护阶段

在萌芽阶段，美国数字经济初步发展，数据权利概念尚未兴起，相关风险尚未明晰，主要依靠司法判例或一般法对个人及企业数据权利风险展开治理，以隐私权、商业秘密建设为核心，解决新兴出现的数据权利纠纷，缺乏专项成文法依据。因此，此阶段美国的数据权利保护以判例为主要阐释方式，具有非正式性，法律效力相对较低。

1939 年美国颁布《侵权法重述》（*Restatement of the Law of Torts*），确立隐私权独立地位，并将隐私保护纳入个人数据权利救济范畴；1965 年以"格里斯沃尔德诉康涅狄格州案"（*Griswold v. Connecticut*）建立宪法上的隐私权，并通过宪法第 4、9、14 修正案中进一步发展[1]，使隐私权成为宽泛的宪法权利，为个人与企业数据权利确立奠定关键基础；1970 年《公平信用报告法》（*Fair Credit Reporting Act*，FCRA）颁布，赋予个人访问与修正其数据的权利，规范消费报告机构收集个人信息时的应尽义务，并进一步通过《公平和准确信用交易法》（*Pub. Lo.No.108-159*）予以修订和完善；1971 年《公平信用报告》、1973 年《正当信息通则》（*Fair Information Practices*）分别规范了征信行业、自动化数据系统等领域的个人数据收集利用，构成美国个人数据权利保障立法的重要基础。1973 年，美国发布《录音、计算机与公民权利》

---

① GARRY T, DOUMA F, SIMON S.Intelligent transportation systems：personal data needs and privacy law[J].Transportation law journal,2012（3）:97-164.

（*Records, Computers, and the Rights of Citizens*）报告，分析"自动化个人数据系统可能导致的不良后果"，提出"公平信息实践法则"，规定个人知情、更正等权利，也规定信息收集组织对保障个人信息安全的义务，由计算机技术发展带来的数据隐私问题由此首次进入公众视野。

受益于数据市场的领先地位，在此阶段，美国将企业数据所有权囊括入以竞争法为核心的商业秘密保护体系，从责任主体出发，偏向于采用针对具体行业、具体事件的规制方式，以消费者合同这一市场方式解决数据主体与数据控制者（或处理者）间的数据权利纷争。1837 年，美国诞生第一例商业秘密相关判例；1939 年《侵权行为法重述》从法律层面对商业秘密保护进行了规定，企业数据权利被归入商业秘密框架下并得到了初步发展。

（2）发展：分散性专门法涌现的正式规制阶段

20 世纪 70 年代后期，随着数据产业细分，数据权利进一步引发关注，美国开始面向政府及行业出台专门法，构筑针对特定主体及行业的制度体系，以分公私领域、分行业范畴的分散性立法与监管为核心特征的美国数据权利体系由此形成雏形。这一发展阶段，美国根据公私部门、行业领域特点，针对各部门、各行业，制定个人数据权利保障与企业权利规章制度，为早期以侵权行为规制为基础的习惯法提供了补充。

公私分立上，1974 年全球首部针对个人隐私权法案《隐私权法》（*The Privacy Act of 1974*）就政府对个人信息的采集使用、公开保密等作出规定，平衡公共利益与个人隐私间的矛盾，并正式确立美国公私分立的数据权利立法模式，美国数据权利制度体系由此进入新阶段。随后《计算机欺诈和滥用法》（*Computer Fraud and Abuse Act*）、《电子通信隐私法》（*Electronic Communications Privacy Act*）、《电子政务法》（*E-Government Act of 2002*）先后限制政府未经许可对个人通话、电子数据传输的监控，对政府部门利用个人及企业数据展开规制，并积极推动联邦政府公共服务的用户导向转变。

分行业治理上，《家庭教育权与隐私权法》（*Family Educational Rights and Privacy Act of 1974, FERPA*）、《金融隐私权法》（*Right to Financial Privacy Act of 1978*）、《健康保险携带和责任法》（*Health Insurance Portability and Accountability Act,* HIPAA）、《儿童在线隐私保护法》（*Children's Online Privacy Protection Act,* COPPA）、《格雷姆－里奇－比利雷法》（*Cramm-Leach-Bliley Act,* GLB Act）、《反垃圾邮件法》（*CAN-SPAM Act*）等系列法律分别针对教育行业、金融行业、医疗业、信息服务等行业，规定个人数据隐私政策与规则，规范企业与政府的数据采集、利用、披露行为，并随着时代不断发展，先后纳入网络运营商、信息服务商、数据企业等新兴主体，不断应对新环境、应对新问题（见表3-2）。

表3-2　美国核心分行业数据权利制度列表

| 行业领域 | 年份 | 法律制度 | 重要内容 |
|---|---|---|---|
| 政府机构 | 1974 | 《隐私权法》（*The Privacy Act of 1974*） | 规制政府部门对个人信息采集使用，正式确立美国公私立法分立模式 |
| | 1984 | 《计算机欺诈和滥用法》（*Computer Fraud and Abuse Act*） | 对政府等主体利用计算机进行未经授权的访问或获得信息等行为进行规制 |
| | 1986 | 《电子通讯隐私法》（*Electronic Communications Privacy Act*，ECPA） | 限制政府机关未经许可擅自窃取监听私人电子通信的行为 |
| | 2002 | 《电子政务法》（*E-Government Act*） | 旨在推动联邦政府机构采用信息技术实现公共服务的用户导向转变 |

续表

| 行业领域 | 年份 | 法律制度 | 重要内容 |
|---|---|---|---|
| 教育行业 | 1974 | 《家庭教育权与隐私权法》（*Family Educational Rights and Privacy Act*） | 旨在保护教育机构的教育信息，任何教育机构未经家长或者年满 18 岁的学生本人许可而公开学生教育信息的，将不能获得联邦机构的资助 |
| | 1998 | 《儿童在线隐私保护法》（*Children's Online Privacy Protection Rule*） | 禁止实施、收集使用互联网上关于儿童个人信息的不公平性或欺诈性行为 |
| 金融行业 | 1978 | 《金融隐私权法》（*Right to Financial Privacy Act of 1978*） | 规定金融机构需告知消费者其隐私政策与实践 |
| | 1999 | 《格雷姆－里奇－比利雷法》（*Gramm-Leach-Bliley Act*） | 规定了金融机构处理个人私密信息的方式，包括金融秘密规则、安全维护规则、借口防备规定等 |
| 医疗行业 | 1996 | 《健康保险可携带性和责任法》（*Health Insurance Portability and Accountability Act*，HIPAA） | 对医疗机构及其商业伙伴收集和使用受保护的健康信息进行管理 |
| | 2001 | 《健康保险可携带性和责任法》修正案（HIPAA 修正案） | 目标进一步为保护病人电子健康记录，并进一步强化对侵犯个人健康隐私信息的惩罚强度 |
| 数据行业 | 1986 | 《联邦有线通信政策法案》（*Cable Communications Policy Act*） | 限制有线服务商收集、存储、公开、利用用户个人信息的行为，同时规定了用户拥有知情权 |
| | 1988 | 《录像隐私保护法》（*The Video Privacy Protection Act*，VPPA） | 保护录像带租赁和销售记录的安全 |
| | 2003 | 《反垃圾邮件法》（*CAN-SPAM Act*） | 管制未经请求的电子邮件 |

在分公私、分行业不断平衡个人、企业、国家间数据矛盾的同时，美国进一步强化以商业秘密为核心的企业数据权利保障体系。1979 年的《统一商业秘密法》（*Uniform Trade Secrets Act*，UTSA）详细规定商业秘密的定义、侵权行为及侵权责任、救济方式及惩处措施，搭建了相对完善的商业数据保护制度基础。1995 年通过《法律重述——反不正当竞争》《不正当竞争法重述》综合了商业保护法案和判例，1996 年颁布《反经济间谍法》（*The Economic Espionage Act of 1996*）规定了商业秘密侵权惩处，随后通过《盗窃商业秘密澄清法案》（*Theft of Trade Secrets Clarification Act of 2012*）、《外国经济间谍惩罚加重法》（*Foreign and Economic Espionage Penalty Enhancement Act of 2012*）、《商业秘密保护法》（*Defend Trade Secrets Act*）等制度加大惩处力度，明确商业秘密界定，进一步构建并完善了商业秘密保障体系，保障企业数据权利。

（3）完善：多类型规制并行的体系化保障阶段

步入 21 世纪后，美国在多类型规制并行下不断完善企业与个人数据权利体系，进一步呈现分散立法与行业自律并重、判例与成文法相补充、一般法与专门法相协调的特征，虽依然强调数据价值实现，但更多关切国内矛盾平衡与需求满足。

首先，以建设新的行业指引、网络隐私认证、技术保护模式等行业自律形式的管制实施快速发展起来，用于完善各领域的企业权利规制、个人权利保障。1998 年美国在线隐私联盟（Online Privacy Alliances，OPA）成立，其行业自律模式由此快速发展。行业自律下，将数据权利保护职责部分转嫁至企业，美国先后建立如在线隐私联盟、在线隐私封条（TRUSTe）、商业改进局线上隐私标识计划（Better Business Bureau Online Reliablity Program）等行业隐私组织，组织发布具有强约束力的隐私保护计划（Privacy Seal Program）等行业规范，指导企业制定隐私条款，并以用户隐私保护为考核指标展开定期评估、发布认可证明，以行业自律形式解决各行业领域个人数据权利保障问题，企业与个人数据权利在自律模式下得到动态规制。

同时，2013 年"棱镜门"事件后，美国面临来自国内企业、公民严峻的信任危机，如何重建政企信任、缓解国内呼吁个人隐私保护的压力，成为美国关切的核心问题。美国在进一步谋求数据市场与权利扩张之时，也在愈加复杂的数据矛盾下寻求各方需求的平衡，相关治理手段与方法呈现以稳定为主的关键特征。一方面，进一步推出系列商业秘密专门法规，保障企业数据权利，促进公私合作。2012 年通过《盗窃商业秘密澄清法案》（*Theft of Trade Secrets Clarification Act of 2012*）和《外国经济间谍惩罚加重法》（*Foreign and Economic Espionage Penalty Enhancement Act of 2012*），进一步强化商业秘密界定和惩罚力度；2015 年 2 月，《促进私营部门网络安全信息共享》行政令（*Promoting Private Sector Cybersecurity Information Sharing of 2015*）要求推进更广泛、更深层的公私合作与信息共享[①]；同年 6 月，通过《美国自由法》（*USA Freedom Act*），一定程度限制政府利用网络运营商搜集信息的行为；2016 年签署《商业秘密保护法》（*Defend Trade Secrets Act*，DTSA）为企业商业秘密保护提供有效保障；2018 年宣布建立美国消费者隐私标准计划，要求国家标准与技术研究院（NIST）、国家电信和信息管理局（NTIA）正式与各私营部门合作，制定自愿隐私框架。另一方面，密集颁布个人数据权利制度缓解国内公民需求矛盾。美国发布如《数据经纪人问责制与透明度法案》（*Digital Accountability and Transparency Act of 2014,* DATA）建立数据经纪人问责制等相关制度，在设立如知情权、删除权、拒绝权、公平服务权、访问权、更正权等具体权利类型以强化个人数据保障的同时，对隐私权保护仍采取"法不禁止即自由"的变通态

---

① 冉从敬,何梦婷,宋凯.美国网络主权战略体系及实施范式研究[J].情报杂志,2021（2）:95-101.

度，更为注重数据流通以最大化发挥数据价值。

更多地，在联邦统一立法力度不断加大的同时，各州在联邦框架下的细分立法数量急剧增长。如加利福尼亚州于 2018 年颁布的《加利福尼亚州消费者隐私法案》（*California Consumer Privacy Act*，CCPA）以《通用数据保护条例》（GDPR）为参照，以"消费者"概念作为个人信息保护理论的基础，赋予数据主体访问权、删除权、可携权等权利，并对数据处理的透明度做了详尽要求，建立数据采集与出售的"选择－进入"机制；华盛顿州于 2019 年提出《华盛顿隐私法案》（*Washington Privacy Act*），成为继 CCPA 后第二部综合性的数据隐私保护立法，并进一步引入 GDPR 反对自动化分析决策权；在地方立法的不断推动下，美议院先后提出了《数据保障法案 2018》（*Data Care Act of 2018*）、《美国数据传播法案 2019》（*American Data Dissemination Act of 2019*）、《社交媒体隐私保护和消费者权利法案 2019》（*Social Media Privacy Protection and Consumer Rights Act of 2019*）等 10 项数据权利保障提案并进入审议环节。

### 3.3.2 数据主权：域内外标准差异化发展模式

美国重视国家数据控制权，注重域内数据安全保障和开放共享，着力保护关键基础设施，充分挖掘域内数据价值；同时竭力推行"网络数据流动自由"原则以不断巩固其在国际数据权利体系中的话语权，强化域外数据所有权和控制权，借助其强大市场实力在数据自由流动中获益，力图稳固其网络空间领导地位。

（1）域内：安全保障与开放利用同步推进趋向

美国重视数据自由流动与价值开发，同步推进域内网络安全保障和政府数据开放共享，强化针对关键基础设施的发展策略与数据主权战略，不断平衡经济发展与国家主权保障间矛盾，不断夯实域内主权权利基础。

自 20 世纪 80 年代以来，域内网络安全在美国数据主权权利体系中重要性逐步凸显，以强化核心信息基础设施建设，不断完善顶层设计。1998 年，美国发布《保护美国关键基础设施》总统令（*Presidential Decision Directive/NSC-63*），形成网络安全指导性文件；2000 年，《国家安全战略报告》（*National Security Strategy of The United States of America*）颁布，将数据安全纳入国家安全战略；2003 年，颁布《网络空间国家安全战略》（*The National Strategy to Secure Cyberspace*），成为全球最早制定网络主权战略的国家。随后，2009 年公布《网络空间政策评估——保障可信和强健的信息和通信基础设施》报告（*Cyberspace Policy Review: assuring a trusted and resilient information and communications infrastructure*），提出加强网络空间顶层领导等建议；2011 年，发布《网络空间国际战略》（*International Strategy for Cyberspace*），确定从政治、经济、军事等领域加强网络安全；2014 年《联邦信息安全现代化法》以"信息安全"为主题纳入《美国法典》，直接明确联邦各机构、管理与预算办公室和国土安全部在信息安全方面的相关职责；同年 5 月，美国总统执行办公室（*Executive Office of the President*）发布 2014 年全球"大数据"白皮书《大数据：把握机遇，保留价值》（*Big Data: Seize Opportunities, Preserving Values*），对美国大数据应用与管理的现状、政策框架和改进建议进行了集中阐述；2018 年，颁布最新《国家网络战略》（*National Cyber Strategy*），成为当前美国安全战略的支柱之一。

"网络自由"原则导向下，美国在主权体系中重视域内政府数据的安全开放与流通利用，也逐步强化政府机构对数据控制能力。美国于 1967 年颁布《信息自由法》（*Freedom of Information Act*, FOIA），倡导政府信息开放同时也以信息公开例外的形式对数据安全予以保障，形成关于政府数据公开的基础法律，并以后续《开放政府法》（*Open Government Act of 2007*）、《信息自由法案备忘录》（*FOIA Memorandum*）扩大公开范围，明确开放原则；在实践基础上，通过"建设21世纪数字政府"备忘录、《开放政府数据法案》（*Open Government Data Act*）等转化开放数据形态、扩大开放规模，2019年颁布的《开放的、公开的、电子化的及必要的政府数据法》（*The Open, Public, Electronic, and Necessary Government Data Act*）强调新信息时代下政府数据开放与新技术的结合。同时，不断强化政府对域内数据的控制力与安全保障，1987年的《计算机安全法》（*Computer Security Act*）对联邦政府计算机系统内敏感信息的安全与保密进行规定，标志着其数据安全立法政策的稳定[①]；"9·11"事件后颁布《爱国者法案》（*USA PATROIT Act*），扩大执法机构对民众信息的搜集权力，此后通过《网络安全研究与发展法》（*Cyber Security Research and Development Act*）、《联邦信息安全管理法》（*the Federal Information Security Management Act*）、《网络安全国际战略》（*National Strategy for Cyberspace Protection*）等制度继续强化政府数据控制力。

（2）域外：自由流动与长臂管辖[②]双向执行趋向

美国推行"网络自由"原则加以有限规制的策略，辅以数据市场为基石刺激全球数据流通，保证其作为全球数据终端的收益。美国注重掌

---

① California consumer privacy act[EB/OL].[2021-03-20].https://oag.ca.gov/system/files/initiatives/pdfs/19-0021A1%20%28Consumer%20Privac y%20-%20Version%20 3%29_1.pdf.

② 长臂管辖（Long Arm Jurisdiction），是建立在"最低联系理论"和"效果理论"两种基本原则上的管辖权确定途径。最低联系理论是指案件中的被告若具备在法院所属地实施相应可产生法律效果行为的意思表示，而且可以运用法院所在地的法律来维护自身权益，那么该法院便具备管辖权。效果理论，是指只要境外某一行为对于某国境内产生了"影响"或者"效果"，那么该国便可以依据"效果理论"来主张管辖权，而不需要考虑行为人的国籍和行为的发生地点。

据域外数据管控权，推进跨境数据产业贸易，以"属人主义"原则强化本国数据保护，同时强化数据霸权，对数据流通持有双重标准，这在其数据权利体系演化中也有所体现。

美国一方面倡导跨境数据自由流动，积极在经济合作与发展组织（*Organization for Economic Cooperation and Development*，OECD）内部推动"数据保证"项目，减少发达国家对数据流动设置限制，鼓励其他国家采取开放和宽松的跨境数据流动政策[①]，通过《国会两党贸易优先权和责任法》（*Bipartisan Congressional Trade Priorities and Accountability Act of 2015*）、《隐私盾协议》（*EU-U.S. Privacy Shield*）[②]寻求数据跨境流动和贸易，签订《美国－墨西哥－加拿大协定》（*United States-Mexico-Canada Agreement,* USMCA）[③]、《跨境隐私规则体系》（*Cross-Border Privacy Rules, CBPR*）[④]等跨境贸易协议推动数据流动，要求各国在个人数据跨境流动时认同美国较低的保护水平；另一方面积极强化长臂，越权管辖域外数据资源，2017年《边界数据保护法》（*Protection Data at the Border Act*）规定海关在获得法院授权的情况下，可以搜查入境美国人员的电子设备及云端信息；《通用数据保护条例》影响下，美国通过

①　王晶.美国政府数据开放政策最新进展及启示[J].信息通信技术与政策,2019（9）:35-38.

②　《隐私盾协议》,于2016年2月2日,由欧盟委员会宣布达成,于同年2月29日正式对外公布,在《安全港协议》被废除之后,欧美之间的数据自由流动并没有结束,而《隐私盾协议》则是美欧双方对于数据经济发展的再次妥协,以求实现数据自由流动中的经济发展和数据保护的和谐统一。

③　《美国－墨西哥－加拿大协定》前身是《北美自由贸易协定》（North American Free Trade Agreement，NAFTA）。2018年11月,美墨加三国重新签订了《美国－墨西哥－加拿大协定》,取缔了原有的经济交易协议,该协定顺应了数据时代的发展需求,对于数据经济相关内容作了规定阐述。

④　《跨境隐私规则体系》,即《亚太经合组织跨境隐私规则体系》,对于满足CBPR数据保护要求标准并予以通过的国家,均可以实现在亚太经合组织区域内部的数据自由流动,展现出了极强的实用性和约束性。

CLOUD 法案提出"数据控制者标准"和"适格外国政府"，强调美国对域外数据的所有权和严格的跨境数据贸易标准，规定判断数据管辖权应依据数据控制者；同年 6 月，通过《加利福尼亚州消费者隐私法》，将"尊重语境"（respect for context）和"安全"（security）作为其核心要素，制定类似数据可携权的规定强化本国域外管辖效力，如谷歌、亚马逊、脸书、亿客行（Expedia）等国际大型互联网公司在其指导下相继调整隐私政策；进一步通过"301 条款"、《信息行动：原则、策略、技巧和程序》（*Information Operations: Doctrine, Tactics, Techniques, and Procedures*）、《网络空间作战》（*Cyberspace Operations*）等制度执行进攻性的域外数据治理管辖政策。

## 3.4　俄罗斯：安全为重，突进式演化模式

俄罗斯与德国同属大陆法系，但其数据权利体系建设起步较晚且缺乏历史积淀，受国际信息经济发展与数据意识觉醒推进，在较短时间内构建了自身制度体系，一定程度上实现"突进式"演化。受国家历史与具体国情影响，俄罗斯在体系内容上优先考量数据安全，形成了以人格权利保障和市场秩序维护为核心的个人与企业数据权利体系，和以网络安全防护为中心的国家数据主权体系，充分重视各层面数据安全保障，同时也适当推动一定范围内的数据流通共享。

### 3.4.1　数据权利：一般制度基础上的革新建构模式

俄罗斯在内容上重视数据安全，关注数据个体权利、市场稳定及商业秘密保障；在形式上结合核心纲领与实施细则形成严密的权利制度体系。初、中期着力于筑牢权利制度基础，界定相关概念，后期在借鉴欧

盟基础上迅速构建权利体系，具体可分为以下三阶段：

（1）萌芽：权利制度基础奠定阶段

苏联解体后，俄罗斯仍处于计划经济阶段，对企业和个人数据权利的法律调整实际上是缺位的①，因此其着力构建基础制度。1990年颁布的《苏联企业法》首次对商业秘密保护进行规定，同年的《苏联所有权法》第2条规定将生产秘密作为受法律承认的知识产权客体之一，之后的《企业与企业活动法》（*Business and Corporate Activity Law*）则是取代了《苏联企业法》确认了企业对该知识产权客体的权利，这一阶段俄罗斯形成了对商业秘密的保护意识，但仍没有明确商业秘密的概念，对其权利范围的界定和惩处措施也不明确。个人数据权利保障则是在1993年颁布的《俄罗斯联邦宪法》（*The Constitution of Russian Federation*）中有界定，其中第23条规定人人享有私生活不可侵犯、保护个人和家庭秘密、个人名誉的权利，第29条中包含了对言论自由和信息交换自由的保障，标志着其将个人权利纳入了人权的范畴，这些制度初步奠定了数据权利基础。

（2）发展：权利内涵概念界定阶段

随着市场经济转型的逐步实现和发展，俄罗斯在此阶段进一步正式规范了相关概念。1994年通过的《民法典》中首次规定了"职务秘密与商业秘密"；1995年颁布的《联邦信息、信息化和信息保护法》（*Federation Law on Information, Informatization, Information Protection*）第二条将个人信息定义为："能够识别公民个体生活事实、事件和状态的信息"，该法确定了个人数据保护的基本原则，同时也详细界定了企业在个人数据保护方面的义务、个人数据处理原则以及惩处措施，但是没有确定具体实施机制；1996年的《刑法》界定了计算机网络犯罪；在

---

① 淡修安，张建文.俄罗斯联邦技术秘密保护之嬗变：以立法演进为视角[J].广东外语外贸大学学报,2012（1）:52-56.

1997 年，个人数据被纳入了关于批准保密性信息清单的第 188 号俄罗斯联邦总统令中；1998 年《人的权利与基本自由条约》生效，强调了隐私权和言论自由权。总之，这一阶段虽形成了更清晰的个人信息和商业秘密概念，但各个制度相对分散，企业与个人数据权利并未联通，尚未体系化。

（3）完善：数据权益保障体系强化阶段

俄罗斯最终在采纳欧盟"知情同意"数据权利模式基础上形成了相对完整的制度体系，但囿于数字经济发展水平不高，因此其并不以数据价值挖掘为先。2004 年颁布的《联邦商业秘密法》规定了商业秘密所有者的七项权利，形成了其企业数据权利保护的核心支柱；并于 2006 年到 2007 年间颁布《联邦商业秘密法》的三次修正案补充具体实施标准，将其中原属于民法调整的实体部分抽离，纳入民法典中，呈现出民法典和单行法二元调整的特点；2006 年颁布的《个人数据保护法》的立法目的在于保护公民权利和自由①，其对个人数据的定义突破了隐私范畴限制，扩展至自然人关联信息，逐步完善权利内容，纳入知情权、访问权、被遗忘权、拒绝权和更正权等种类，明确企业处理个人数据的义务、原则以及惩处措施，要求其遵循"知情同意"原则，对企业数据收集权、使用权、流转权的准许条件、行使范围、安全义务等方面予以规定；2014 年的《关于信息、信息技术和信息保护法》（*Federal Law on Information, Information Technology and Information Protection*）修正案及 2015 年的第 264 号联邦法律则推进实现个人数据本地化和"被遗忘权"，建立包括民事、刑事、行政处罚等②多类型处罚机制，规范了市场数据处理行为，强化了个人数据权益保护。这些制度从企业方和个人方、企业数据行为限制和个人数据权利保障、救济和处罚等各方面保障

①② Federal law of the Russian Federation on July 27 2006 N 152-FZ "On Personal Data"［EB/OL］.［2021-04-20］.http://www.rg.ru/2006/07/29/personaljnye-dannye-dok.html.

了数据主体权益，形成了相对完善的数据权利保障体系。

### 3.4.2  数据主权：域内外标准一致化发展模式

俄罗斯重视国家数据控制权和管辖权，其域内外数据管辖标准一致，既注重域内数据安全保障，对政府数据开放共享及价值挖掘持有保守态度，也加强域外数据管控，形成了严格的网络安全保护制度和数据本地化政策，整体具有保守性和强硬性。

（1）域内：安全优先的保守型数据管理趋向

俄罗斯始终重点保障国家数据控制权和所有权，多聚焦于国家秘密及数据信息防护，在数据开放共享上进展缓慢，且公开的信息范围有限。针对苏联解体初期社会动荡和外部威胁不断的局势，俄罗斯在2000年颁布的《俄罗斯联邦信息安全学说》中将信息安全上升到了国家安全的战略高度；在2006年的《信息、信息化和信息保护法》中提出信息发展及安全，规定了公民信息权利及禁止公民获取的信息，并通过《知名博主管理法案》等制度严格规范相关主体的信息行为；随着腐败现象频发和民主法治改革浪潮的发展，其《政府信息公开法》经历了长达七年的多次返修和搁置，最终在2010年正式生效，规定了政府信息公开的基本原则、信息利用者的权利、政府信息提供的方式及违法责任和救济措施等内容，限制了公民可访问的数据信息范围；2016年发布的《俄罗斯联邦信息安全学说》修订版明确了国家信息利益、安全威胁、战略目标和行动方向。

（2）域外：主权为重的本地化数据控制趋向

俄罗斯推行基于"属地主义"原则的数据本地化政策，保证数据境内留存，奉行严进严出的管控标准，逐渐强化各项规定及标准，致力保障主权安全。2013年公布的《2020年前俄联邦国际信息安全领域国家政策框架》（*Interpretation of Russian national security strategy before*

2020）中明确了信息安全领域重要问题及参与态度，制定了参与国际
信息安全事务的战略计划，在《斯特拉斯堡协定》（*Information Patent
Classification Agreement*，IPCA）以及《俄罗斯联邦个人数据法》中确
立了白名单制度，允许满足充分性保护原则的签署国间的数据跨境流
动；但在斯诺登事件之后，俄罗斯在 2014 年修订的《关于信息、信息
技术和信息保护法》中规定了互联网通信规范，并要求用户数据本地存
储备份；2016 年的《俄罗斯联邦信息安全学说》修订版中也指出了"保
持战略威慑和防止由于使用信息技术而引发的军事冲突"。俄罗斯通过
不断完善保守强硬的数据本地化政策以应对国内外的安全风险，保障数
据主权安全。

## 3.5 主权视角下我国数据权利体系发展借鉴探析

习近平总书记指出："要制定数据资源确权、开放、流通、交易相关
制度，完善数据产权保护制度。"① 各国均在其特定国情下形成符合国家
利益需求的权利体系模式，以最大程度保障本国数据安全、实现数据价
值、推进数据市场发展，其发展内核与着力点对我国发展具有重要借鉴
意义。我国当前已经将数据治理列入国家战略，围绕个人、企业、国家
不同主体与层次展开数据权利体系建设，但我国具有数据市场不完备、
数据法规等制定较晚的弱势。在全球数据规制新背景下，亟待回答如何
在全球背景下重构我国数据规则与治理话语这一问题。

需要注意的是，数据主权视角下的国际数据权利模式均存在不同弊

---

① 习近平：审时度势精心谋划超前布局力争主动 实施国家大数据战略加快建设
数字中国[EB/OL].[2021-03-20].http://cpc.people.com.cn/n1/2017/1210/c64094-29696484.
html.

端：德国严格保障人权，相关法规设置束缚市场创新，强化技术寡头政治[①]，抑制数据市场进入[②]，反向助长行业垄断；美国重视数据价值发挥，重点对外扩张，使得公民个人面临权利不对等困境，容易引发国际网络空间军备竞赛；俄罗斯关切数据安全，严格限制数据流动，一定程度上阻碍国内技术革新与国际市场话语权。因此，本章对于各模式的借鉴并不是套用，而是在我国客观情况分析下的可行借鉴，并提出实践方案。

事实上，我国数据权利体系建设已有初步发展，重视平衡个人、国家及企业的数据权利保护、数据安全和数据经济价值，形成了系列法规。①个人数据权利上，我国追求个人数据权利和信息合理利用并重，宪法及《中华人民共和国民法通则》奠定了权利保护的立法基础，2000年的《全国人大常委会关于维护互联网安全的决定》颁布后，又相继通过《中华人民共和国妇女权利保障法》修订、《中华人民共和国未成年人保护法》《规范互联网信息服务市场秩序若干规定》等制度保护个人数据权利，设立决定权、知情权、删除权、访问权、保密权等权利，并以《中华人民共和国数据安全法》《中华人民共和国网络安全法》《中华人民共和国个人信息保护法》《中华人民共和国电子商务法》和《信息安全技术个人信息安全规范》不断补充；②企业数据权利上，我国注重保障企业数据管理权，保障市场公平竞争和产业经济发展，通过《中华人民共和国反不正当竞争法》《关于禁止侵犯商业秘密行为的若干规定》等明确了商业秘密民事赔偿标准，在《中华人民共和国反不正当竞争法》修订版及1997年的《中华人民共和国刑法》修订中增加互联网专款及"非法入侵计算机信息系统罪"等内容；③国家数据权利上，我

---

① BORHO T. Making the oligarchy obsolete：defining problems of coercion and seeking voluntary solutions[M].Richmond，VA：Lulu Press，2015：177.

② VIARD V B，Do switching costs make markets more or less competitive? The case of 800 number portability[J].Journal of economics，2007（1）：146-163.

国致力于保障国家数据安全，提升政府服务水平。通过《中华人民共和国网络安全法》确定网络空间主权、网络安全与信息化并重及共同治理原则，以《中华人民共和国政府信息公开条例》《促进大数据发展纲要》《政务信息资源共享管理暂行办法》推动数据共享，明确政府信息公开的基本原则、主体与范围、流程等，同时以《人民银行关于银行业金融机构做好个人金融信息保护工作的通知》《中华人民共和国国家安全法》《征信业管理条例》及《中华人民共和国网络安全法》等系列法规明确关键数据境内存储要求，力图维护国家网络主权与发展利益。

我国个人、企业与国家数据权利体系均有一定程度发展，我国的数据权利体系整体呈现明显特点：①数据权利体系的核心理念是发展与保护并重，与德国体系相似，在力图保障数据权利与安全同时，实现数据经济效益；②数据权利体系发展较为保守，我国倾向于沿袭式发展模式，发展进程较为缓慢。但目前数据权利体系缺乏专门法的统一规范，散落在刑法、民法、会议决议等法律政策内，存在法律建设不完善、数据权利内容单薄、缺乏有效救济机制、惩处措施不明确等诸多问题。本章基于对我国现状的调研，结合前文国际数据体系演化历程的探讨，综合考虑我国实际国情，思考可用于实际的我国借鉴路径与具体措施，力图为我国发展提供参考。

### 3.5.1 宏观构架层面：健全数据权利法律框架，推动立法建设并完善现有法规

数据权利引发广泛关注，我国加快数据权利建设进程。2012 年人大常委会颁布《全国人民代表大会常务委员会关于加强网络信息保护的决定》，成为我国数据保护立法开端；此后，2016 年《中华人民共和国网络安全法》审议通过、《中华人民共和国电子商务法》进入人大审议程序，2017 年《中华人民共和国个人信息保护法（草案）》进入立法进

程。但相较他国，我国立法起步较晚，当前主要采用补充式分散立法，内容以原则性条款为主，尚未深入实践细则，不可避免引发治理冲突。借鉴国际建设经验，我国应健全权利框架，加快立法立规，补充现有法律规范以提高法律可操作性。

（1）首先，推动立法建设。个人数据权利上，在《中华人民共和国个人信息保护法》立法基础之上，强化个人数据纲领，并以各下位法为依据不断细化；企业数据权利上，强化数据交易规则通用标准建设，借助协会、联盟等行业主体推动行业标准完善；国家数据权利上，在夯实国内数据发展同时，进一步强化跨境数据流动关键问题规制，厘定管辖权限，保护我国关键数据的出入境安全。

（2）其次，完善现有数据权利关联法规。明确各数据权利范畴及权利义务体系，同时细化对主体履行义务的具体流程规定；对现有商业秘密、知识产权等权利范畴予以拓展，保障法律对各数据主客体及侵权行为覆盖；完善侵权行为与方式的识别与规制，应对新环境下数据跨境、数据主权侵犯等新问题，以新法条、新解释的方式，快速高效地应对实际问题。

### 3.5.2 个人数据层面：强化数据主体权利，完善数据权利救济措施与配套机构

随着智能终端的不断普及，个人数据价值尤为凸显。我国具有丰富个人数据与数据市场，但当前仅有《中华人民共和国个人信息保护法》专门针对个人数据权利予以规制，体系建设尚处起步，存在敏感数据保护不足、数据权利不完善、数据救济措施单一、专门数据保护机构缺乏等问题，严重阻碍我国公民个人数据保护与数据价值实现。

（1）强化数据主体权利。①完善数据分级制度，强化敏感数据的特殊保护。借鉴国际以禁止处理为原则、允许收集为例外的严格制度，进

一步完善我国敏感数据定义与分类，纳入基因数据、政治观点和宗教信仰等新种类，同时明确禁止处理个人敏感数据的原则和允许处理的特定情形，并对儿童数据等特殊数据实施特殊保护策略；②确定我国个人数据"知情同意"原则，明确同意授权模式。借鉴"知情同意"国际模式，参考我国《信息安全技术 个人信息安全规范》，按照数据敏感程度进一步细分数据授权模式，对一般数据沿用默示同意，对敏感数据采用明示同意，要求明确告知用户信息授权风险，并以单次授权方式制定完善的用户退出通道。③同时，参考欧美引入"被遗忘权"概念，增强数据主体对其数据的控制力。在我国 2016 年"被遗忘权"第一案"任某VS 百度名誉权案"判例基础上，可将被遗忘权主体严格限为公民，适用对象限为搜索引擎等有限主体，设立公民可要求删除搜索结果中的关涉数据与链接的权利，并明确被遗忘权的例外情况、具体程序。

（2）完善数据权利救济机制。美国、欧盟等国家与地区相继设立数据保护机构并不断提升其在执法监督、监管处罚等方面的权利，我国应借鉴其经验，首先在司法诉讼外增加调解与投诉渠道，在相关机构设立统一窗口及平台，降低维权成本；其次，参考美国设立"消费者隐私基金"做法，设立诉讼补贴，由监管机构提供法律援助、集体诉讼等权益；同时，分级建设我国"国家—省"两级数据保护机构，中央政府负责政策文件制定、国际合作与交流、工作监督与指导，省级机构负责响应主体权利诉求、解决权利争端、提高公民意识。

### 3.5.3 企业数据层面：明确企业数据权利范畴，提高现有法律适用并设置数据保护官制度

当前，我国未对企业数据权利予以明确定义与规制，《中华人民共和国个人信息保护法》涉及企业数据行为的初步探讨，但对于配套措施、实施细则、救济操作等均未明确。我国应借鉴国际权利规制方式，

进一步明确企业数据权利范围及限制、提高现行法律适用性，并设置数据保护官制度以保障企业数据权利实施。

（1）明确企业数据权利范围及限制。首先，明确信息处理合法性的判断条款，从获得信息主体授权认可、为履行合同所必需、为履行法定义务所必要等方面明确企业数据处理合法性；其次，明晰信息告知的书面、电子及口头方式与情景，借鉴他国细则，提高企业可操作性；再次，规范企业应履行的个人数据匿名化和加密措施、恢复个人数据有效性、明确告知数据泄露风险等个人信息保护与救济责任，并借鉴国际模式以列举方式提出和补充。

（2）提高现行法规对企业数据的适用性。以商业秘密法保障企业数据的有效性已在国际得到验证，我国可借鉴其经验，在民法、刑法中将相应保护对象扩展至企业数据。如参照《中华人民共和国网络安全法》对《中华人民共和国刑法》商业秘密条款中"非法获取计算机信息系统数据、非法控制计算机信息系统罪"进行调整，扩展至"企业数据"层面，从而划定其需保护数据的范围。同时，进一步明确新环境下企业数据侵权行为，采取概括、列举并行方式，对相应侵权行为进行界定与规制。

（3）设置数据保护官制度。《通用数据保护条例》等法规中要求涉及敏感数据的企业必须设立数据保护官（Data Protection Officer），一方面为企业提供数据合规相关行为准则的建议、监督企业内部数据处理活动、定期评估企业数据保护情况，另一方面协助企业进行包含信息保护的商业协议起草与谈判、对接数据保护监督机构，实现指导与监督的双重作用。我国目前在数据保护官制度上仍处空白，可参考国际规定，在部分跨国企业率先设立数据保护官，并逐步扩展至其他企业，完善数据保护官遴选标准。

### 3.5.4 国家数据层面：厘定管辖权范围并强化效力，积极参与国际数据权利规则制定

互联网加快数据流动速度，扩展数据流动范围，国家数据权力面临复杂风险。一方面，数据跨境流动带来数据管辖权争端，促使各国积极围绕管辖权域外效力范畴展开争夺；同时，由于我国数据权利体系尚待完善，数据保护水平无法满足国际组织与他国的"充分性"要求，严重阻碍我国数据的国际流通与市场交易。当前严峻的国家数据权利保护态势要求我国尽快厘定数据管辖权范畴，积极参与国际规则制定，保障我国数据主权安全。

（1）厘定数据管辖权范围。网络空间管辖权是国家数据权利核心议题，我国可借鉴美国《禁止网络盗版法案（草案）》（SOPA）、欧盟《通用数据保护条例》等法案中强化管辖"属人"原则、不断扩张权利域外效力思想，除加强数据本地化政策用于保障本国数据安全外，还可通过数据跨境立法，以"属人"原则强化对我国数据的境外管辖；此外，厘定管辖权范围并予以一定扩张，对我国数据域外流通和跨国公司国际贸易加以保护。

（2）积极参与国际数据权利规则制定。我国已经正式申请加入的"全面与进步跨太平洋伙伴关系协定"（Comprehensive and Progressive Agreement for Trans-Pacific Partnership，CPTPP），和已加入的"区域全面经济伙伴关系协定"（Regional Comprehensive Economic Partnership，RCEP）等协定都对国际贸易间的各国行使的数据权利进行约束，未来可借鉴美、德等国力图主导国际数据权利体系构建的做法，尝试主导国际数据权利规则的合作与交流，加强基于联合国（UN）、国际电信联盟（International Telecommunications Union，ITU）、上海合作组织（SCO）等框架下的合作，不断宣传本国数据主权理念，推动国际数据权利规则

制定。并在此基础上丰富权利保障手段，与各国共同应对网络冲击与网络犯罪，提升我国在数据主权领域的话语权，共同打造更为安全的国际网络空间。

大数据时代，数据资源重要性愈发凸显，数据权利的完善对于实现数据安全、保障数据有序流转、推动数字经济健康发展有重要意义。我国具有广阔数据市场与海量数据资源，但也面临着严峻内外部风险，数据主权下，如何在促进数据自由流通的前提下保障个人数据权利、企业数据权利和国家数据权利不受侵犯，将是数据权利体系建设的核心意义。

对我国而言，立足社会发展现状与价值取向，吸取国外建设经验，走中国特色数据权利体系之路方是优选。我国要加快专门法制建设与现行法律修订，细化具体规则，完善数据权利内容；同时，要从个人数据权利体系、企业数据权利体系、国家数据权利体系这三方面针对性地进行权利体系建构，从强化数据权利、救济措施、提升公民意识等多角度完善权利体系，并在建设过程中逐步明确新需求、解决新问题，建设动态发展的数据权利体系。

# 4 国际数据主权保障实践

　　数据主权兴起与发展已成为不可阻挡的发展趋势，数据资源保障与治理更是涉及主权国家的关键利益和未来发展，因而数据主权理论逐渐得到了各国的认可，各国纷纷采取了一系列的政策和法律来保障本国的数据主权，以实现应对跨境数据流动带来的各种挑战，更加充分地利用数据资源，促进自身发展。本书重点选取了美国、欧盟、俄罗斯三个具有代表性的国家和地区来作为探讨对象，进行其数据主权保障实践的调研与探讨。其中欧盟和美国作为经济发达、技术先进的发展先驱，采取了一系列的数据规制措施来实现自身的数据保护与利用，而以俄罗斯为代表的数据利用新型国家，虽然在技术和经验积累上不如欧美，但也意识到了数据主权的重要意义，利用政策法律规制来实现跨境数据流动的治理和数据主权的维护。各国受到经济发展水平不一和立法传统背景差异等因素的影响，进而形成了自身独特的规制体系。

## 4.1 美国的数据主权保障实践

　　以美国为代表的发达国家因为跨境数据流动基础设施、科技技术水平和经济发展程度等方面的优势，一直主张在跨境数据流动的网络空间等虚拟环境中没有主权限制[①]，跨境数据流动的相关网络载体等属于"全球公域"[②]，但与此同时又不断完善国内的数据管制制度，确立数据主权的合法性和威慑性，其实质[③]则是为了在对他国宣称无主权的同时凭借自己的经济科技优势抢占数据传输渠道中的丰厚资源和主导地位，使其他国家成为美国政治、经济上的依附国[④]，建立以自己为中心的全球数据治理管辖体系[⑤]甚至是世界发展格局，确立自己的绝对主导地位。因此我们不难看出，美国并不是真的忽视数据主权，而只是担心自己在数据领域的霸权扩展会因其他国家主张数据主权而受到阻碍[⑥]。因此我们极有必要对美国的数据主权体系做细致的探讨研究，以准备相应的对策，确保自身的数据主权，实现数据跨境的自由流动和数据经济发展[⑦]。美国的数据主权的建立和保障实践现已形成一定规模[⑧]，但其体系的建构和发展并不是一蹴而就的，也经历了一定的探索和完善过程。

---

① 杨嵘均.论网络空间国家主权存在的正当性、影响因素与治理策略[J].政治学研究,2016(3):36-53,126.

② 李娜.网络空间国际法的完善策略[J].人民论坛,2018(25):96-97.

③ 杨剑.美国"网络空间全球公域说"的语境矛盾及其本质[J].国际观察,2013(1):46-52.

④ 王明进.全球网络空间治理的未来:主权、竞争与共识[J].人民论坛·学术前沿,2016(4):15-23.

⑤ 魏书音.CLOUD法案隐含美国数据霸权图谋[J].中国信息安全,2018(4):43-45,49.

⑥ 张纯厚.全球化和互联网时代的国家主权、民族国家与网络殖民主义[J].马克思主义与现实,2012(4):32-41.

⑦ 王月,李洁.数据中心有力支撑数字经济快速发展[J].信息通信技术与政策,2019(2):6-9.

⑧ 刘艺,邓青,彭雨苏.大数据时代数据主权与隐私保护面临的安全挑战[J].管理现代化,2019(1):104-107.

### 4.1.1 起步探索阶段（"9·11"事件之前）

"9·11"事件之前，美国的数据保护以境内的个人数据获取及保护、隐私维护和数据传递自由为主要内容，对于数据主权的法律体系构建处于刚刚起步阶段。

美国于1967年颁布了《信息自由法》[①]（*Freedom of Information Act*，FOIA），明确要求保障公民的信息及其数据知情权，与此同时规定了依据总统令确立的国家防卫和外交秘密等九类[②]不能被公开的例外[③]，即豁免（Exemptions），目的在于保护特殊种类的数据信息[④]，所以被认为是美国数据主权保护的起源[⑤]。随后1974年美国《隐私权法》（The Privacy

---

① 《信息自由法》，是20世纪末美国颁布的促进政府信息开放公布于众的法规，详细规定了美国民众获取政府信息数据的权利，并对美国政府的信息数据公开义务做了明确要求。

② 九种机密数据包括：（1）根据总统指示明确界定的国防或外交机密；（2）仅在行政当局范围内的工作人员的规定内容和程序细则；（3）根据其他法律不得披露的信息；（4）第三方商业机密以及金融、商业和科技信息，由第三方提供给国有机构，并包含特权或机密信息；（5）除诉讼当局以外，其他当事方不得违反法律规定使用机构之间或内部的备忘录或报告；（6）一旦被披露，可能明显不合法的个人、医疗或类似的个人信息；（7）为了执行管辖而产生的一些记录和信息，但有以下的限制条件：a.会阻碍执法工作顺利进行的数据信息；b.有概率导致国家公民丧失合法平等参与公平公正司法审判的权利的数据信息；c.有概率导致国家公民私人信息泄露的数据信息；d. 有概率导致国家秘密信息泄露的相关数据，主要是关于国家政府、国外政府和个人的信息；涉及国家重大安全的关键情报信息；涵盖司法审判决议所搜集的相关信息等层面；e. 有概率导致司法管辖和执行管辖程序执行和实际管理信息泄露的相关信息和数据，尤其是可能因为数据泄露致使司法、执行管辖无效的数据信息；f.有概率威胁公民生命安全等的数据信息；（8）为金融财经机构管理控制的经济数据，金融信息等，若泄露可能导致混乱危机的数据；（9）重要的石油存储和地质勘探数据信息。

③ 朱作鑫.大数据视野下的政府信息公开制度建设[J].中国发展观察,2015（9）：86-89.

④ 江悦.论规制政府信息公开申请权滥用的美国程序弹性规制模式[J].河北青年管理干部学院学报,2019（1）：80-84.

⑤ 宋佳.大数据背景下国家信息主权保障问题研究[D].兰州：兰州大学,2018.

Act）① 的颁布确认了政府处理个人数据的原则，以维护公众权益和个人隐私之间的平衡②，是美国在平衡个人数据维护与公众数据权益方面的初步探索。1978 年，因为尼克松的水门丑闻（Watergate scandal）③，美国国会通过了《涉外情报监视法》（*The Foreign Intelligence Surveillance Act*，FISA），以限制总统和政府部门滥用行政权力来获取公民数据④，保障公民的数据权利。1980 年，美国通过了《文书削减法》（*Paperwork Reduction Act*），规定了联邦政府下属治理核算机构编订发布网络与数据安全规制的权能⑤，明确了信息资源管理的地位⑥。紧接着 1984 年美国颁布了《计算机欺诈与滥用法案》（*Computer Fraud and Abuse Act*，CFA），明文规定入侵美国特定部门或者计算机系统以盗用数据为目的的行为都是犯罪⑦，必须被追究责任，以此保护国家的数据安全。1986 年国会通过了《电子通信隐私法》（*Electronic Communications Privacy*

---

① 美国国会于20世纪70年代制定并发布了《隐私权法》，也就是文中所述法律，主要是针对政府数据利用同个人数据保护之间的相关协调做了详细规制。在该法颁布五年之后，因为其实际效用显著被纳入《美国法典》，组建为法典的552a节，位属于行政机构与职工章节内容。因为对于行政机构处理个人信息从搜寻到使用的全生命流程做了明确约束，有利于维护大众利益同个体隐私的协调平衡，也被称为《私生活秘密法》。

② 周健.美国《隐私权法》与公民个人信息保护[J].情报科学,2001（6）:608-611.

③ 水门丑闻（Watergate Scandal），又被称为水门事件，是指时任美国总统的共和党主席尼克松的首席安全助理詹姆斯·麦科德（James W. McCord. Jr）为了确保共和党在即将到来的总统大选中的优势地位，在夜晚偷偷潜入位于美国首都水门大楼的民主党办公室并意图安装窃听设备、窃取相关机密文件，但被保卫人员现场抓获的丑行。该事件致使尼克松提前下台，是美国历史上臭名昭著的政治丑闻，为全美民所不齿。

④ 刘少军.保密与泄密:我国律师保密制度的完善——以"吹哨者运动"下的美国律师保密伦理危机为视角[J].法学杂志,2019（2）:102-114.

⑤ 戚鲁江.美国国会网络安全立法探析[J].公民导刊,2016（2）:56-57.

⑥ 马玉红.美国政府首席信息官制度的特色与启示[J].情报资料工作,2012（2）:109-112.

⑦ 从美国修订《计算机欺诈和滥用法》看法律的局限性及对立法启示[EB/OL].[2021-03-21].https://www.meiwen.com.cn/subject/qigcqqtx.html.

Act，ECPA）[①]，对政府调查电信通信日志和截断电子通信数据讯号的要求和层次做出了明确规定[②]，实现公众数据的安全防护。随后一年，美国国会又通过了《计算机安全法》（Computer Security Act，CSA），为美国增强国家计算机系统稳定安全和隐私数据保护力度[③]等层面提供了可以实践的具体方法和参考依据，有利于提升国家的数据安全防护标准。1996年，美国先后通过了《信息技术管理和改革法》和《信息基础设施保护法》，前者授予政府设立政府首席信息官（Chief Information Officer，CIO）的权力和具体职责[④]，旨在提升数据的管理水平；后者确认了在美国境内传播计算机病毒属于犯罪行为，拒绝服务式的攻击也不例外[⑤]。1997年，美国先后通过了《电子通信法》和《计算机安全增强法》，前者对于电子通信的数据保护做了详细阐述[⑥]，后者对于评测外国的计算机技术、计算机的加密标准与限制尺度和数据安全的会议召开作出明确规定[⑦]，从电子计算机的规制维度进一步构建了数据主权的维护体系。1998年，美国国会通过了《儿童在线隐私权法》（Children's Online

---

① 《电子通信隐私法》是美国国会于1986年制定，以延伸原先在电话有线监听的相关管制（包含透过电脑的电子数据传递）的法案。ECPA修正原先1968年的《综合犯罪控制与街道安全法》（Chapter Title III of the Omnibus Crime Control and Safe Streets Act，即有线监听法），其主要是来防止政府未被允许而监听私人的电子通信设备。

② 徐海宁，詹伟杰，许多奇.《电子通信隐私法》[J].互联网金融法律评论，2016（2）：190-213，2.

③ 戚鲁江.美国国会网络安全立法探析[J].中国人大，2013（16）：51-53.

④ 马玉红.美国政府首席信息官制度的特色与启示[J].情报资料工作，2012（2）：109-112.

⑤ 王新雷.美国关键基础设施信息保护法法律模式研究[C]//中国计算机学会计算机安全专业委员会.全国计算机安全学术交流会论文集（第二十四卷）.合肥：中国科学技术大学出版社，2009：89-92.

⑥ Electronic Communications Act - PFS电子通信法案 - PFS[EB/OL].[2021-03-25].https://www.docin.com/p-745915693.html.

⑦ 蔡翠红.美国国家信息安全战略的演变与评价[J].信息网络安全，2010（1）：71-73.

*Privacy Protection Act*，COPPA），加强了对于违法搜集儿童隐私数据的行为[①]，并规定了处以罚款和拘留监禁的处罚措施[②]，进一步加强对于数据的法律保护。1999 年，美国国会通过了《网络空间电子安全法》（*Cyberspace Electronic Security Act*），详细制定了政府调查的科技支持、数据传输截取以及数据信息的访问、存储和使用的具体准则，明确了电子信息数据的维护体系[③]。至此，美国的数据主权体系构建的初步探索阶段基本完成。

### 4.1.2 积累完善阶段（"9·11"事件之后至 2008 年金融危机之前）

"9·11"事件之后，美国开始注意到因为恐怖主义势力带来的威胁，开始注重各个层面的主权维护，在数据主权阶段，开始积极努力完善数据立法，不断加大数据的保护力度，以求实现美国的数据安全和国家安定。

2001 年，美国国会通过了《关键基础设施信息法》（*Critical Infrastructure Information Security Act of 2001*），着重强调数据通信基础设施对于美国政府和企业发展的重要作用，开始认识到关键基础设施是数据主权下不可或缺的物理或虚拟资产[④]，是数据主权的重要基础组成部分；同年美国通过了《爱国者法案》（*Uniting and Strengthening America by Providing Appropriate Tools Required to Intercept and Obstruct Terrorism*，*USA PATRIOT Act*），以立法的形式增加了抵抗恐怖主义

---

① 张静雯.数据主权的国际法规制研究[D].呼和浩特:内蒙古大学,2018.

② 胡元琼.网络隐私权保护立法的能与不能——以美国《儿童在线隐私保护法》评介为中心[J].网络法律评论,2004(1):152-185.

③ 肖志宏,赵冬.美国保障信息安全的法律制度及借鉴[J].中国人民公安大学学报(社会科学版),2007(5):54-63.

④ 车珍.美国关键基础设施保护体系研究[J].金融电子化,2016(5):82-83.

的基金预算，并对联邦数据技术的支持作出了明确规定①，以更好地维护数据和国家安全。2002 年，美国国会先后通过了《电子政务法》（*Electronic Government Act of 2002*，*E-Government Act of 2002*）、《网络安全研究与发展法》（*Cyber Security Research and Development Act*）和《联邦信息安全管理法》（*Federal Information on Security Management Act*，FISMA），分别对电子政务的机关建设数据处理、数据的安全职责归属和数据信息的安全定义②及数据信息的完整保密实用属性做了详细阐述③，进一步完善了数据信息的安全维护体系，展现出对外的防卫特性；为了更好地实现数据保护的目标，同年，美国国会又通过了《国土安全法》（*Homeland Security Act*）和《网络安全增强法》（*Cybersecurity Enhancement Act*），对于新成立的国土安全部的职责内容④、机构体系⑤进行规定，并将计算机环境下的数据非法窃取、数据的欺诈行为等非法行为明确列为犯罪行为⑥，针对新的数据环境作出改变。2008 年，推行了"网络空间安全教育计划"（*National Initiative for Cybersecurity Education*，NICE），赋予国土安全部支持高等科研及教育机构或者网络安全教育专业项目的权力⑦，并设定专项专款以更好地促进互联网防护和数据保护教育。至此，美国基本度过了数据主权保护的积累完善阶段，国内的数据主权维护体系雏形基本形成。

---

① 蔡士林.美国国土安全事务中的情报融合[J].情报杂志,2019(1):8-12,18.

② 迟立国,孙映.它山之石 可以攻玉——透析美国《信息网络安全研究与发展法》,谈信息网络安全体系建设[J].信息网络安全,2005(4):51-53.

③ 闫晓丽.美国《联邦信息安全管理法》修订思路及启示[J].保密科学技术,2014(2):46-49.

④ 许鑫.西方国家网络治理经验及对我国的启示[J].电子政务,2018(12):45-53.

⑤ 尹建国.美国网络信息安全治理机制及其对我国之启示[J].法商研究,2013(2):138-146.

⑥ 刘天慧.中美俄欧网络安全立法比较研究[D].哈尔滨:哈尔滨工业大学,2018.

⑦ 张慧敏.国外全民网络安全意识教育综述[J].信息系统工程,2012(1):77-80.

### 4.1.3　发展扩张阶段（2008 年金融危机之后）

在经历初步发展和积累完善阶段之后，美国的数据主权体系构建和保障实践已达到成熟水平，但是鉴于 2008 年金融危机的波及和各国数据主权呼声高涨的国际环境，美国认识到要想进一步维护自身的主导地位，必须注重数据通信技术的发展，于是步入了以数据技术为重心的数据主权发展扩张阶段。

2009 年，美国参议员 John D. Rockefeller Ⅳ 向参议院提案《网络安全法》（*Cybersecurity Act of 2010*），要求政府成立专业的网络安全维护机构，管理网络基础设施和相关网络事务[①]，对于网络上的数据信息进行更强的监管维护。2010 年，美国通过了《作为国家资产的网络安全保护法》（*Protecting Cyberspace as a National Asset Act of 2010*），本次立法主要是基于 2002 年的《国土安全法》和其他综合法一起修订的结果，对于数据安全维护的基础设施维护设定了更为灵活的标准[②]。2010 年，美国通过了《加强网络安全法案》（*Cybersecurity Enhancement Act of 2010*），制定了数据基础设施和数据通信设备的缺陷报告制度，并要求政府针对缺陷设计合理的完善方案和弥补措施[③]，对于数据基础设施的重视程度达到新高度。2012 年，发布了《网络世界中消费者数据隐私：全球数字经济中保护隐私及促进创新的框架》（*Consumer Data Privacy in a Networked World:a Framework for Protecting Privacy and Promoting Innovation in the Global Digital Economy*，简称《网络隐私保护框架》）确定了个人隐私的数据或电子属性，并将个人数据的盗取和使用等非

---

① 我国第一部《网络安全法》出台 2017 年 6 月 1 日起正式施行[EB/OL].[2021-03-20].http://www.kankanews.com/a/2016-11-07/0037755947.shtml.

② 国外网络安全立法对我国的启示[J].中国防伪报道,2016(8):54-59.

③ 美国众议院通过《加强网络安全法案》[EB/OL].[2021-03-20].http://www.most.gov.cn/gnwkjdt/201004/t20100419_76819.html.

法行为明确注明为犯罪行为①，在注重基础设施的同时也加强了对个人数据的保护②。2014年，美国通过了《联邦信息安全管理法》（*Federal Information Security Management Act*，FISMA），要求美国联邦政府对于信息数据系统的缺陷和欠稳定性、脆弱性进行检测，并开展有计划的缺陷评估和完善法案策划③，以提升数据信息保护水准；同年通过了《2014年国家网络安全保护法案》（*National Cybersecurity Protection Act 2014*，NCPA），要求在已有的国土安全部下再次建立网络和数据监管中心，对于数据通信基础设施及数据安全进行严密管理④，再次强调了数据基础设施的维护。2015年，美国通过了《网络安全信息共享法》（*Cybersecurity Information on Sharing Act of 2015*，CISA），赋予了国家网络安全与通信综合中心（*National Cybersecurity and Communication Integration Center*，NCCIC）作为联邦和非联邦实体的应急信息共享的中枢地位⑤，承担数据安全防护处理预警等层面的11项职责⑥。2018年，美国总统特朗普签署了《澄清境外合法使用数据法》（*Clarifying Lawful Overseas Use of Data Act*，CLOUD法案），确立了"数据控制者标准"和"适格政府"，明确了美国政府对外数据的调取处理的权利，美国数

---

① 王忠.美国网络隐私保护框架的启示[J].中国科学基金,2013（2）:99-101.

② 郭丹,米铁男.国外网络隐私权保护制度评析[J].经济研究导刊,2013（29）:267-269.

③ 闫晓丽.美国《联邦信息安全管理法》修订思路及启示[J].保密科学技术,2014（2）:46-49.

④ 专家:多国力推网络安全立法 美颁4部法保护关键基础设施[EB/OL].[2021-03-22].http://www.xinhuanet.com//politics/2015-07/22/c_1116007385.htm.

⑤ 张臻,孙宝云,李波洋.美国网络安全应急管理体系及其启示[J].情报杂志,2018（3）:94-98,105.

⑥ US GOVERNMENT ACCOUNTABILITY OFFICE.Cybersecurity:DHS's national integration center generally perform required functions but needs to evaluate Its activities more completely[R/OL].[2021-03-26].https://www.gao.gov/products/gao-17-163.

据主权对外扩展倾向一览无余①。随着数据环境的变化，美国也会做出适时反应，进一步扩展数据主权体系，以实现自身的政治目标和经济利益追求。

## 4.2 欧盟数据主权的保障实践

欧盟，即欧洲联盟，是欧洲区域各国成立的在全球范围内影响力极大的政治经济共同体，在世界政治、经济和文化领域内均处于重要地位。对于数据主权的保障实践，欧盟起步也很早，并形成了具有自身特点的独立体系，其发展历程也可以分为不同的发展阶段。

### 4.2.1 数据主权探索阶段（"9·11"事件之前）

在 20 世纪末欧盟就颁布了《欧盟信息安全框架协议》[ *Council decision of 31 March 1992 in the field of security of information systems* （92/242/EEC）]，在欧盟历史上第一次②对于数据保障进行了法律建构规制，在此基础上形成了欧盟内部以行政机关、运营企业和公民个人的数据保护基准③，后来欧盟以此为依据设立了专业管理数据基础设施建设的数据安全管委会④，以保障境内的数据基础设施稳定和维护，保障数据安全。

---

① 许可.数据主权视野中的CLOUD法案[J].中国信息安全,2018（4）:40-42.
② 马民虎,赵婵.解读欧盟信息安全法律框架:坚持"融合发展观"[EB/OL]. [2021-04-23].http://do.chinabyte.com/350/11227350_all.shtml.
③ 林丽枚.欧盟网络空间安全政策法规体系研究[J].信息安全与通信保密,2015（4）:29-33.
④ 郭春涛.欧盟信息网络安全法律规制及其借鉴意义[J].信息网络安全,2009（8）:27-30.

为了应对数据资源传播与利用背后不断增长的违法行为，欧盟委员会在 1995 年颁布了《关于合法拦截电子通信的决议》（*Council resolution of 17 January 1995 on the lawful interception of telecommunications*），旨在减少互联网中对于欧盟安全有影响的犯罪行为。此项规制为国家截取可能有害国家的公民通信提供了合理依据，并且对于欧盟内部安全稳定、个人数据隐私保护和通信安全等内容做了具体部署①，体现出了欧盟基于境内主权保护对于数据安全的重视。同年，欧盟通过了《个人数据保护指令》（*European Data Protection Directive*，DPD），基于属地原则对于境内个人数据的管理提供了参考依据②，为欧盟的个人数据管理尤其是跨境数据流动治理提供了有力的治理支持，体现出了欧盟对于由个人数据提升至国家层面数据主权的维护③。紧随其后，欧盟颁布了《关于制定技术标准和规章领域内信息供应程序的第 98/34/EC 号指令》（*Directive 98/34/EC of the European Parliament and of the Council of 22 June 1998 laying down a procedure for the provision of information in the field of technical standards and regulations*）④，希望建立欧盟成员国之间共通的互联网运营规范，提升区域内部技术规范编订的透明度⑤，加快欧盟网络系统的整合⑥。1999 年，欧盟又颁布了含《欧洲电子签名指令》（*European Directive on Electronic Signatures*）在内的三项规定⑦，对于个

① 马民虎,赵婵.解读欧盟信息安全法律框架:坚持"融合发展观"[EB/OL].[2021-04-23].http://do.chinabyte.com/350/11227350_all.shtml.

② 惠志斌,张衡.面向数据经济的跨境数据流动管理研究[J].社会科学,2016(8):13-22.

③ 靳海雷.欧盟个人数据跨境保护制度研究[D].乌鲁木齐:新疆大学,2017.

④ 刘迎.欧盟信息安全保障架构概述[J].信息网络安全,2009(8):23-26,58.

⑤ 欧盟网络安全产业综述:上[EB/OL].[2021-02-23].https://www.codesec.net/view/611726.html.

⑥ 宋文龙.欧盟网络安全治理研究[D].北京:外交学院,2017.

⑦ 欧盟《电子签名指令》(全文)[EB/OL].[2021-04-26].http://www.doc88.com/p-1905096855134.html.

人数据在商业交易中的隐私保护提供了理论支撑，体现了数据主权在跨境数据流动中的管制作用①；2000 年，欧盟制定了境内的《电子商务指令》（*Directive on electronic commerce*）②，旨在为欧盟境内成员国间的社会服务数据自由跨境流动③，进而实现对欧盟市场的统一管理。

### 4.2.2　数据主权构建阶段（"9·11"事件之后至"棱镜门"事件之前）

"9·11"事件在全球引起了轩然大波，欧盟也更加注重对于国际犯罪和恐怖主义的防范。在数据主权制度的捍卫层面，欧盟于 2001 年同美国等 30 个国家签订了《网络犯罪公约》（*Convention on Cyber-crime*），对于网络空间中以数据为手段的犯罪活动的监管提供了参考和国际公约支持，有利于各国数据资源的规范治理和数据主权维护。欧盟境内层面，2001 年公布的《关于向在第三国的处理者传输个人数据的标准合同条款的委员会决定》④明确了欧盟境内个人数据向外传输的标准及合同签订条款⑤，实现了数据得以保障前提下的数据向外流动；欧盟于 2002 年通过了《关于网络和信息安全领域通用方法和特别行动的决议》（*Resolution on a common approach and specific actions in the area of network of information security*）规定成员国需遵循的八项数据保护要

---

① 陈月华.欧盟电子签名标准体系进展现状与分析[J].保密科学技术,2016（5）:42-45.

② 《电子商务指令》,即《2000 年 6 月 8 日欧洲议会及欧盟理事会关于共同体内部市场的信息社会服务,尤其是电子商务的若干法律方面的第2000/31/EC号指令》。

③ 赵海乐.贸易自由的信息安全边界:欧盟跨境电子商务规制实践对我国的启示[J].国际商务（对外经济贸易大学学报）,2018（4）:134-145.

④ 马民虎.欧盟信息安全法律框架:条例、指令、决定、决议和公约[M].北京:法律出版社,2009.

⑤ 旻苏.向第三国传输个人数据的标准合同条款——常见问答[J].中国标准化,2005（4）:68-71.

求①，进一步提升了电子通信环境下的数据安全保障水平，在《打击信息系统犯罪的框架决议》的规定中，对于违法入侵、干涉破坏信息数据系统和违法干扰或窃取数据行为决定执行严厉打击②，并且规定要基于欧盟成员国境内的联合管辖规制③，以保证欧盟境内的数据安全，展现出了欧盟基于各国主权联合管辖数据的坚决态度。

顺时而变是欧盟数据主权保护体系的重要特征。互联网时代和云计算时代的到来，推动欧盟于 2003 年和 2004 年先后颁布了《关于建立欧洲信息安全文化的决议》④和《关于建立欧洲网络和信息局的规则》，并据此在欧盟域内设立了以保障欧盟内部数据信息安全的职能机构，在某种程度上突破了原本局限于规制犯罪行为的单一目的，体现出了基于主权角度维护数据信息安全的倾向。结合 2005 年《关于打击信息系统犯罪的框架决议》⑤的颁布，对于欧盟境内的信息数据流动的犯罪规制被提升至主权层面，而指令计划的详细内容规定全面强化了欧盟国家在数据流动中的主权保护机制⑥。

---

① 这八项要求分别是：(1)加强宣传教育活动,提升网络与信息安全意识;(2)推广信息安全管理的最佳方法;(3)在计算机教育与培训中加强安全概念的内容;(4)审查计算机应急事件中国家对策的有效性;(5)推广通用标准(ISO-15408)的使用并推动相关证书的相互认可;(6)在数字政府、数字采购中采用基于公认标准的有效、互通的安全解决方案;(7)在公共或政府使用数字和生物识别系统时,在适当情况下就技术开发进行合作并审查互通性要求;(8)促进欧盟共同体和国际合作,交换关于其境内主要负责网络和信息安全事务机构的信息。

② 刘可静.欧盟网络和信息安全法律规制及其实施方案[J].中国信息导报,2007(3):51-52.

③ 王玥.欧盟关于信息系统攻击的框架决议评鉴[J].信息网络安全,2007(12):64-66.

④ 马民虎,赵婵.欧盟信息安全法律框架之解读[J].河北法学,2008(11):152-156.

⑤ 欧盟网络和信息安全法律规制及其实施方案[EB/OL].[2021-12-20].http://china.findlaw.cn/jingjifa/dianzishangwufa/swaq/wlgz/3086.html.

⑥ 索亮.欧盟应对网络文化安全的措施及其对我国的启示[J].中国市场,2017(14):323-324.

对于数据通信关键基础设施的维护也是欧盟数据主权保护实践的重要尝试。21 世纪初欧盟通过了《关于欧盟理事会制定、指定欧洲关键基础设施，并评估提高保护的必要性指令的建议》[①]，强调了对于欧盟境内的关键数据基础设施进行管理的必要性[②]，并提出了缺陷评估机制和改善方法[③]，从基础设施的实体角度促进了欧盟数据主权的保护。2011 年欧盟颁布了《保护关键信息基础设施——面向全球安全和成就的下一步行动（*Critical Information Infrastructure Protection:achievements and next steps towards global cyber-security*）》，制定了欧盟实现关键信息基础设施保护的详细规定和具体措施，实现了从数据主权下物理设施保护的规划到方案的具体落实，体现出了极强的主权管辖倾向[④]。

欧盟对于数据平等共享的重视水平也不断提升。2008 年欧盟通过了《提供移动卫星服务的系统的选择和授权》[⑤]，寄希望于通过设立欧盟内部的移动卫星供给服务（*Mobile Satellite Supply*，MSS）平台，减少外界的竞争干扰，进而实现对于以往 MSS 欧盟未覆盖地区的覆盖，促进欧盟境内数据的平等接收和使用，体现出了基于主权的数据平等权保障权力的行使。而企业和公共机构大量使用 RFID 芯片[⑥]带来大量便利的同时，欧盟委员会察觉到了智能芯片背后的个人数据泄露风险[⑦]，尤其是在

① 严鹏,王康庆.欧盟关键基础设施保护法律、政策保障制度现状及评析[J].信息网络安全,2015(9):54-57.
② 张彦超,丰诗朵,赵爽,等.关键信息基础设施安全保护研究[J].现代电信科技,2015(5):7-10,15.
③ 高焕新,高永前.关键信息基础设施安全保护运营措施分析与建议[J].信息技术与网络安全,2018(5):37-40.
④ 刘金瑞.欧盟网络安全立法最新进展及其意义[J].汕头大学学报(人文社会科学版),2017(1):118-125.
⑤ 刘天慧.中美俄欧网络安全立法比较研究[D].哈尔滨:哈尔滨工业大学,2018.
⑥ 张卫伟.物联网时代RFID如何影响人们的生活[N].山西日报,2019-03-29(11).
⑦ 江西省工业和信息化厅.欧盟签署协议保护RFID个人信息安全[EB/OL].[2021-03-20].http://www.dzcpjdjyy.jxciit.gov.cn/Item/10575.aspx.

未经数据产生主体同意前提下获得的数据，所以 2011 年由欧盟委员会牵头同行业组织、企业、欧洲网络与信息安全署（*European Union Network Information Security Agency*，ENISA）以及欧洲个人信息和隐私数据保护组织签订[①]了《保护 RFID 个人信息安全协议》（*Protocol for the Protection of Personal Information Security in RFID*），实现对于数据的进一步保护[②]。

### 4.2.3 数据主权强化阶段（"棱镜门"事件之后至现今）

"棱镜门"事件的爆出对于欧盟产生了重大冲击，欧盟各界一片哗然，原有的《安全港协议》（*Safe Harbor*）[③]也于 2015 年被宣告无效。基于数据主权的维护所需，欧盟决心构建本土化的数字单一市场，利用境内的数据流动促进欧盟的经济发展，因而于 2015 年发布了欧洲《数字化单一市场战略》（*Digital Single Market Strategy*，DSMS）[④]；同年欧盟出台了《欧盟网络安全战略：公平、可靠和安全的网络空间》[⑤]，从主权维护角度对于网络环境下的数据规范治理做出了详细布局，并于 2016 年发布了《网络和信息系统安全指令》，该指令旨在通过具体的法律措施提升欧盟的数据保护水平[⑥]。

---

① 欧盟签署协议保护 RFID 个人信息安全[EB/OL].[2021-02-26].http://intl.ce.cn/specials/zxxx/201104/14/t20110414_22363217.shtml.

② 张靖.欧盟签署协议保护 RFID 个人信息安全[J].物联网技术,2011(4):7.

③ 《安全港协议》，即 *Safe Harbor* 的直接翻译，该协议是 21 世纪初由美国政府同欧盟区域签订的合作协议，主要是针对欧洲数据出口和美国对于欧洲数据的处理等相关内容作了规制，不同于以往的贸易协议，该协议对于欧美之间的个人数据处理和商业发展作了折中约束。受"棱镜门"等事件的影响，2015 年 10 月 6 日欧盟最高法院宣告该协议无效。

④ 张放.欧洲为何推动数字化单一市场[N].中国电子报,2015-06-26(5).

⑤ 方滨兴,杜阿宁,张熙,等.国家网络空间安全国际战略研究[J].中国工程科学,2016(6):13-16.

⑥ 王肃之.欧盟《网络与信息系统安全指令》的主要内容与立法启示——兼评《网络安全法》相关立法条款[J].理论月刊,2017(6):177-182.

而针对"棱镜门"事件最为直接的数据主权保障实践便是《通用数据保护条例》的出台，GDPR 对于数据的输出做了严格限制，有利于欧盟更好地管辖和保护产生于欧盟的数据。随后的 2017 年，基于数据主权的行使和维护，欧盟和美国在执法层面达成关于个人数据保护的协议①，就欧美之间的执法部门数据转移达成统一协作标准；另外，还颁布了《警察和刑事司法机关使用时保护个人数据指令》②，确立了司法工作执行个人数据的保护标准，避免数据泄露，进一步提升了个人数据的保护水平。

## 4.3　俄罗斯的数据主权保障实践

俄罗斯自古以来就是一个主权意识浓厚的国家③，在数据的维护上也不例外。自俄罗斯意识到互联网国际链接功能的初期，便采取了一系列关于数据主权的国内立法、计划纲要和国际数据协议参与活动，旨在建立起确保国家数据安全的数据主权保障体系。对于俄罗斯的数据主权保障实践，本文将其划分为以下几个发展阶段：

### 4.3.1　数据主权初期探索阶段（"9·11"事件之前）

国内环境下，早在 1991 年，俄罗斯就通过了《俄罗斯联邦大众传媒法》④，以实现对于俄罗斯境内传媒界的管理，并对境外涉及部分做了

①　杨秋霞.欧盟与美国关于跨境个人数据保护研究[J].新教育时代电子杂志（教师版),2016( 35 ):213-213,215.
②　刘天慧. 中美俄欧网络安全立法比较研究[D].哈尔滨:哈尔滨工业大学,2018.
③　熊李力,潘宇.从欧盟、欧亚联盟到泛欧亚合作——俄罗斯外交社会化路径分析[J].当代世界与社会主义,2018( 3 ):112-119.
④　《俄罗斯联邦大众传媒法》主要是对俄罗斯境内的大众传媒进行规制约束,并对境外向俄罗斯境内的新闻传媒数据流入进行了规定。在具体内容上,《俄罗斯联邦大众传媒法》对于新闻传媒的主体对象(涵盖媒体及其记者、公民大众和社会组织)、主体间权利义务关系、跨越国境的新闻合作和违约责任承担等层面做了明确的界定。

限制①，体现出了俄罗斯对于数据的保护与重视②；随后在 1993 年，俄罗斯通过了现行《俄罗斯联邦宪法》③，基于国家宪法对于信息数据的安全保护做了较为全面的规定，体现出了数据信息保护中的主权意味④，数据保护被提升到国家层面⑤；随后的 1995 年，俄罗斯通过了《俄罗斯联邦安全局法》⑥，明确规定了俄罗斯政府数据管理机构俄罗斯联邦安全局（FSB）的职责问题，对于数据管理做了详细规定⑦；在 1999 年的《俄罗斯联邦外国投资法》⑧中，对于贸易数据流动的监管也被明文规定⑨。在国内对数据主权制度构建进行探索的同时，俄罗斯从 1998 年起就不断建议联合国尽快通过处理由于网络引起的数据纠纷的国际规章⑩，以此来实现俄罗斯的数据主权保护。

---

① 王康庆.俄罗斯网络安全法发展实证分析[J].中国信息安全,2016(12):84-86.

② 俄联邦大众传媒法[EB/OL].[2021-02-27].http://legalacts.ru/doc/zakon-rf-ot-27121991-n-2124-1-o/.

③ 俄罗斯的现行宪法于1993年12月12日通过,1993年12月25日正式生效。俄罗斯现行的宪法是俄罗斯历史上第二长的宪法文本,仅次于斯大林宪法。

④ 第2章 人权和公民权利与自由[EB/OL].[20212-03-22].http://www.constitution.ru/10003000/10003000-4.htm.

⑤ 王康庆,孟禹廷.俄罗斯网络安全法发展简述及其对我国的启示[J].江苏警官学院学报,2018(2):95-99.

⑥ 《俄罗斯联邦安全局法》主要是对于联邦安全局的职能目标、组织建构、法律依据和行动指南等做了明确规定,并对于联邦安全局职能的具体行使区域、权利义务和监督责任等具体内容做出了部署安排,提升了操作的实践性。

⑦ 汪坤.从各国数据保护法律法规看数据保护要点[J].现代电信科技,2017(3):61-64.

⑧ 《俄罗斯联邦外国投资法》于1999年6月由俄罗斯议会审议通过,并随后由总统签署颁布,对于外来国家企业的资金投入相关内容做了细致规定,并明确了外来投资者在俄罗斯国内的投资条件和基准。

⑨ 严梓航.俄罗斯联邦外国投资法律环境研究[D].乌鲁木齐:新疆大学,2010.

⑩ 宋佳.大数据背景下国家信息主权保障问题研究[D].兰州:兰州大学,2018.

### 4.3.2　数据主权体系建构阶段（"9·11"事件之后至"棱镜门"事件之前）

"9·11"事件之后，意识到美国在国际地位领先和数据主权优先建构的发展背景下都能发生如此惨重的国家灾难，俄罗斯对于本国的数据安全保障投入力度增大，以确保数据安全[1]。2006年，俄罗斯制定了《信息、信息技术、信息保护法》，从数据信息的产生获取、搜集整理、生产加工和传播公布等流程都进行了严格规定[2]，以求实现对于数据信息全流程的管控调整；与此同时，俄罗斯通过了《俄罗斯联邦个人信息数据法》[3]，对于俄罗斯公民的个人数据信息保护做了详细规定，以求实现对境内数据的保护和管理[4]。俄罗斯对于数据管控的范围随后也逐渐转移扩展至儿童群体，于2010年通过了《保护儿童免受对健康和发育有害信息法》[5]，以此规避流动数据中夹杂的、对儿童不利的有毒有害信息[6]。随后，俄罗斯通过2012年的《俄罗斯联邦刑法修正案》，将数据的非法传播等形式也列为处置对象，以此实现对境内数据的管理[7]。与此同时，在国际环境中俄罗斯也一直主张数据主权的保护，2011年中俄等在内的多数国家联合在第66届联合国大会提交了旨在禁止利用网络

① 都婧.各国数据保护政策比较研究[J].中国信息安全,2017(5):80-83.
② 《信息、信息技术、信息保护法》(全文)[EB/OL].[2021-02-27].http://www.doc88.com/p-5387834217654.html.
③ 沈霞,杨福伟.信息主体权益保护的国际经验比较与启示[J].西部金融,2015(3):20-23.
④ 何波.俄罗斯跨境数据流动立法规则与执法实践[J].大数据,2016(6):129-134.
⑤ 俄罗斯:建立"信息过滤"的防火墙[EB/OL].[2021-03-20].http://media.people.com.cn/n/2012/1228/c40733-20044843.html.
⑥ 王康庆.俄罗斯网络安全法发展实证分析[J].中国信息安全,2016(12):84-86.
⑦ 郝晓伟,陈侠,杨彦超.俄罗斯互联网治理工作评析[J].当代世界,2014(6):70-73.

空间从事战争和政治争夺的信息数据国际安全行文草案①，并主张各国享
有于本国网络域内的自主权②，这表明了俄罗斯寻求保障数据主权完整的
态度；同年 7 月，俄罗斯同中国等 15 个联合国成员国再次向联合国递
交了要求制定国际网络数据规制的建议书③，以维护国家数据主权；同年
11 月，俄罗斯在于伦敦举办的网络空间国际会议上再次宣扬数据主权，
并且主张应以尊重国际规制和国内法为前提④；2012 年在匈牙利举办的
布达佩斯会议（Budapest Conference）上，俄罗斯也提出了与会议"开
放共享""自有透明"相反的强力维护数据主权的主张⑤，并拒绝加入由
美日欧等主导的《网络犯罪公约》，理由是认为条约第 32 条中规定的各
国可以互相登录他国的计算机数据以实现互相援助的内容不利于本国数
据主权的维护，且强调条约规定与自身国内法有冲突，坚定主张跨境数
据流动不应该以主权丧失为代价⑥，展现出极强的数据主权维护立场。

### 4.3.3　数据主权体系强化阶段（"棱镜门"事件之后）

　　"棱镜门"事件的爆出，更加激起了俄罗斯对于数据主权的关注和
重视。2014 年，俄罗斯对《关于信息、信息技术和信息保护法》和《俄
罗斯联邦个人信息数据法》这两部专门设立的数据法先后进行了两次修
改，确立了本地存储的跨境数据流动规制体系，以求减少跨境数据流动
对数据主权带来的冲击，维护国家安全。

---

① 居梦.论网络空间国际软法的重要性[J].电子政务,2016(8):34-45.
② 王明进.全球网络空间治理的未来:主权、竞争与共识[J].人民论坛·学术前沿,2016(4):15-23.
③ 张新宝.论网络信息安全合作的国际规则制定[J].中州学刊,2013(10):51-58.
④ 安宛欣.80国网络大会探讨网络安全[J].决策与信息,2012(5):5.
⑤ 黄志雄.2011年"伦敦进程"与网络安全国际立法的未来走向[J].法学评论,2013(4):52-57.
⑥ 宋玉萍.全球化与全球治理——以欧洲委员会《网络犯罪公约》为例[J].新疆社会科学,2013(1):84-90,155-156.

## 4.4　中美数据主权保障实践对比与借鉴

国际数据主权治理态势始终是我国数据战略与主权保障体系建设的重要参考。本书在探讨国际数据主权保障实践的基础上，以美国为重要参考对象，深入剖析其实施方式与体系态势，并与我国对比，从而为我国数据主权保障治理提供重要参考与借鉴。

### 4.4.1　美国数据主权战略体系构成

随着数据安全风险逐步显现，如何打造安全独立的网络空间、形成完备的数据主权保障方案已成为国际社会共同关注的议题。本小节重点对美国数据主权战略体系进行梳理，将美国战略体系从对内、对外两个角度，建设、防御、进攻等不同功能定位，划分为五个核心模块。

（1）以完善战略顶层设计、保护关键基础设施为核心的对内建设性战略模块

美国自20世纪80年代就开始关注网络与数据安全战略，在其发展中不断完善顶层设计。1998年，美国政府发布《保护美国关键基础设施》总统令，形成其战略的指导性文件。2000年，《国家安全战略报告》颁布，将信息安全纳入国家安全战略。2003年，颁布《网络空间国家安全战略》，成为全球最早制定网络主权战略的国家。随后，2009年公布《网络空间政策评估——保障可信和强健的信息和通信基础设施》报告，提出加强网络空间顶层领导等建议。2011年，发布《网络空间国际战略》，确定从政治、经济、军事等领域加强网络及其数据安全。2018年，颁布最新《国家网络战略》，该战略成为当前美国安全战略的支柱之一。

在发展中，美国的核心诉求为增强自身实力，保护并加快建设关键

基础设施。2008 年发布的《第 54 号国家安全总统令 / 第 23 号国土安全总统令》[National Security Presidential Directive（NSPD）-54]直接将网络空间定义为"互相依赖的信息技术基础设施网络"[①]，认为攻击关键基础设施会严重打击国家安全。随后，2010 年发布《网络空间安全：保护关键基础设施的下一步》（Cybersecurity: Next Steps to Protect Critical Infrastructure）、2014 年发布《提升美国关键基础设施网络安全的框架规范》（Framework for Improving Critical Infrastructure Cybersecurity）、2017 年特朗普签署《增强联邦政府网络与关键基础设施网络安全总统行政令》（Presidential Executive Order on Strengthening the Cybersecurity of Federal Networks and Critical Infrastructure）等，一系列文件都强调了关键基础设施的重要性；2018 年，出台《外国投资风险评估现代化法案》（Foreign Investment Risk Review Modernization Act），重新界定"关键技术"范围，强化对关键基础设施与关键技术全球供应的管控，我国深受其影响。

（2）以促进政企合作、保护个人隐私为核心的对内防御性战略模块

美国在网络空间与数据主权竞争上具有"先天优势"——互联网核心企业与研究机构均设立于美国。其战略落地根植于互联网企业，促进政企合作、平衡政府安全监控和个人隐私保护矛盾始终是其重要发展内容。2010 年，美国通过了《将保护网络作为国家资产法案》（Protecting Cyberspace as a National Asset Act），规定在紧急情况下联邦政府拥有绝对的权利来"关闭"互联网，宣告利用企业能力展开国际竞争；2011 年 12 月，发布《确保未来网络安全的蓝图》（Blueprint for a Secure Cyber Future），呼吁开发更强大的信息通信技术以确保政府、企业和个人能更安全地利用互联网。

---

① National Security Presidential Directive/NSPD-54/Homeland Security Presidential Directive/HSPD-23[EB/OL].[2021-03-17]. https://irp.fas.org/offdocs/nspd/nspd-54.pdf.

"棱镜门"事件后，为重建政企信任、缓解国内呼吁保护个人隐私的压力，美国进一步强化对内防御性战略。2015年2月，奥巴马签署《促进私营部门网络安全信息共享》行政令（*Promoting Private Sector Cybersecurity Information Sharing*），要求推动更广泛、更深层的公私合作与信息共享；同年6月，通过《美国自由法案》（*USA Freedom Act of 2015*），一定程度上限制了政府利用网络运营商搜集数据的行为，力图改善政企关系；随后10月，通过《网络安全信息共享法》，要求通过强化共享政企数据安全信息，共担网络安全威胁；2019年，特朗普签发的《关于美国网络安全工作人员的行政命令》（*Executive Order on America's Cybersecurity Workforce*）中明确提到，"网络安全员工队伍由各种各样的从业人员组成……无论是在公共部门还是私营部门工作。"[1]

（3）以建设网络空间军队、筹备网络战为核心的对外进攻性战略模块

早在海湾战争后，美国就已提出网络战的概念，并采取一系列战略和措施强化网络战攻防能力。2009年，正式成立网络战司令部，负责进行数字战争，防护数据安全威胁；2011年发布的《网络空间国际战略》和《网络空间行动战略》也明确提到"美国将对网络空间的敌对行动作出回应……包括外交、信息、军事和经济手段"[2]，引发全球网络空间军备竞赛；2012年，奥巴马秘密签署《进攻性网络效应行动》[*Presidential Policy Directive*（*PPD-20*）]，授权美军可采取必要的主动进攻和防御行动。2015年，美国《国防部网络空间行动战略》（*The Department of Defense Cyber Strategy*）中首次明确将网络列为继海、

---

① Executive Order on America's Cybersecurity Workforce[EB/OL].[2021-03-20]. https://www.nist.gov/news-events/news/2019/05/executive-order-americas-cybersecurity-workforce.

② International Strategy for Cyberspace：Prosperity，Security，and Openness in a Networked World[EB/OL].[2021-03-20].https://www.docin.com/p-1735091869.html.

陆、空、太空之后的"第五战场"①。2016年，《2016财年国防授权法案》（*National Defense Authorization Act for Fiscal Year 2016*）将网络安全司令部提升为完备的作战司令部。2018年，特朗普签署《2019财年国防授权法案》（*National Defense Authorization Act for Fiscal Year 2019*），授权国防部发起网络空间军事行动；6月，颁布《网络空间作战》联合条令，充实网络空间作战顶层联合条令。

（4）以打击国际网络犯罪、强化国际合作的对外防御性战略模块

面对愈发激烈的数据主权争夺，美国也同样注重运用司法、行政等手段遏制外部攻击，树立国际形象，抵御国际舆论冲击。在防御外来攻击上，2015年4月，奥巴马签署《关于阻断从事重大恶意网络活动者的财产》（*Blocking the Property of Certain Persons Engaging in Significant Malicious Cyber-Enabled Activities*），授权对构成显著威胁的个人和实体实施制裁；同年10月，通过《网络安全信息共享法》，降低起诉他国网络与数据犯罪嫌疑人的门槛，在自由裁量权上扩展其效力范围。2017年，发布新《国家安全战略报告》，提出将通过司法行动进一步防范与应对网络攻击；同时，美国开始执行成本增加策略（Cost Imposition Strategies），通过揭露活动证据、征收赔偿费用、国家权力工具施压等方式让攻击者承担"反应快速、代价巨大、清晰可见的后果"②。在国际合作上，美国反对"数据主权"的立场有所缓和，同时，力图通过参与各类数据治理国际平台、推动双边与多边国际合作等方式主导国际网络空间规则，形成核心同盟。

美国数据主权战略体系内容丰富，综合了各主体、各层次战略需

---

① Department of Defense Cyber Strategy April 2015[EB/OL].[2021-03-20].https://publicintelligence.net/dod-cyber-strategy/.

② 近期美国网络安全政策动向及对我国的启示[EB/OL].[2021-03-20].https://www.secrss.com/articles/10782.

求，同时不断随着环境变化进行方向转换和调试，形成了独具特色的主权战略体系。但其战略体系并不能仅从法律、政策"软实力"来分析，同样重要的还有战略体系的实施模式这一"硬实力"，"软实力"和"硬实力"的相加，才构成了完整的美国网络空间及数据主权战略体系。

### 4.4.2  美国数据主权战略实施范式

美国的数据主权战略体系由战略"软实力"和实施"硬实力"共同组成，在政策体系之下，推动战略实施的措施是战略体系得以运行的重要支撑。从上文中可发现美国战略体系主要涉及三类核心主体：国际社会、国家（政府）、企业或个人。围绕这三者，本章将其战略体系内容划分为物理层（数据基础设施及其发展因素）、应用层（社会和经济活动）、核心层（意识形态和上层建筑）三个核心层次。基于这三类核心主体和三个核心层次，本文总结出美国数据主权战略实施五大范式（如图 4-1 所示）。

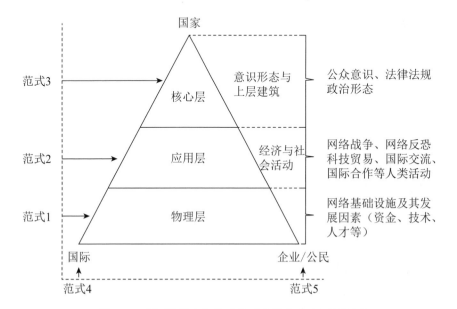

图 4-1  美国数据主权战略体系实施范式分析逻辑图

（1）物理层实施范式1：加大对数据安全的投资力度，注重培养数据技术人才的发展性范式

美国数据主权战略的核心之一就是建设具有绝对领先优势的数据基础设施，为保障数据主权提供物理基础。围绕数据与数据基础设施，美国对设施建设、技术研发、人才培养等方面进行了大量投入。20世纪90年代初，美国就先后提出了"国家信息基础结构行动计划"（NII）和"全球信息基础设施倡议"（GII），力图凭借技术优势控制别国的数据基础设施。迈入新时代，美国不断加大在数据技术研发、数据人才培养和数据安全教育等方面的财政投入。2013年，奥巴马政府拨款103亿美元用于加强网络安全，在当年的国家整体安全预算中占比最高；2020财年联邦政府网络安全预算共174.35亿美元，总预算占比达到历史最高水平[①]。

（2）应用层实施范式2：积极对外网络进攻，严厉打击网络犯罪的进攻性与防御性结合范式

美国在对外战略实施上，一方面积极对外进攻，利用网络优势发动针对潜在危机的网络战。当前美国已建立了完善的网络作战部队，大幅扩编网军。2009年，美国正式成立网络战司令部（United States Cyber Command），专门领导网络战布控；2015年，成立网络威胁情报一体化中心（CTIIC），促进各政府部门间的相互协调以更好地应对网络威胁；2017年，网络司令部升级为一级司令部，军方被赋予网络安全与数据主权保障职责。同时，以军队力量打造"爱因斯坦"系统（EINSTEIN）保障管理稳定，并陆续启动"国家网络靶场"（National Cyber Range）项目与"网络风暴"（Cyber Storm）、"寂静地平线"（Silent Horizon）等演习，自主研发网络武器并储备专家。近年，随着如"主干道"（Mainway）、

---

① 从高额预算看美国网络安全布局[EB/OL].[2021-03-18].http://www.360.cn/n/10641.html.

"码头"（Marina）、"核子"（Nucleon）等秘密项目逐步曝光，美国打着"网络自由"旗帜构建的全球网络监控体系也逐步浮出水面。

另一方面，美国积极应对和防范外部攻击，对其所认定的网络攻击方发起刑事诉讼和攻击。如 2014 年 5 月以网络窃密为由起诉五名中国军人，6 月以网络欺诈和洗钱为由起诉俄罗斯黑客；2015 年 1 月，奥巴马签署行政命令对朝鲜数个网络实体和个人实施制裁；2018 年，特朗普曾授权相关部门对俄罗斯发起网络攻击。

（3）核心层实施范式 3：密集立法立规，及时响应新问题新危机的指导性实施范式

为应对网络攻击和竞争，美国以密集立法立规为主要方式，快速形成了当前世界上最为完备的战略体系。由其战略体系构建历程来看，可分为三个核心阶段：① 20 世纪 80 年代为起始点，开始关注网络安全，核心为数据基础建设和发展，此阶段为"起步期"；②"9·11"事件是第一个转折点，此后相关立法开始上升至"国家安全层面"，以"网络自由""数据自由"为核心的战略体系迅速发展，此阶段为"发展期"；③"棱镜门"事件是第二个转折点，国际社会质疑美国主张网络自由、数据自由的真实意图，美国被迫转向更保守的体系建设，此阶段为"调整期"。美国在不同的发展阶段，面向所处的不同环境和新兴问题，不断颁布应对新问题、新危机的法律法规，从而保证战略体系生命力。特朗普上台后，进一步意识到网络空间争夺的重要性，2017 年以来，围绕数据安全，战略政策发布异常频繁，进攻反制色彩浓厚，震慑力空前。

（4）国际视角实施范式 4：积极推进国际合作，主导国际数据安全治理的合作与竞争相结合的实施范式

由国际"大视角"来看，美国在国际关系上综合了合作与竞争两个方面，以合作为主流，同时积极为可能产生的竞争做好充足准备。早期，美国凭借其优势地位，较少与其他国家平等对话，而随着发展中国

家的不断崛起，美国逐步将"合作"作为对外的主要方针。在不断深化与日、韩、澳等盟友的双边合作之外，美国也日益重视与竞争对手的合作交流，与俄罗斯、中国、印度、东盟等国家及组织都建立了网络事务的对话机制，并在可合作领域展开积极合作。同时，美国强调领导国际规则制定和主导数据安全治理，支持相关国际智库发起和组织各种国际会议，指导部分国家战略设计，力图把控国际规则制定轨迹。

（5）企业/个人视角实施范式5：充分发挥企业能动性，尊重个人权利的激励性实施范式

从企业、个人为主体的"小视角"来看，由于美国互联网企业的特殊地位，美国在战略实施中关注如何充分发挥企业和个人的能动作用。ICANN、Sprint等一批掌握网络空间与数据治理核心话语权的企业或组织均在美国注册，而获取私营部门的支持是美国网络安全战略的关键依托和重要保障。2009年，微软公司配合美国政府制裁措施，切断了对古巴、朝鲜、叙利亚、伊朗和苏丹等五个国家的MSN服务，并明确表示，在政府禁令解除前，公司不会与制裁名单上的国家存在生意往来[1]。同时，随着公众隐私意识的极大提高，通过尊重公民个人隐私实现内部安全成为美国战略实施的重要内容之一。"棱镜门"事件后，其开始转向重视矛盾协调、促进多方合作的新路径，突出保护私营部门利益和重建政企信任。

### 4.4.3 中美数据主权战略体系对比及思考

随着数据主权争夺的白热化，我国愈发意识到保障数据主权的重要性。当前，我国已展开了丰富的战略建设与实施实践，但与美国对比，目前我国尚未构建完善的战略体系，主权保障机制存在真空，难以对我

---

[1] Cuba Criticized Microsoft Blocking Messenger[EB/OL].[2018-12-10].http://www.nbcnews.com/id/31005365/#.Vw9nm_6heU1.

国网络安全与数据主权保障提供支撑。基于上文分析，本文对我国相关战略进行全面考察，并对未来发展路径展开思考。

（1）中美数据主权战略体系对比

近年来，我国在数据主权制度发展与实践建设上，展开了从顶层设计、法规制定、机构设置、人才队伍建设等一系列探索。结合前文分析，本文将从其战略原则、战略体系、战略特征、战略内容等七个方面，对中美战略体系进行对比（如表4-1）。

表4-1　中美数据主权战略体系对比

| 对比项 | 美国 | 中国 |
|---|---|---|
| 战略原则 | "网络自由""数据自由" | "网络主权""数据主权" |
| 战略体系 | 多面战略体系 | 多级战略体系 |
| 战略特征 | 进攻性战略为主 | 防御性战略为主 |
| 战略内容 | 既有顶层全面性法规政策，也有涉及竞争指导、技术支持、人才政策等各领域的具体政策，内容丰富 | 主要为原则宣言，细分领域主要涉及对技术发展的支持，专门性法规政策尚较少论述，散见于各问题解释中 |
| 实施模式 | 多级管控下的行业自律模式 | 政府主导下的严格控制模式 |
| 战略机构 | 已建立网络司令部、网络威胁情报一体化中心等主管机构，且分工细微，配合紧密 | 已成立国家互联网信息办公室、中央网络安全和信息化委员会等机构，但具体实施依靠相关部门协同 |
| 实施手段 | 网络威慑、网络干预等网络战争手段，并辅以国际交流、合作手段 | 国际交流为主，侧重网络基础实力发展和对外交流 |

如表4-1所示，在战略原则上，"网络自由""数据自由流动"一直是美国外交重点，主张"全球公域说"和"网络自由论"，强调网络空间的连接自由和信息流动自由不应受到阻碍。而我国则明确"尊重网络主权""承认数据主权"的观点，主张国家对信息通信技术设施及其承

载的网络空间、数据资源拥有主权。

战略体系及其内容上，美国从维护本国安全角度，采用多层面战略体系，主要经过了起步期、发展期和调整期三阶段，根据实践逐步转移重心，内容既有整体性规范，也有微观规定。我国主要采用从上至下的法律、行政法规、部门规章三个效力层级进行建设，具体内容主要偏向计算机系统安全和网络保护措施方面。战略特征上，美国总体上呈现先发制人的特点，积极对外干涉和发动网络战，我国主要采取防御性战略，主要关注基础建设层面。

实施保障机制上，美国形成了持续的政企合作伙伴关系，采用多级管控下的行业自律模式，激发社会力量共同支撑国家安全。中国采取政府主导下的严格控制模式，战略推行与网络监管主要依靠政府部门间的协同管理，尚未深化至政府、企业与社会公众共同参与治理。

战略实施机构和手段上，美国已经成立相应职能部门全权负责网络安全，并积极推动建设涵盖应急部门、计算机应急待命中心（US-CERT）、国防部"爱因斯坦"系统，且综合运用进攻性和防御性手段的战略体系。我国已经成立中央网络安全与信息化领导小组，设立中央网络安全与信息化办公室，但我国尚未设立专职部门，仍主要依靠各部门间协同管理，手段以防御、交流等被动手段为主。

（2）我国数据主权战略体系发展路径思考

我国经过长期的互联网发展，已经在金融、交通、国防等涉及国计民生的核心领域实现了网络化，网络空间"神经中枢"地位得到进一步凸显，数据资源的价值进一步提升。本文通过中美体系的对比，对我国战略体系发展路径提出如下思考：

①加快数据主权立法进程，建设有中国特色的国家数据安全战略体系

我国近年来在维护信息安全、保护本国关键数据、打击网络犯罪方

面已初见成效，《中华人民共和国网络安全法》《中华人民共和国数据安全法》的正式生效标志着我国互联网治理法制化取得实质性进展。但当前我国的网络安全战略体系仍处于发展初期，这要求我国加快数据治理立法进程，从网络安全、关键数据保护、个人信息保护、电子商务、数据跨境等各方面，做好网络空间战略顶层设计，以法律、相关行政法规、相关规章三层体系，完善国家网络空间战略布局，建设具有中国特色的战略体系，支撑我国占据未来网络空间制高点。

②夯实数据基础设施建设，强化军事保障，掌握网络空间竞争核心技术与人才资源

当前，中美贸易战进一步暴露出我国在关键技术上的弱势，同时我国在网络核心标准、顶级域名、国际交换中心等关键性问题上的话语权有限。在核心技术层面受制于人，表明我国首要任务是加快建设数据基础设施，提升在关键基础设施研发能力、核心软件产品研发能力、互联网服务提供能力等方面的硬实力。同时，要强化军事保障，引入网络军备，明确国家军事力量在保障国家网络安全上所扮演的角色。并且，要掌握具备数据技术竞争力的人才资源，争取在高性能计算机与软件、第五代移动通信与无线通信等核心技术领域培养一批技术人才，为有效抵御互联网入侵、网络攻击提供人才支撑。

③鼓励互联网企业共同参与，激发社会力量共同建设国家安全体系

美国的战略体系建设启示我们，相关企业是国家网络空间战略的重要主体。近年来，美国逐步对我国互联网企业和科技企业出台了系列遏制政策，阻止华为、中兴等企业的网络通信产品在美国市场的销售，并限制高性能芯片对我国的出口。互联网、科技企业与国家安全关联愈发紧密，这要求我国加强互联网和通信技术产业发展，优化发展环境，将企业、同步纳入国家数据主权提升与保障的建设体系之中。同时加快建立国家与企业数据共享机制，建设信息透明公开与再利用制度，激发社

会力量共同保障国家安全。

④积极参与国际合作与交流，提升国际影响力，丰富网络主权战略实施手段

当前全球网络空间规则缺失，国际互联网治理混乱。我国当前网络空间发展实力不足，难以单独应对网络空间竞争。这要求我国进一步参与国际合作与交流，继续加强在联合国、国际电联、上海合作组织等框架下的合作，推动互联网组织的国际化。并在此基础上丰富实施手段，与各国共同应对网络冲击，共同打击网络犯罪，提升我国在国际网络空间中的话语权，促进国际互联网治理转型。

美国已经形成完善的网络安全与数据主权制度体系和实施机制，从技术设施到网络应用，全面展开有效管理，保障其在国际网络空间的优势地位。在我国，网络主权作为国家安全的重要组成部分，已经被上升至国家战略，但当前战略体系建设才刚起步。

网络空间作为国际竞争的新领域、新战场，未来的主权争夺将愈发集中和激烈，我国必须抓住第三次全球信息技术革命的战略机遇期，通过加快立法、夯实技术基础、强化社会力量共同参与和国际合作，尽快建设完成中国特色社会主义的网络主权战略体系，为应对未来网络空间争夺、推动国际互联网治理转型、迈向网络强国奠定基础。

# 5 数据主权的国际风险态势

信息时代下，数据资源价值凸显并成为国家战略储备资源，数据主权兴起与国家安全、综合国力紧密关联，深刻影响国际地位和社会发展。国际数据主权博弈日趋激烈，国际网络空间尚处丛林规则时代，在政治、经济等因素的交叉影响下，数据主权安全风险更为多变与隐蔽，极大提升了治理难度。因此，保障数据主权安全，是保证国家经济、社会正常运行的应有之义，是主权国家不可推卸的重要责任。

当前，我国数字经济与数字产业经过长足发展，产生了海量的数据资源，全面治理我国数据主权风险、加快建设我国数据主权保障体系刻不容缓。2015 年，我国《促进大数据发展行动纲要》首次从官方层面对数据主权作出表述，要求增强数据主权保护能力；2021 年，我国发布《中华人民共和国数据安全法》进一步凸显"数据主权"概念，要求重要数据，尤其是核心数据的出境要经过国家安全审查；2021 年，我国外交部部长王毅在全球数字论坛研讨会上发起《全球数据安全倡议》（*Global Initiative on Data Security*），倡议尊重他国主权、司法管辖权和数据管理权。

愈发严峻的数据安全环境下，数据主权风险愈演愈烈，面向我国数据主权体系建设实际，亟待回答以下关键问题：数据主权所面临的安全风险及其治理需求是什么？如何保障数据主权安全，形成符合我国国情的数据主权保障进路？本章节围绕以上关键问题，厘定在关键数据主权风险问题上的国际治理进路，针对我国国情提出相应对策建议，为保障我国数据主权安全提供借鉴。

## 5.1　基于实践的数据主权风险调研

近年来，世界各国围绕数据主权的竞争愈发激烈，由此引发的数据主权风险治理与规制方案成为学界关注的热点。Polatin-Reuben 等调查金砖五国参与互联网管理论坛情况与数据主权保障需求，评估因数据主权理念差异、金砖五国集团强化共识而导致的如互联网巴尔干化等主权风险的可能[①]；Faini 等认为意大利开放政府建设是保护公民自由和数据主权安全的有效路径[②]；Thakar 等提出了通过识别证据行为、日志收集和数字取证的僵尸网络逆向工程，以防御僵尸网络事件、确保国家电子政务安全[③]；Seoane 等认为数字化过程改变了国家间主权关系，也促进了集"冲突"与"合作"于一体的数据治理形式的形成[④]。当前数据主权作为

①　POLATIN-REUBEN D，WRIGHT J.An internet with BRICS characteristics：data sovereignty and the balkanisation of the internet[C]// 4th USENIX Workshop on Free and Open Communications on the Internet,2014.

②　FAINI F，PALMIRANI M.Italian open and big data strategy[C]//International Conference on Electronic Government and the Information Systems Perspective. Springer, Cham,2016：105–120.

③　THAKAR B，PAREKH C.Reverse engineering of botnet（APT）[C]// International Conference on Information and Communication Technology for Intelligent Systems. Springer，Cham,2017：252–262.

④　SEOANE M V，SAGUIER M. Cyber politics，digitalization and international relations：acritical political economy approach[J].Relaciones Internacionales-Madrid,2019（40）：113–131.

热点议题，相关研究整体数量有限，多从法理、概念上探讨数据主权，多关切数据主权在数据跨境上的细分问题，但在集中关注理论缘起与细分理论的同时，忽略了数据主权治理的实际逻辑与实践进路。鉴于此，本小节首先基于实践视角，总结当前实践和治理方案中的常见风险，基于这类常见风险，进一步从信息生命周期与信息环境视角切入，全面厘定数据主权的风险来源。

### 5.1.1　数据存储中的风险与挑战

网络空间成为大国间进行政治、经济、外交、安全博弈的新空间和新战场，将国家间的博弈维度从海、陆、空、太空进一步扩展到第五维度。美国、英国和澳大利亚宣称国际人道主义法适用网络战争，为可能出现的网络战争做好法律准备。俄罗斯、英国、法国、德国等国家也都将网络攻击列为国家安全的主要威胁之一。在相继发布《网络空间国际战略》《网络空间行动战略》后，奥巴马签署了《美国网络行动政策》，明确从网络中心战扩展到网络空间作战行动。2012 年 3 月，奥巴马政府公布了"大数据研究和发展倡议"，确立了基于大数据的信息网络安全战略；2015 年以来，美国第 114 届国会的立法重点是网络安全信息共享，有 5 部法案在讨论之中（H.R.234，H.R.1560，H.R.1731，S.456，S.754.）。2016 年，欧洲议会、欧盟理事会与欧盟委员会达成政治合议的《网络和信息系统安全指令》。为了争夺数据信息网络的主导权，各国之间的数据主权博弈日益加剧，发达国家相继推出数据主权政策并制定相关发展战略。《爱国者法案》增强了美国联邦政府搜集和分析全球民众私人数据信息的权力。欧盟委员会则提出改革数据保护法规，这将对所有在欧盟境内的云服务提供者和社交媒体相关企业产生直接影响。

针对数据存储这一过程，往往需要明确的法律规定，反之将会导致严重的数据处理者（控制者）滥用数据权的现象。与分析一般权利不当行使行为依循的"权利滥用"范式不同，利用传统的权利滥用理论很难充分解释数据权滥用行为。数据权滥用的规制也十分复杂，实体法与程序法、公法与私法、行政管理与司法救济、抗辩制度与起诉制度之间的关联扑朔迷离。欲探究竟，还需从多个层面分析数据权滥用相关法律问题，论证不同法律问题之间内在的逻辑关联，进而形成逻辑自洽的数据权滥用规制体系。

某一数据权滥用行为须承担何种形式的法律责任取决于该滥用行为所触犯的法律。对数据权滥用的法律责任性质进行区分，一方面能够对处于不同危害水平的数据权滥用行为设置轻重有别的法律责任，使法律责任体系更加严谨周密；另一方面，关注不同法律责任之间的递进、衔接与协调，能够促进数据权滥用法律责任体系的系统化、科学化。当前，由于对数据权滥用行为所应承担的法律责任缺乏具体、系统的规定，故在责任判断、认定、追究上，只能笼统地参照或类推适用《中华人民共和国民法通则》《中华人民共和国民法总则》《中华人民共和国合同法》《中华人民共和国数据安全法》《中华人民共和国反不正当竞争法》《中华人民共和国反垄断法》中对法律责任的规定，责任的最终确定具有一定的主观性和随意性，影响了数据权滥用规制的合理性和权威性。在今后的立法中，应梳理分散于不同法律制度中涉及数据权滥用的不同责任形式，对法律责任的判断、认定、追究、归责、免除予以明晰的规定，做到"依法归责""责罚相当"，形成科学合理的数据权滥用法律责任体系。

### 5.1.2 网络空间跨境数据流动冲突

跨境数据流动产生的管辖冲突，实质为跨境流动中的数据为谁所有、谁有权力管辖的问题。如果一国对争议数据拥有绝对的控制权，就意味着数据为该国独立所有，其他国家无权干涉，将其引申至数据主权层面，对争议数据的控制权将成为国家主权的重要捍卫因素。然而，跨境流动中的数据涉及多国，关联不同国家的各种主体，所以很难简单地评判哪一国能独立享有数据。此外，由于跨境数据流动具有广泛性、爆发性和全面性等特点，难以管控规制数据，因此产生了一系列跨境数据流动管辖冲突。

跨境数据流动中的立法管辖冲突是指各国均通过国内立法来保障本国的数据主权，但不同国家间的立法管辖可能存在冲突竞合，或与国际法上相关规定互相矛盾，导致管辖权归属争议，引发管辖权冲突。立法管辖冲突是跨境数据流动中最为普遍的冲突体现，各国基于本国数据主权的维护纷纷采取对保护自身数据有利的政策法制。

德国总理默克尔表示，欧洲互联网公司应当将相关数据的流动情况告知欧洲，如果与美国情报部门分享数据，首先必须经过欧洲人的同意认可；德国本国公民的数据行为必须遵守德国的法律；英国发布《大数据与数据保护》报告，提出企业应当对数据进行匿名化处理，并对后续利用的隐私风险及信息安全风险进行评估；日本国会众议院于 2014 年表决通过《网络安全基本法》，并于一年后批准《个人信息保护法》修正案，规定企业必须对数据匿名的方法采取保密措施；巴西于 2013 年发布《反互联网犯罪法》（又称《卡罗琳娜·迪克曼法》）；俄罗斯也通过立法限制数据流动范围来提升数据控制力，其议会通过《俄罗斯联邦个人数据法》，规定俄罗斯公民个人数据必须保存在俄罗斯境内服务器上。由此可见，网络空间成为国际博弈新战场，数据权利争夺日益激烈，隐私、产权、主权以及因此可能产生的数据霸权相互交织。对此，中国积极应对大数据挑战，重视数据权利保障将数据安全上升到国家安全的高度。2016 年 3 月 25 日上午，中国网络空间安全协会（Cyber Security Association of China，CSAC）在京举行成立大会，标志着我国首个网络安全领域全国性社会团体成立。然而，立法层面的管辖权问题仅仅只是跨境数据流动冲突的其中一部分，如果双边、多边国家未能在法律文本的权利实施范围部分达成一致，彼此的司法矛盾也将愈演愈烈。2000 年，欧盟和美国签订《安全港协议》。欧盟出于保护境内数据安全的考虑，要求数据跨境流动遵循"充分性原则要求，有限制性地流向具有同等保护水平的国家"；而美国在《安全港协议》中遵循以企业自我限制约束的"自律原则"，即只要符合联邦政府商业部的规定并承诺遵守协议要求，美国企业即可与欧盟的数据市场接轨，即使事后发现美国企业未能遵守协议，也仅做商业欺诈论处。由于欧盟个人数据保护机构对美国企业的数据处理行为没有实际司法管辖权，跨境数据自由流动与主权国家地区数据管辖主导诉求的矛盾日益突出。2015 年，《安全港协议》破裂，欧盟与美国随后签订《隐私盾协议》，但双方的合作在2020 年也以欧盟法院宣告协议失效而告终。欧盟和美国在立法管辖中暂时达成的一致，在司法管辖程序上出现了重大偏差。立法管辖决定了司法管辖的法律依据和参考标准，立法管辖的冲突则必然造成司法管辖的冲突，但同时也会促进立法管辖不断实现自我完善。同时由于立法管辖冲突的多边性结合数据流动的跨境性，同一数据可能引发多国的司法管辖冲突。在跨境数据流动的全球化背景下，数据流动波及全球，数据的立法管辖和司法管辖也呈现出极强的域外扩张形势，以立法和司法管辖为基础的执行管辖也呈现出域外扩张的趋势，但是域外的执行管辖必须合法。

### 5.1.3 数据处理中的风险与挑战

数据处理的风险与挑战贯穿数据的全生命周期，涉及不同的数据主体，出现在不同的数据应用场景当中，其中数据开发与利用、数据交易等环节将会面临巨大的挑战。

　　从数据的开发层面来看，主要存在不当利用进而造成不良社会后果的风险。数据的开发应用建立在数据共享的基础上，因此数据在国家治理应用的过程中，数据共享风险是核心关键点。数据在不同部门、行业与区域之间的共享必然会存在管理、技术以及平台等多方面的风险。而且这种风险存在权责不清、边界不明、管理困难等治理难点，仅仅是一个国家政府内部的政务数据共享就有可能存在服务供应链风险、数据信息安全风险、无线网络办公风险，在国家跨境流动的过程中更是风险重重。同时，数据在不同部门、行业与区域之间的共享也必然会因管理、技术以及平台等多方面漏洞，给黑客提供可乘之机。如果不采取适当的措施，数据处理中的数据共享更是会带来不安全访问以及系统易受攻击的风险。

　　数据交易与信息技术息息相关，其中交易过程中的存储、收割环节是信息技术与数据交易过程中的潜在风险点。数据交易过程常常包括多个阶段，记录一个完整过程的交易数据常常包括多个数据项，数据项之间常呈现不同的逻辑关系。在常规的保存系统中，保存单元是一个独立的数字对象，数字对象是最小的保存单元，一个保存单元内部不存在逻辑关系。但是，在交易数据保存系统中，作为一个保存单元的交易数据由多个数据项组成，数据项是最小的保存单元，保存的实施不仅要收割和存储一个交易数据的各个数据项，还要收割和存储数据项之间的逻辑关系，有时这种逻辑关系可能很复杂。仅仅保存数据项而不保存它们之间的逻辑关系将会导致数据项失去语义乃至价值。因此，用于常规数字资源（如电子图书、期刊论文等）的保存模型无法适用于交易数据的保存，需要研发新型的保存模型。交易数据保存开发测试环境将使用大量的真实生产数据，容易造成大面积的数据泄露，必须使用相应的信息技术，如数据脱敏、数据防护、数据防火墙等技术，对数据进行严格把控。

此外，交易数据的碎片化特点导致对其实施长期保存时需要收割其交易环境[①]。交易数据碎片化有两种表现：一是用于存储基于网络的交易数据的数据库更新频繁，交易记录不断产生，任何一个交易记录的片段可能是基于已有交易记录产生的衍生数据；二是在一个复杂交易过程中产生的数据常常是颗粒状的。为了使交易数据在用户访问时具有可识别的含义，就需要对交易环境进行收割。数据收集途径多样化也需要收割交易环境。当保存系统有多个交易数据的来源时，会导致收录数据的格式不一致和数据质量的差异，为了方便日后的用户使用，有必要收割这些数据的来源环境。交易数据的真实性验证常常需要语境信息，例如，一个支持在线零售的数据库将抓取个人交易产生的数据，如商品信息、付款信息、库存信息等，但这些数据不一定能体现交易时的销售平台版本和用户与后台数据库交互的过程等语境信息，而这些语境信息对于交易数据日后的真实性验证可能是非常重要的。另外，一些交易平台向用户提供多种交易方式，为使获得的交易数据有意义，也需要收割这些交易方式。为了保证收割交易环境和交易方式的安全性、降低长期存储交易数据的风险，必须构建统一访问控制及相关身份认证，并适当引入数据库审计，采用旁路部署的方式采集并记录数据库的访问与操作行为，一旦发生数据篡改、数据泄露等事件，能够第一时间溯源追责。

### 5.1.4 数据安全威胁及风险

"棱镜门事件"给许多国家敲响了数据安全的警钟。据斯诺登所述，谷歌、雅虎、微软、苹果等九大公司涉嫌向美国国家安全局开放其服务器，使美国政府能轻而易举地监控全球上百万网民的邮件、即时通话及

---

① 臧国全,张凯亮.交易数据长期保存的困扰[J].图书馆,2017(6):25-30.

存取数据。美国公司是否有权将其他国家用户的相关数据转移给美国政府？这些公司所拥有或处理的数据所有权到底归谁所有？谁又能决定这些数据的调用和处理？这些疑问都与"数据主权"问题密切相关。大数据和云计算的诞生已使数据安全风险成为各国学者与政界必须认真思考和应对的迫切问题。

数据主权的提出是主权国家维护其权威和合法性的必然要求。主权国家自诞生之初就有维护其权威和合法性的自然规律需求。在与其他公共权力组织长期竞争的过程中，主权国家获得了绝对优势，成功垄断了合法的公共权力。而主权理论则是维护国家权威与合法性的最重要工具之一。数据主权也因此成为维护云时代国家权威的必然武器。

尽管是否会出现以信息和数据为基础的全新世界秩序这一问题的答案尚不明晰，但不可否认的是大数据将成为 21 世纪的国际关系的新挑战。数据鸿沟、数据霸权和数据跨国安全威胁将对国际关系的平等性、民主性与合作性诉求形成新的压力。

目前全球各地区信息产业的分布情况已经导致了地区之间的信息不对称和地区之间的数据鸿沟。由于数据是被创建的，其本身就嵌入了各种国内和国际特权。有社会特权的主体通过数据创建加剧其特权，无法参加数据创建活动的主体则被边缘化。大数据的开放性和其中隐含的监控功能使个人自觉按照所谓的规范进行自我约束，从而加剧这种权力结构中自身存在的不公平。以社交媒体信息为例，目前只有互联网巨头拥有庞大社交数据的获取权。但一些公司严格限制对其数据的利用，也有公司高价出售数据使用权，或只对高校研究机构开放少量数据。长此以往，具有经济实力的国家组织能够借助源源不断的高价数据赢得更多的利益，而数字经济发展较为落后的国家，将在数据空间博弈的背景下放慢发展的脚步。由于各国能够应对大数据挑战的能力不尽相同，数据鸿沟会越来越大。

数据鸿沟不断加深不同区域、不同群体之间在数字空间内的隔阂，将加剧社会的不平等和分化，加固由信息技术差距带来的技术经济壁垒，为数据霸权主义国家进一步占领战略制高点、控制网络空间提供机会。随之而来的网络攻击侵犯国家重要数据、侵害国家安全等问题更为各国捍卫数据主权、保护网络空间提出挑战。《德国网络安全战略》明确提出要对网络空间犯罪进行有效控制，要在欧盟《网络犯罪公约》的基础上，实现网络犯罪相关刑法的全球协调与统一；法国《信息系统防御和安全战略》提出要加强行政管理部门的信息系统维护；英国也提出政府需确保提供的新数字化服务"默认安全"，指出应提高政府和公共部门抵御网络攻击的弹性、定期开展网络事件演习、测试政府网络的安全性，强化医疗保健和国防领域敏感通信的安全等。为抵御网络攻击，各国纷纷出台不同政策、组建不同的部门构筑数据网络防御空间。美国网络司令部，负责组织实施各类网络空间作战行动，并进行有重点的网络防御和网络进攻；法国国家信息系统安全局（ANSSI）的一项重要职能便是对敏感的政府网络进行全天候监视，严密应对网络攻击和网络恐怖主义；英国提出投资"国家进攻性网络计划"，指出将进一步开发应对网络攻击所需的工具、技能和谍报技术，同时发展武装力量、强化制止恐怖主义和部署进攻性网络的能力；此外，欧洲各国相继提出了强化侦察对本国及盟国进行破坏性网络行动的敌对分子，与国际伙伴密切合作以有效应对网络恐怖主义威胁等应对方法，威慑网络恐怖主义。

## 5.2 基于数据生命周期的数据主权生态链解析

在政治经济学范式下，技术进步将深刻改变经济基础，作为上层建筑的法律制度也需作出回应①，数据主权应真正思考的是如何规制科技发展所带来的风险②。数据主权源自国家主权理论，本章借鉴斯蒂芬·D. 克拉斯纳（Stephen D. Krasner）对"主权"的描述，厘定数据主权性质：①威斯特伐利亚主权（Westphalia Sovereignty），强调国家在领土范围内排除外来侵略与干涉；②国际法主权（International Legal Sovereignty），即一个政治体获得国际法和国际社会的正式承认，获得国际法共同体的成员资格；③相互依赖的主权（Interdependence Sovereignty），即在经济全球化的背景下，在相互联系的跨国语境中，管制人员、资源、信息和物品跨境流动的权力；④内部主权（Domestic Sovereignty）即一国政府对于境内活动的有效控制③。由此可见，数据主权承袭主权的性质与治理原则，因此，数据主权也具有主权的内、外双重维度；且受数据特征影响，数据主权与地理因素的关联弱化，呈现脱离"威斯特伐利亚主权"转向"相互依赖的主权"的趋向，对于数据主权安全治理的思考必须置于国际大环境与跨境实际来展开。

大数据时代，数据在多渠道和方式下形成流动更复杂、利用场景更多元、传统安全风险持续泛化的局面④，造成国家数据主权隐患。本节基于主权性质的划分，综合数据全生命周期，厘定从数据生成、存储、跨境、利用与服务以及外部环境四维度的数据主权风险（如图 5-1 所示）。

---

① 吴汉东. 科技, 经济, 法律协调机制中的知识产权法[J]. 法学研究, 2001（6）: 128-148.

② 冯硕. TikTok 被禁中的数据博弈与法律回应[J]. 东方法学, 2021（1）: 74-89.

③ KRASNER S D. Sovereignty[M]. Princeton, NJ: Princeton University Press, 1999: 3-4.

④ 祝高峰. 数据时代国家信息主权的确立及其立法建议[J]. 江西社会科学, 2016（7）: 191-197.

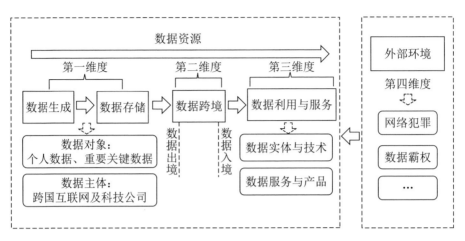

图 5-1 基于数据生命周期与信息环境视角的数据主权风险示意图

需明确的是，由于数据不是静态的，主权风险也同样无法以单一视角来定义，所以本节仅提供主权与信息融合的、符合数据治理实践的风险厘定思路，可能存在与权利理论矛盾之处，本节认为这一矛盾不影响对风险的厘定。

### 5.2.1 第一维度：数据生成与存储风险

海量数据持续生成，数据的采集与存储都可依托互联网，不断涌现的如云计算、区块链等数据处理与存储新方案使得数据"位置"与"归属"更模糊，治理与监管更困难，数据极易在采集与存储过程中被过度采集利用、泄露与窃取，数据主权安全隐患加剧。

一方面，从数据对象来看，数据的过度采集与违规存储主要集中于个人数据、重要数据[①]等核心类别。个人数据与重要数据，蕴含着较高

---

① 根据《个人信息和重要数据出境安全评估办法（征求意见稿）》定义,个人数据是指以电子或者其他方式记录的能够单独或者与其他信息结合识别自然人个人身份的各种信息,包括但不限于自然人的姓名、出生日期、身份证件号码、个人生物识别信息、住址、电话号码等;重要数据,是指与国家安全、经济发展,以及社会公共利益密切相关的数据,具体范围参照国家有关标准和重要数据识别指南。

附加价值，关联国计民生相关的关键信息基础设施、关键行业领域，对其的合规采集、存储在主权安全层面意义重大。当前，伴随着数据获取与处理技术提升、数据使用频率与价值叠加，在主权保障体系尚未完备的情况下，对这类数据的过度采集与违规存储直接侵犯个人、群体乃至国家的利益，引发主权安全问题。同时，网络使得数据存储虚拟化，数据控制权、管理权也难以确定，"国内数据"（domestic data）与"属地"原则愈发模糊，即使是明确存储地的数据也受到多国法律管制，由此产生治理重叠与真空，世界各国均积极强化重要数据的"本地化存储"。

另一方面，从数据主体来看，跨国互联网及科技企业（以下简称跨国企业）成为新"数据主体"[①]，甚至拥有比肩主权国家的"数据权力"。当数据在价值链中处于核心地位时，此类企业常在没有征得用户或其他利益相关者同意的情况下，过度采集和滥用其信息，"不全面授权就不让用"的现象愈发普遍。同时，基于技术限制、网络效率、法律因素、经济成本的考虑[②]，跨国企业可能在过度采集数据时未具备足够的数据保障能力和数据主权意识，从而导致在采集、存储中的数据安全隐患增加，并在数据跨境、服务等后续环节中进一步加剧。2014 年，韩国三大信用卡公司的居民登记号、交易记录等一亿条数据被泄露；2018 年，脸书（Facebook）的千万用户信息被剑桥分析公司非法用于政治操纵[③]；我国 2021 年 7 月通报"滴滴出行"app 存在严重违法违规收集使用个人信

---

① 数据主权时代的治理新秩序[EB/OL].[2021-07-13].https://www.huxiu.com/article/430689.html.

② DE FILIPPI P，MCCARTHY S.Cloud computing：centralization and data sovereignty[J]. European Journal of Law and Technology，2012（2）.

③ Revealed：50million Facebook profiles harvested for Cambridge Analytica in major data breach[EB/OL].[2021-03-20].https://www.theguardian.com/news/2018/mar/17/cambridge-analytica-facebook-influence-us-election.

息问题并强制其下架①，随后国家相关部门进一步对相关app实施网络安全审查。

### 5.2.2　第二维度：数据跨境流入与流出风险

"数据跨境流动"指"在一国内生成电子化的信息记录被他国境内的私主体或公权力机关读取、存储、使用或加工合成'处理'"②，是数据主权产生的前提③。随着数据价值的提升，数据跨境风险成为数据主权面临的主要威胁，并"将国家置于危险境地"④。

数据跨境包含出"防"、入"取"两方面。从数据入境"取"来看，表现为本国机关强制"长臂管辖"调取存储于国外的非公开数据。从印刷品海关检查到国际无线电通信干扰，从卫星技术的禁令到互联网"防火墙"⑤，基于国家主权安全的数据入境控制已有长期发展。但当前数据价值的提升直接加剧国家间的数据资源争夺，"长臂管辖""域外效力"等扩张本国"域外管辖"的制度相继出现，甚至立法授权本国公共部门拥有根据本国法律获取他国数据的权利，数据"入境"规则发生根本性颠覆，使得主权国家的域内数据存在丧失本国保护，并被他国随意调取、利用的可能。

另一方面，从数据出境"防"来看，我国将其定义为"将在中华人

---

① 通告全文为：根据举报，经检测核实，"滴滴出行"app存在严重违法违规收集使用个人信息问题。国家互联网信息办公室依据《中华人民共和国网络安全法》相关规定，通知应用商店下架"滴滴出行"app，要求滴滴出行科技有限公司严格按照法律要求，参照国家有关标准，认真整改存在的问题，切实保障广大用户个人信息安全。

② 许可.自由与安全：数据跨境流动的中国方案[J].环球法律评论,2021(1):22-37.

③ 齐爱民,盘佳.数据权、数据主权的确立与大数据保护的基本原则[J].苏州大学学报(哲学社会科学版),2015(1):64-70,191.

④ 任孟山.全球化背景下的信息传播与国家主权[J].中国传媒报告,2007(3):56.

⑤ 普莱斯.媒介与主权：全球信息革命及其对国家权力的挑战[M].麻争旗,译.北京：中国传媒大学出版社,2008:6-13.

民共和国境内收集和产生的电子形式的个人信息和重要数据，提供给境外机构、组织、个人的一次性活动或连续性活动"①。由此可发现，数据出境包含两层次风险：一是数据出境内容，侧重个人信息、重要数据等能反映一国国民隐私、国家重要行业和关键领域的情况的高价值数据，此类数据在没有规制下的出境，将会泄露国家重要资源与情报，他国更易分析和挖掘国家重要战略信息；二是数据出境的"境外"地点，数据流入地的数据隐私与安全保障水平，数据利用支持水平，数据犯罪司法水平不一，因地制宜的出境管制下形成了纷繁芜杂的管制模式，数据出境后极有可能受到二次泄露与侵害。

### 5.2.3 第三维度：数据利用与服务的数据风险

在数据主权范畴下，数据利用与服务环节日益呈现主体与客体的颠覆性变化：跨国公司成为重要主体，数据技术成为重要客体，而涉及国计民生的关键信息基础设施与行业数据利用服务成为风险管控的重中之重。

数据主权下，跨国公司成为数据处理与利用的核心主体，凭借其跨境数据市场、海量数据资源、领先数据技术，在数据采集、传输服务与争议应对上发挥重要作用，成为国家数据主权实施与意识形态推广的"排头兵"。相关公司实体在他国境内的数据利用与服务行为，均可能出于政治与经济目的出现数据泄露、窃取、贩卖等问题，从而引发数据主权风险，国际社会愈加关注跨国公司引发的主权风险。2018年，德国认为摩拜单车违反欧盟规定，对其展开了数据和隐私调查②；美国国家安

---

① 信息安全技术 数据出境安全评估指南（草案）[EB/OL].[2021-07-10].https://www.tc260.org.cn/ueditor/jsp/upload/20170527/87491495878030102.pdf.

② 因涉嫌违反GDPR，摩拜单车面临德国数据保护监管机构的调查[EB/OL].[2019-12-19].http://www.sohu.com/a/281194922_733746.

全局曾通过窃听日本三菱商事等重要企业的通话数据以获知当局政治立场、贸易谈判、产业发展等信息[①]；2019 年，法国认定谷歌在数据控制者的信息披露义务、有效获取数据主体明确同意等方面违反法律条款，对其处以天价罚款；2020 年 8 月，美国以 TikTok 和 Wechat 涉嫌未经许可将美国用户信息传输给中国政府，可能损害美国国家安全为由，禁止两家公司在美运行[②]。

数据服务及产品由相应公司实体所提供，在服务开展与产品提供中无可避免地与跨境的政治、法律、数据处理方式等因素时刻交织，数据技术进步使基于用户与机构"场景"的深度挖掘成为现实，在采用服务与产品过程中可能构成本国数据流失、情报泄露等主权威胁，而这一威胁在关键基础设施、关键信息行业中更显著。近年来，我国网络安全审查重点评估关键信息基础设施运营者在采购网络产品和服务时可能导致的安全风险[③]，这明确表示了关键设施相关的数据服务与产品可能威胁国家网络安全与数据主权。同样地，欧盟、俄罗斯、印度等国家均积极培育本土技术公司，开发独立的重要数据库，在涉及政府等公共事业以及金融、健康、能源等关键行业中禁止使用他国设备，实现"数据自治"。

### 5.2.4 第四维度：网络攻击与数据霸权风险

国家数据主权存在数字资源稀缺下由网络攻击与数据霸权、黑客攻击关键基础设施所带来的安全风险，数据主权作为国家主权的延伸与扩

---

[①] 日本政府及企业长期遭美国窃听[EB/OL].[2021-03-20].https://world.huanqiu.com/article/9CaKrnJOf2l.

[②] Executive order on addressing the threat posed by TikTok[EB/OL].[2021-03-20]. https://www.whitehouse.gov/presidential-actions/executive-order-addressing-threat-posed-tiktok/.

[③] 数据安全关乎国家安全[EB/OL].[2021-07-15].http://www.npc.gov.cn/npc/c30834/202107/39abeb5d40744aeaa65e17794714c559.shtml.

展，承载着防御黑客攻击、捍卫国家安全的重要使命，蕴含着对抗数据霸权主义、争抢国际话语权的大国博弈。

一方面，"网络攻击"是通过网络或其他技术手段，利用信息系统缺陷或暴力实施攻击，并造成信息系统异常或潜在危害的信息安全事件，已被列入全球影响力最大的十大风险之一①。2013 年，索尼的 PSN 平台遭受黑客攻击，导致七千七百万用户信息被窃取，其中二百二十万受害者的隐私被黑客在 PSX-Scene 论坛上兜售②；2017 年，"WannaCry" 勒索病毒事件波及 150 多个国家与地区，造成大量国家基础设施损坏。网络攻击技术不断升级，数据价值提升，攻击主体更加精细，在数据霸权国家支持下，网络犯罪目的趋于政治化，攻击对象聚焦公民个人数据、重要数据和国家秘密等，并向关键信息基础设施领域渗透，造成更大损失，同时攻击门槛持续降低，路径更复杂，隐蔽性更高，行为者溯源归因与追责更难，使网络攻击成为需要全球共同面对和解决的难题。

另一方面，由网络空间"优势国家"所驱动的"数据霸权"（Data Hegemony）、"技术霸权"（Technology Hegemony）③成为数据主权的核心外部威胁。相关国家试图凭借其领先的大数据与科技手段，遍布全球的跨境企业与几近由其垄断的数据市场，以及国际网络空间领导地位，积极推行数据主权意识形态，推行以自身利益为诉求的国际攻守同盟，抢占他国数据资源，阻碍他国数据经济和社会健康发展，以维持本国地位，实现数据霸权。以美国为例，其正通过数据自由传输政策，巩固在

---

① 跨境网络攻击治理及中国方案[EB/OL].[2021-03-20].https://www.secrss.com/articles/16660.

② 索尼并处罚金250000英镑后,黑客获得了数以百万计的玩家的详细信息[EB/OL].[2019-12-13].https://nakedsecurity.sophos.com/zh/2013/01/24/sony-fined-hac/.

③ 技术霸权是技术垄断的一种特殊形式,技术垄断上升为国家意志便成为技术霸权,技术垄断在跨国界的竞争中演变成技术霸权并从而带有剥削和压迫的性质。参见蔡翠红.大变局时代的技术霸权与"超级权力"悖论[J].人民论坛·学术前沿,2019（14）:17-31.

全球网络空间中的霸权地位①，其网络空间战略和政策行动日渐激进，先后建立网络作战部队并大幅扩编网军，成立网络战司令部，发动网络战，积极展开"国家网络靶场"项目、"网络风暴"、"寂静地平线"等演习。随着"主干道""码头""核子"等秘密项目逐步曝光，美国以"网络自由"为标语构建的全球网络监控体系也逐渐显现②，美国已成为他国数据主权安全的首要风险源③。网络霸权影响下，国家间的不对称和不平等加剧，"数字鸿沟"进一步加深，网络空间优势国家能将竞争对手从全球网络中剔除④，如何防范数据霸权主义已成为全球数据治理面临的核心挑战。

## 5.3  国际数据主权风险治理实践与进路

　　数据主权时代，全球经历百年未有之大变局，国际格局与实力分配正在根本性颠覆与调整⑤。面向"内部"数据生成与存储、数据跨境、数据利用与服务，"外部"网络攻击与数据霸权的全生命周期风险，构建符合自身实力和利益诉求的数据治理规则是维护数据主权的核心方法。各国在治理上的不同选择使数据主权治理呈现不同模式与进路。

---

① 余丽,张涛.美国数据有限性开放政策及其对全球网络安全的影响[J].郑州大学学报(哲学社会科学版),2019(5):12-19.

② 冉从敬,何梦婷,宋凯.美国网络主权战略体系及实施范式研究[J].情报杂志,2021(2):95-101.

③ 肖冬梅,文禹衡.在全球数据洪流中捍卫国家数据主权安全[J].红旗文稿,2017(9):34-36.

④ FARRELL H, NEWMAN A L.Weaponized interdependence:how global economic networks shape state coercion[J]. International security,2019(1):42-79.

⑤ 习近平.在深圳经济特区建立40周年庆祝大会上的讲话[N].人民日报,2020-10-15(2).

　　本节综合调研美国、欧盟、俄罗斯等国家或地区的数据主权风险应
对实践，剖析其面对数据主权风险的核心治理诉求与逻辑进路。本节只
以实践与进路选择为逻辑予以探讨，不以国家为对比，从而力图把握国
际共通逻辑，剖析可供我国参考的治理路径。

### 5.3.1　数据生成与存储、跨境治理维度

　　主权视角下，数据的采集、存储与跨境密不可分，现有的国际治理
方案同步治理两环节问题。一方面，各主权国家均选择了严格的数据出
境治理方案，内容上，均基于数据分类分级，明确对不同类型、不同级
别数据采取不同采集、存储与出入境方案，对个人数据、重要数据等核
心数据强调"本地化存储"；对象上，基于"充分性认定""白名单制
度""适格外国政府"等方案，保障数据安全出境。另一方面，各主权
国家积极拓展域外效力，"长臂管辖"赋能国际数据资源获取，强化数
据出境后的持续治理。

　　（1）基于数据分类分级与"本地化存储"的数据内容流出进路

　　个人数据与重要数据对公民、社会、国家发展的影响进一步凸显，
与主权安全息息相关，围绕此类数据的保障成为主权关键要义，对海量
多源的大数据展开分级分类管理与厘定重要数据所在，成为数据存储、
出入境治理的核心前提，保证数据主权治理有的放矢。

　　一方面，强化分级分类公私范畴与行业领域数据，分级分类方案
不断细化。美国《出口管理条例》（*Export Administration Regulations*，
EAR）要求部分重要数据必须取得相关部门颁发的许可证才可出口；韩
国《促进信息通信网络使用及信息保护法》规定，为防止国内重要数据
泄露，政府可要求信息提供商或用户采取必要措施；澳大利亚发布《政
府信息外包、离岸存储和处理 ICT 安排政策与风险管理指南》（*Storage
and processing of South Australian Government information in outsourced*

*or offshore ICT arrangements*）将政府信息予以分级，按照保密数据、非保密数据进行安全风险评估。

另一方面，各主权国家强制重要数据的"本地化存储"，以抵御重要数据的泄露风险。欧盟在《跨大西洋贸易与投资伙伴关系协定》（*Transatlantic Trade and Investment Partnership*）的谈判过程中始终坚持对数据的控制与监管①，在《加拿大—欧盟全面经济贸易协定》（*Canada-European Union Comprehensive Economic and Trade Agreement*，CETA）中针对电子商务中的信任和隐私问题设定专门条款以继续满足其本地化存储要求②；美国国防部及相关军工机构根据《国际武器贸易条例》（*International Traffic in Arms Regulations*，ITAR）、医疗部门根据《健康保险携带和责任法》、金融服务部门根据《格雷姆－里奇－比利雷法》对其领域内的各部门数据细致制定分级分类清单，判定核心、敏感数据并严格落实数据出口限制或本地化存储措施，2019 年 11 月，美国参议员提议制定《2019 年国家安全和个人数据保护法》（*National Security and Personal Data Protection Act of 2019*）以阻止美国个人敏感数据流向中国及其他威胁美国国家安全的国家；俄罗斯要求本国公民个人数据、相关数据和数据库必须存储在俄境内，公民个人数据的处理活动必须在境内进行。

（2）基于"充分性认定""适格外国政府"的数据地点流出进路

以俄罗斯、欧盟为代表的国家或地区，认可具有"同等水平"的数据

---

① CHASE P，DAVID-WILP S，RIDOUT T.Transatlantic digital economy and data protection：state-of-play and future implications for the EU's external policies[J].Study for the European Parliament's Committee on Foreign Affairs. European Union. doi：https://doi. org/10.2861/173823，2016.

② Comprehensive economic and trade agreement between Canada，of the one part，and the European Union and its member states，of the other part[EB/OL].[2021-07-11]. https://eur-lex.europa.eu/legal-content/EN/TXT/?uri=CELEX%3A22017A0114%2801%29.

保护力度是数据跨境流动的前提[①]，强调国家有权介入数据的跨境流动并有责任评估第三国的数据保护水平[②]。陆续发布如《个人数据保护指令》、《通用数据保护条例》（GDPR）等关联法律，以"充分性认定"为数据准出评估标准，包括是否加入欧委会《关于个人数据自动化处理的个人保护公约》、法治和基本人权保护程度、是否存在独立且有效运转的监管机构等，同时以有约束力的商业规则（Binding corporate rules，BCR）、标准合同条款（Standard Contractual Clause，SCC）、临时合同条款和国际协定为准出评估的补充工具，最终以"白名单"制度认定流出国家及地区的数据保护水平，允许境内个人信息传输至其他签署国，定期动态评估和修改名单，以保障本国数据的安全跨境传输和传输后的保护水平。

同样，美国等国家将"互惠"原则迁移至数据跨境流转环节，基于《澄清域外合法使用数据法案》（CLOUD 法案）确立"适格外国政府"标准，符合标准的外国政府取得美国许可后可调取存储于美国境内的数据，同时这类"适格外国政府"也授予美国获取本国数据的部分权限，基于互惠原则保护数据跨境流出。

（3）基于单方立法确权、赋能"长臂管辖"的数据流入

在严控本国数据流出的同时，美、欧等国家或地区积极采取单边立法，确立"长臂管辖"、扩张本国法律域外效力为核心的"主权扩张"模式，积极抢占国际数据资源，获取国际数据权益，实施"宽进""严出"的数据跨境治理模式。

相关国家积极以单方立法确立域外数据管辖权、控制权，赋能"长臂管辖"，吸引国际数据流入。美国通过 CLOUD 法案、《2018 年加利

①　Council of Europe.Convention for the protection of individuals with regard to automatic processing of personal data 108[EB/OL].[2021-07-15].https://www.coe.int/en/web/conventions/full-list/-/conventions/treaty/108.

②　张继红.个人数据跨境传输限制及其解决方案[J].东方法学,2018（6）:37-48.

福尼亚州消费者隐私法案》等规定"数据控制者"标准，将美国政府的
管辖范围延伸到所有美国公司控制的数据，建立了数据跨境中的"长臂
管辖"，使美国可以调查取证为目的，在不需要告知数据存储国政府的
前提下要求位于境外的美国企业向美政府提供个人隐私数据，同时结合
自身强大的信息技术能力、科研水平、数字产业市场规模和大数据设备
等优势，将数据主权从物理国境延伸到了技术国境，实现其数据管理的
全球扩张。同样，欧盟基于 GDPR 明确基于属地原则的"经营场所标
准"和基于属人原则的"目标指向标准"，使得在欧盟境内的数据控制
者和处理者的经营场所都将受到 GDPR 约束；另一方面，即使在欧盟境
内没有实体，在境外从客观效果上构成对欧盟地区个人数据的处理，也
同样受到管辖，从而形成了域内全面管控和域外"长臂管辖"严密体
系，呈现"属地 + 属人 + 效果管辖"的严格模式，强化了对他国数据资
源的获取能力，提升了数据主权效力。

同时，以美国为代表的网络空间优势国家以意识形态为辅助，不断
引导国际网络空间发展方向，从而使自身最大获益。美国积极推动"网
络自由"原则与观念，认为网络空间构成"全球公域"，极力反对"本
地化存储"。美国在 TPP 谈判中强调数据自由流动的必要性，要求缔
约方不得强制要求企业将数据存储于本地，且应当减少干预数据跨境流
动；《美国 – 墨西哥 – 加拿大协定》进一步直接禁止了一切将计算设施
放置于一国境内或使用一国境内计算设施的本地化要求。这一进路下，
此类优势国家，可借助数据"自由流动"而非"本地化存储"的环境，
以跨国科技企业、数据市场与产品，进一步推动他国数据资源流入本
国，从而抢占全球数据资源、保障数据竞争地位。

### 5.3.2 数据利用与服务治理维度

数据利用与服务环节上，跨国互联网与科技公司实体成为新兴主

体，其复杂政治背景、强大数据分析能力引发了数据主权威胁，同时数据风险与具体场景关联度提高，呈现隐匿化、复杂化趋势，传统的刚性数据治理方案已无法满足数据主权治理需求。各国均偏重管制公司实体及关键技术，基于场景理论对数据挖掘和利用展开风险评估，对主权风险予以精细化管理。

（1）偏重跨国数据实体与关键技术管制的数据主体治理进路

如前文风险分析，跨国公司在数据环境下发挥着核心作用，掌控海量数据的科技公司在性质上已经成为一种新类型的"国家"，逐步成为现实中新主权者[①]，近年来，国际对本国数据利用与服务的风险治理开始逐步向科技企业这一新主体迈进，并关注对关键领域、关键基础设施的数据技术限制与保护，形成对数据主体与技术的侧重治理进路。

强化对数据实体的风险治理。欧盟于 2020 年提出"数字主权"，在其制度设计上，首先针对在其主权领域范畴内占据垄断地位的科技公司，其次才是针对数据科技公司实际控制者所在国家，力求规制跨国科技巨头在欧盟内的数据行为，规避对本国的风险冲击；美国依据 EAR 严格限制外国高科技产业在境内的投资与发展，2020 年 2 月，其投资审查法案正式生效，以"实体清单"严控对 AI 等关键技术和敏感个人数据领域的外商投资，防止尖端技术数据和敏感个人信息的外泄；2018—2019 年，俄联邦电信、信息技术和大众传媒监管局相继要求 Twitter、Facebook 及 TikTok 本地化存储俄罗斯用户数据，严控跨国企业在本国的数据处理与利用行为。

同时，重视在关键行业与领域中的数据技术、产品、服务的治理。美国在"多利益攸关方"模式下依托其网络技术上的绝对优势，长期掌握全球 DNS 管制权，在表面上将控制权交由非营利公司互联网名称

---

① 翟志勇.数据主权时代的治理新秩序[J].读书,2021（6）:95—102.

与数字地址分配机构（*The Internet Corporation for Assigned Names and Numbers*，ICANN），实际仍由政府掌握实际控制权，实现在"表面共治"下的绝对主导[①]，并利用EAR等法案管制技术和软件的出口；德国在2019年推出"盖亚X"项目，旨在为欧洲提供安全可靠的数据存储基础设施；俄罗斯于2010年开始研制具有自主知识产权的芯片与软件系统，并在2019年的国家网络战略中提出将在国家政务系统、关键基础设施中提高国有产品比例，进一步严格监管与控制数据产品、服务及技术。

（2）基于场景理论的数据挖掘与利用的"风险评估"治理进路

数据跨境流转符合场景（情境）的感知及信息（服务）适配[②]。数据、算法的进步，使跨国企业、组织可基于对用户、组织所处传播场景对数据进行分析与挖掘，引发"场景风险"。通过场景适配挖掘数据风险早已被欧美所重视并被内化为其数据保护的重要评估方式。

基于场景的"隐私风险评估"规则成为衡量数据利用风险的有效工具，强调在相应场景中具体评估数据利用与服务的风险，根据风险等级采取相应管理措施，力求将数据挖掘与利用的风险控制在可接受的范围内。欧美都积极通过引入场景风险理论和风险评估来控制可能的数据主权风险。2015年，美国加入跨境隐私规则体系，将场景单独列出，明确基于场景的"隐私风险评估"，认为数据自身或该数据通过与其他数据比对会对用户造成精神压力、人身、财产或其他损害，风险随即发生，透明度、控制性规则等都必须依据具体场景要求进行适用。2018年，《通用数据保护条例》生效，采用场景检验具体规则的正当性和有效性的治理进路，其第35条要求在结合场景判断风险后进行数据保护影响

---

① 刘晗,叶开儒.网络主权的分层法律形态[J].华东政法大学学报,2020（4）:67-82.

② 彭兰.5G时代"物"对传播的再塑造[J].探索与争鸣,2019（9）:54-57.

评估，为"可能引发高风险的行为"规定了额外的增强性义务，强调在数据收集、存储和使用过程中，应告知数据主体并征得其同意。

### 5.3.3　网络攻击与数据霸权维度

网络攻击与数据霸权是数据主权的主要外部风险，对这两类外部风险的治理难以通过单个国家达成，向外积极寻求国际合作与司法协助，向内强化本国抵御外部攻击与霸权凌驾的数据能力，成为数据主权安全保障需求下的主流通路。

（1）向外深化国际合作与司法协助的外部风险治理进路

面对不断趋向复杂与隐匿的外部风险，主权国家之间通过国际合作、不断扩展攻守同盟的数据主权安全合作。首先，由各主权国家组成的国际组织牵头展开数据合作，有关网络犯罪的议题讨论不断深入，也为各国弥合分歧、加强协作，最终实现网络犯罪全球治理奠定了基础。北约于 2008 年建立网络防御快速反应中心；G20 于 2009 年倡议加快构建惩治网络犯罪的国际合作机制，坚决取缔和惩治拒绝披露犯罪相关信息的"避风港"；联合国政府间专家组发布《网络犯罪问题综合研究报告（草案）》（*Draft Comprehensive Study on Cybercrime*）以指导打击网络攻击，并在 2019 年正式在联合国框架下开启打击网络犯罪全球性公约的谈判进程。

同时，在国际组织的引导下，各主权国家也积极建立以自身为核心的国际合作体系，共同塑造网络安全环境，构建协同数据治理政策。美国强化与日、澳、韩等国的国际合作，每年举行网络对话，共享数据安全情报与协调安全政策，形成基于同盟的集体网络防御体系；欧盟成立"欧洲打击网络犯罪中心"，并执行统一对外的"单套规制"以强化集体安全，成员国在应对网络犯罪时能及时交换信息情报，建立欧盟网络犯罪统一预警机制；2020 年，我国发布《全球数据安全倡议》，与阿拉伯国家集体发表《中阿数据安全合作倡议》(*China-League of Arab States Cooperation Initiative on Data Security*)，实现在互联网和数字经济发展领域的合作与互鉴。

（2）向内发展数据实力与防御方案的外部风险治理进路

在不断强化外部合作以抵御共通问题的同时，主权国家均积极保障本国关键领域数据技术、设施与企业发展，以技术、司法、经济多重手段规避网络攻击与数据霸权风险。2013 年，普京授权俄联邦安全局建立监测、防范和消除隐患的国家计算机信息安全机制，要求评估和提升国家关键信息基础设施抵抗外部网络攻击的防护水平[①]，随后 2014 年在其保障网络安全的优先事项中纳入发展国家网络攻击、防护和威胁预警系统[②]；2015 年 4 月，奥巴马签署《关于封锁从事重大恶意网络活动者的财产》(*Blocking the Property of Certain Persons Engaging in Significant Malicious Cyber-Enabled Activities*)，授权对构成显著威胁的个人和实体实施制裁。

数据霸权通常借助科技巨头实施，数据市场是外部风险发生的重要场所，发展本国数据市场及技术成为抵御外部风险的应有之义。欧盟加深区域内合作，以欧盟成员国为整体，发展域内"单一数字市场"，2015 年发布《数字化单一市场战略》，消除欧盟内跨境电子商务障碍，形成内部通用规则、打破内部数据流通壁垒，共同应对数据风险与共建数据产业，强化抵御外部风险能力；为规避数据霸权下本国沦为"数据殖民地"，法国文化部于 2010 年首次提出的数字服务税（Digital Services Tax），提高科技巨头数据合规成本，保障本国数据资源价值与利益。

---

① 张志华,蔡蓉英,张凌轲.主要发达国家网络信息安全战略评析与启示[J].现代情报,2017(1):172-177.

② 张孙旭.俄罗斯网络空间安全战略发展研究[J].情报杂志,2017(12):5-9.

## 5.4 我国数据主权安全风险应对与保障体系建设借鉴

面对国际秩序调整，我国如何应对愈发严峻的数据主权风险、完善国内数据主权保障体系，支撑我国综合国力竞争，成为我国发展的核心关切。本节结合我国实际，借鉴国际治理实践与进路，提出相应对策建议。

### 5.4.1 完善数据分级分类制度体系，以场景评估规避数据主权风险

大数据时代，数据爆发性增长、数据场景更复杂，数据主权保障压力与风险剧增，传统的侧重于静态数据安全保护的进路已无法满足数据主权保障需求，分级分类保护应当成为数据主权保障的基本思路[①]，并辅以场景的动态风险评估。

完善我国差异化、精细化管理的数据分级分类制度体系。根据数据利用对国家安全的不同影响和损害后果，参考欧美现行分级分类管制方法，结合我国国情对不同类别的数据分别采取不同监管与流动规则，并对不同级别的数据采取不同的授权和责任模式。其中，分级主要明确不同类型数据，以及同一类型数据在不同情景下的安全等级差异，并确立相应的管理强度；分类是对数据属性与类别予以区分，重点关切个人数据、公共事务数据、行业重要数据、国家秘密等欧美施以最高管制强度的数据类型，采取不同的安全规则。

以场景评估规避数据主权风险，实施精准化风险识别与应对方案。近年来，"场景风险"极大威胁国家数据主权安全。我国可借鉴欧美

---

① 刘云.健全数据分级分类规则,完善网络数据安全立法[EB/OL].[2021-03-20]. http://www.cac.gov.cn/2020-09/28/c_1602854536494247.htm.

CLOUD 法案、GDPR 中场景治理导向，在我国数据主权保障中引入"场景风险管理"，基于数据具体使用目的与场景厘定数据合规使用边界，并采用"场景评估"对数据利用、跨境风险予以综合厘定，根据数据利用、流转等场景中的风险评估，对具体场景环节采取差异化治理措施，变刚性的完全限制或完全开放符合数据流动与利用实践的动态风险监管与控制，全面保障数据主权安全。

### 5.4.2 综合纳入数据实体与数据技术考量，合理扩展"长臂管辖"跨境规制

跨国科技企业成为重要数据主体，在数据技术与数据市场支撑下，全面渗透到各主权国家域内并掌握域内数据，引发国家数据主权风险。同时，适用于传统网络环境的事后救济方案弊端凸显，我国需将数据实体纳入数据主权治理的核心范畴，关切实体及其数据、技术、服务在出入境中的风险，合理拓展"长臂管辖"规则，实现"有为而治"。

在数据主权风险治理全环节，我国应纳入针对数据实体与数据技术的综合考量。跨国科技企业对数据主权的冲击已引发我国关注，以滴滴为例，若在美国上市，须呈交以审计底稿、抑或是用户数据和城市地图为代表的部分数据，而这些都是关乎国家数据主权的核心数据，国家网信办对滴滴等系列海外上市企业启动网络安全审查将对我国企业数据伦理治理与数据安全监管产生深远的影响，具有标志性的变革意义[1]。

在准入上，我国可参考欧美的外国投资与网络安全审查机制，专设监管委员会，以相应的市场准入机制规范我国数据市场，完善我国在外资准入安全审查、网络安全产品认证、网络安全等级保护、政府采购等

---

[1] 韩洪灵,陈帅弟,刘杰,等. 数据伦理、国家安全与海外上市:基于滴滴的案例研究[J]. 财会月刊,2021(15):13-23.

方面的规制<sup>①</sup>，持续监管可能存在风险的跨国企业。在准出上，对于我国跨国企业的出境投资与运行，强化企业出境前的安全评估与审批程序，并设置合理的境内长臂管辖规则与跨境数据监管，在现有《中华人民共和国数据安全法》《中华人民共和国证券法》《关于依法从严打击证券违法活动的意见》等制度基础上，针对相关跨国企业及重要数据的境外流动予以管辖，同时借鉴美国经验，始终将企业作为对内联合、对外扩展的重要主体，不断发挥跨国企业的"长臂"作用以扩展域外管辖和风险抵御能力，有为而治。

### 5.4.3  强化数据技术攻坚与数据市场发展，加强域内数据互联互通

相关优势国家逐步针对我国互联网与科技头部企业展开"实体清单"打击，并限制高尖端技术与服务出境至我国，以数据技术、数据市场对我国展开遏制。面对这一风险，我国需强化数据技术，发展数据市场，强化国内数据互联互通，打破国内数据流通壁垒、发挥域内数据价值以支撑国家数据主权保障。

首先，突破他国对我国技术封锁，强化数据技术发展，奠定数据主权保障技术基础。近年来我国在核心技术层面受制于人，极大威胁主权安全，我国亟待加快建设网络基础设施，提升在关键基础设施研发、核心软件产品研发等方面的"硬实力"。我国应充分调研与数据主权关联的前沿技术领域，进一步强化发展 5G、人工智能、区块链等核心技术，同时在国家关键基础设施、关键行业领域中采用具有自主知识产权的软硬件设备，完善主权保障的技术支撑体系。

其次，大力发展国内数据市场，加强域内数据互联互通。美国、俄罗斯、欧盟等国家或地区均在主权诉求下加强本国市场内部的数据互通

---

① 司晓.数据要素市场呼唤数据治理新规则[J].图书与情报,2020(3):7-8.

与壁垒破除，最大化降低本国数据流通成本、提升数据挖掘价值。数据市场与国家安全关联愈发紧密，我国可借鉴国际发展路径，形成国内"统一市场"，一方面以政策、资金等手段推动我国互联网和通信技术产业发展，另一方面清除域内数据流动壁垒与屏障，推动国内相关数据的统一治理、监管，从而进一步降低域内数据主权风险。

### 5.4.4 "网络命运共同体"下积极寻求国际合作，发挥我国网络空间大国责任

网络空间犯罪影响升级，国际数据主权博弈加剧，针对我国展开的"定向压制"趋向愈发凸显。数据主权外部风险下我国无法"独善其身"，"网络命运共同体"将是我国治理网络空间的根本准则。

首先，立足"网络命运共同体"概念，开展网络犯罪、数据霸权下的国际协作。网络空间犯罪扩散使得网络空间风险问题需要各大国的通力合作来完成，我国可首先加强现有如"一带一路"等多边关系下的国际合作，针对数据主权安全问题，加强国际执法和司法协同，形成技术先行、风控为重和多方参与的联合风险应对体系；同时，与美、欧等"竞争对手"求同存异，在共同性问题上协同探讨，共同应对重大网络风险，更有效地推进全球层面打击网络犯罪、抑制数据霸权。

同时，积极承担我国作为网络空间大国的责任，引导国际数据主权治理新规则的建设。数据霸权主义现象已开始威胁网络空间的安全性和正义性，我国要积极承担大国责任，塑造并彰显负责任网络大国的形象。一方面，以网络大国姿态积极参与国际、地区事务，兼顾"多利益攸关方"原则，平等、开放地展开国际对话与协作，不断提升我国在国际数据主权治理中的话语权与地位，增强我国在网络空间合作体系中的国际认同。另一方面，传统以欧美国家引导的国际数据治理体系已成为网络空间优势国家维持数据霸权、抢占国际数据资源的工具，我国需积

极宣传"网络命运共同体""网络主权""数据主权"等治理原则与国际立场，积极引导在联合国框架下全新的、纳入更多主权国家诉求的网络空间治理体系，反对数据霸权，推动全球数据主权治理体系走向有序、规范和协调，共同创造更良好的国际数据治理环境。

　　数据正以无法察觉或不显著的方式嵌入日常生活结构甚至推动社会变革①，数据主权成为大数据时代下国家主权概念的核心。本章从数据自身生命周期与信息环境视角来探讨数据主权风险，全面调研国际规制数据主权风险的实践进路，总结我国围绕数据主权发展逻辑的风险应对和保障体系建设，核心思路始终立足我国"网络命运共同体""总体安全观"理念，在借鉴国际成熟治理体系建设经验下，推动我国数据主权保障体系接轨国际，在保障国家数据主权安全的同时，更进一步地推动我国参与国际竞争，推动建设国际数据主权新体系。本章在分析中受限于信息视角，对数据主权风险不能遍历，将在后续研究中，进一步梳理各细分风险所在，进行深入挖掘与针对性探讨。

---

　　① COHN B L.Data governance：a quality imperative in the era of big data，open data and beyond[J].Journal of law and policy，2015（3）：811-826.

# 6 数据主权风险治理关键环节——数据跨境

数据时代已经到来，数据的爆发性、广袤性、全面性已经远远超过以往任何一个人类社会时代，数据遍布人类社会的方方面面。无论是衣食住行，还是科教文卫，甚至国防政权，都离不开数据的存储、转换和运用。数据资源已成为国家主权保护和国际综合实力的依据及参考对象，作为国家主权的重要组成部分的数据主权应运而生，并被提升到国家战略地位。

随着世界经济一体化的快速发展，数据运用打破了传统的本地数据存储模式，开始了数据上传交互融合的流动新形势。数据流动也不只局限于一国的国家内部，而是实现了数据的跨境流动，呈现出世界范围内的数据跨境流动势头，彻底打破了原有仅限于一国内部的单一数据流动格局。而大数据时代数据的爆发增长和急速传播特点使得数据很难在固定区域内得以永久保密保存，加之经济发展和文化交流融合的需要，数据的跨境流动已成为不可阻挡的历史潮流。

基于跨境数据流动迅猛发展的全球格局背景和国际上主权国家数据主权维护意识的强化，数据主权的保护被置于至高战略位置。各国纷纷出台数据保护条例和跨境数据流动管理办法，意图为确立跨境数据流动管辖权提供依据，进而实现对本国数据主权的维护。各国数据法规的大量制定一方面对各国的数据运营及流动起到了一定的保护作用，另一方面也带来了数据主权下的诸多管辖争议和冲突。因为不同国家和地区在经济发展水平、模式，法律制度渊源和数据主权目标等方面都有着自身独特的特点，跨境数据流动政策法律法规的内容和形式上存在着诸多差异①，即使在统一的国际法规制下，各国通过国内法确定的管辖权内容、作用对象及数据归属等规定还是很难实现一致，所以产生了较多基于主权的跨境数据流动中的管辖冲突和矛盾。跨境数据流动中的管辖冲突不仅带来了基于本国制定的数据保护法对本国数据保护的负面影响，使得一国的数据保护成为难题，也不利于全球范围内的数据自由流动、促进合理管控下数据流动和保护协调统一的发展。各国千差万别的数据管辖规定，带来的是全球范围数据管辖局面的混乱、数据滞留、数据贬值和数据无效等负面结果。

数据跨境流动风险已经成为各国数据主权风险的核心环节。主权问题始终不能脱离国际视角，主权脱离国与国之间的关系将难以成立。因此，数据跨境成为我们研究数据主权风险与数据主权治理方案不得不探讨与思考的关键问题。本章节以数据跨境为关键环节，探讨各国在数据跨境上的治理方案与管辖冲突，以期对我国数据跨境风险治理提供参考与借鉴。

## 6.1 跨境数据流动定义与发展

跨境数据流动是数据的跨越边界的流动传播，但对于"跨境"的定义却不仅仅是简单的物理边界，更多指的是数据传播跨越了无形边界。

---

① 胡炜.跨境数据流动的国际法挑战及中国应对[J].社会科学家,2017(11):107-112.

数据承载着大量的信息，这些信息由起初的个人隐私信息逐渐演变为重要信息资源，正是由于跨境数据流动的特殊影响，各国纷纷出台跨境数据流动管制条例，因而产生了纷繁复杂的数据管辖权冲突问题，在现今大数据时代背景下，数据呈爆炸式增长，网络科技迅猛发展，数据管辖冲突日益尖锐，已迫及国家主权层面，所以我们有必要对其进行深度剖析研究。

### 6.1.1 跨境数据流动的定义

从数据技术处理的角度来看，跨境数据流动指的是数据流动跨越了现有主权国家的实际物理边界的现象，具体体现为一国原有的数据在不同的国家得以搜集整理、分析加工和存储使用①。在进行大量的文献研究之后，在石月的观点基础上，本章认为现今跨境数据流动的定义可以从两个维度来理解，第一层次是数据传输流动跨越了国界；第二层次是数据虽然没有跨越实际的物理国界，但能够为第三国的数据利用主体所研究处理②。跨境数据流动概念自 1980 年被经济合作与发展组织第一次提出以来③，由于计算机技术和网络技术等信息处理技术的飞速发展，其定义和内涵也在不断地随着时代改变和完善。

### 6.1.2 跨境数据流动规制的发展阶段

数据是跨境数据流动中的核心因素，因为数据内容的不断更新发展，正如前文所述，跨境数据流动也在不断地发展。"数据"，在《中华

---

① 贾开.数据跨境流动全球治理机制创新[N].中国社会科学报,2019-03-27(7).

② 石月.数字经济环境下的跨境数据流动管理[J].信息安全与通信保密,2015(10):101-103.

③ Guidelines governing the protection of privacy and transborder flows of personal data[EB/OL].[2021-03-26].https://ieeexplore.ieee.org/ielx5/44/5009763/05009780.pdf?tp=&arnumber=5009780&isnumber=5009763&tag=1.

人民共和国民法总则》中有提及，但并无具体定义①。学界中对于数据的定义暂且也无统一定论，齐爱明认为："人的认知需要靠信息传递，是人的大脑处理数据的结果，数据是实际可用信息的体现"②；李思羽认为可以从内容类别上来进行探讨，主张数据即"公民私人数据、商贸利益数据、专业技术数据和社会公共数据"③；而马建光和姜巍基于大数据时代背景创造性地论证数据为"海量、高增长和多样化的信息资产"④。由此可见，在无特定语境的情况下，"数据"的概念极为广泛，囊括各种流动载体（如电脑硬盘、云端空间和纸面书籍等），且形式各异。但不可否认的是，在数据爆炸的大数据时代，数据已成为个人、社会群体甚至国家政府的必备资源，不同主体的不同活动均会利用一定的数据，同时也都会产生数据。且经过调研发现，数据虽然内涵不定，但世界各国逐渐都认识到了数据的重要价值，纷纷采取相应的法律机制来约束保护本国的跨境数据流动，以求实现对本国数据的完全管辖。跨境数据流动的规制表象上看起来只是单纯的法律管控，但实质上是一国基于主权独立行使管辖权的体现，即行使数据主权的体现，旨在维护本国用户的数据安全和国家的安全稳定。

科技迅速发展，数据种类更新交替，跨境数据流动规制的形式和内容也在不断改变。由于公民个人数据是最为普遍的数据，人人均会使用和产生数据，且若不经过合理有效管控，容易被滥用甚至被恶意收集；加之个人数据是对于一国现阶段政治经济文化最为直白透彻的反映，直接展现出一国的经济发展状况，所以各主权国家和全球性组织对于跨境

---

① 参见《中华人民共和国民法总则》第一百二十七条。

② 齐爱民.信息法原论:信息法的产生与体系化[M].武汉:武汉大学出版社,2010:50.

③ 李思羽.跨境数据流动规制的演进与对策[J].信息安全与通信保密,2016(1):97-102.

④ 马建光,姜巍.大数据的概念、特征及其应用[J].国防科技,2013(2):10-17.

数据流动的研究最开始起源于个人数据领域[①]，随后才逐步转入公众安全和政府信息等领域。具体来说，跨境数据流动规制的主要内容经历了从个人隐私数据保护到平衡商业利益再到数据利益多元化背景下的数据主权保障阶段。

（1）个人数据为主的隐私保护阶段

最开始数据的功能同语言和文字无异，都是为了实现传播交流和资源共享，作为人类社会的一种流动载体，涉及工农商等产业以及人们生活的方方面面。人的生活起居和日常社交是基本的人类活动，因而个人数据是较早的数据产物，会产生书信文本数据和通话语音等数据。另外伴随着现代生活水平的不断提高和互联网技术的迅速发展，个人数据已不再是简单且单一的交际数据，而逐渐开始向复合数据发展，反映了更多的隐私信息，例如个人身体健康、银行账户交易和生活起居数据等。

在 20 世纪的中后阶段个人数据被大规模地搜集整理、存储和使用，以求实现商贸繁荣发展和国家的有序管控，但是普通公民由于处于管理底层，所以很多私人数据在自身不知晓的前提下为他人搜集，公民本身不愿意被揭露展现的数据可能被肆意传播，在数据隐私领域存在信息的不对称情况。在公民呼吁隐私保障和政府寻求加强数据治理机制的背景下，加强公民个人隐私数据保护的时代来临，政府开始对商业企业和相应的社会大众管理部门的数据利用活动进行管控，因而此阶段跨境数据流动的主要规制客体为公民的个人隐私数据，旨在维护国内公民的隐私数据权利。

与此同时，联合国和经济合作与发展组织（OECD）等国际组织也纷纷制定了一系列的个人隐私数据治理机制，例如 1980 年，OECD 制定的《关于保护隐私与个人跨境数据流动的指南》（*Guidelines on the*

---

① 李梦园.跨境数据流动过程中的网络主权研究[D].北京:北京邮电大学,2017.

*Protection of Privacy and Transborder Flows of Personal Data*）得以发布[①]；随后在 1990 年的联合国大会第四十五届会议上，编号为 A/RES/45/95 的《电脑个人资料档案的管理准则》（*Guidelines for the Management of Computerized Personal Data Files*）[②] 得以正式通过。

（2）商业数据为主的经济发展阶段

商业数据的发展离不开个人数据的增长，更离不开科学技术的进步。由于科学生产水平的不断提升，以往的数据类型开始由生活领域扩展至工农业等生产领域，更开始向医疗保健、金融投资和教育培训等服务业领域发展，大量商业运营数据、服务业供求数据和生产领域的专业数据接踵而来，并呈爆炸式增长。不同于以往单一的个人隐私数据，这些商业数据展现了个人同商业之间的紧密联系，商业公司可以根据市场上的大量的商业数据分析出消费者的消费倾向、消费需求和现有的及潜在的竞争对手，以此决定在一国的商业生产点和销售点布局及发展战略。伴随着跨国公司的发展壮大，商业数据的重要性开始提升至国家高度，同发达国家相比，发展中国家因技术差异处于竞争的劣势地位。数据控制方可以根据已有的商业数据布局全球发展格局，或利用已有商业布局点获取深层次的商业运营数据和市场隐含数据，斩获新的商业发展渠道和国际市场，进一步提升本国的经济发展优势。据美国全球经济交易管理机构 ITC（U.S. International Trade Commission）测算，数据流动促进美国国内生产总值提升了近 5%，为美国群众新增了数以百万计的工作岗位[③]。

---

① 罗力.美欧跨境数据流动监管演化及对我国的启示[J].电脑知识与技术,2017 (8):52-54.

② 联合国大会第四十五届会议通过的决议[EB/OL].[2021-03-20]. https://www. un.org/zh/ga/45/res/.

③ 石月.数字经济环境下的跨境数据流动管理[J].信息安全与通信保密,2015 (10):101-103.

商业数据为主的跨境数据流动时代来临，主权国家不仅面临着因跨境数据流动带来的国际贸易风险和经济挑战，在国内也面临着为促进经济发展对个人数据和商业数据进行划分的呼声。各国亟须建立合理区分国内个人数据和商业数据的管控机制以及商业跨境数据流动的规制体系，以求数字经济合理有序发展，数据治理有法可依。与此同时，过分强调个人数据保护加之各国数据保护立法的差异，国际数字经济面临着诸多的贸易壁垒，商业数据的界定和流动受到了极大的限制，不利于建立国际范围内自由统一的商业市场。20世纪末，欧盟成员国就商业数据和个人数据划分达成欧盟保护指令层面的一致，杜绝成员国以隐私保护为由限制具有商业价值的个人数据在市场中流动[①]。此阶段商业数据成为跨境数据流动的主要管控内容。

（3）大数据服务背景下的主权保障阶段

伴随着大数据时代的到来，各类通信基础设施和智能设备开始普及，人们开始转变以往被动接受产品和服务的生活状态，开始主动运用智能设备和数据处理系统。个人在可记录设备上留下的行为数据或者说是"蛛丝马迹"均会被大数据技术作为分析对象。与此同时，依托大数据时代的发展优势，各国的商业公司更加注重数据的搜集整理和分析利用，由此产生了针对消费用户的个性化产品推荐等新型服务方式，例如购物网站的个性化推荐和电脑、手机客户端的信息弹窗等。谁掌握了数据，谁就可以掌握市场，因此跨境数据流动更加具有战略意义，跨境数据流动开始同资源整合、商业先机和市场开拓联系起来。据此基于大数据的跨境数据流动开始向公共数据领域发展。

随着公共数据的战略地位提升，跨境数据流动的规制开始转向公共

---

① KUNER C.The European commission's proposed data protection regulation： a copernican revolution in European data protection law[J]. Bloomberg BNA privacy and security law report,2012（2）:1-15.

数据规则。由此主权国家需要处理两大矛盾：第一是本国公共数据安全保障和数据主权独立完整同引进外来资金促进经济发展之间的矛盾；第二是国家公共数据的合理使用促进产业未来发展同数据存储利用的期限、程度、便利与否等限制条件之间的矛盾。这一阶段跨境数据流动的规制开始以公共数据为主，并依托于大数据背景以促进经济发展，数据主权的战略地位也得以日益彰显。

## 6.2　跨境数据流动中数据主权确立的理论依据

跨境数据流动已成为不可阻挡的时代潮流，它在给人类的经济政治文化带来繁荣发展的同时，也不可避免地对各国的数据主权造成了一定的冲击。跨境数据流动对于各国数据主权的影响主要以数据为作用对象，具体体现在对数据平等权、数据独立权、数据自卫权和数据管辖权的干涉上。频繁的跨境数据流动提升了各国的数据主权意识，促使各国构建适合本国国情的数据管辖治理模式来管理本国数据，但同时这也体现了跨境数据流动对各国数据主权产生的冲击。本节所要探讨的便是跨境数据流动对于数据主权的消极影响，具体体现在以下几个层面。

### 6.2.1　跨境数据流动影响国家数据平等权

数据平等权体现在跨境数据合作交流中国家能够平等地享有合法的数据资源和国际数据事务中的平等参与地位。只有在享有平等的数据资源的前提下，才能保证平等的国际数据事务参与地位，进而实现平等基础上的快速发展。

但由于现实中各国数据资源的掌握量并不平均，并且数据也有原始不能直接使用的数据（粗质数据）和经过处理后可直接应用的数据（精质数据）<sup>①</sup>之分，两类数据的资源价值差异较大，加之数据跨境流动各环节中的国内外因素影响，不同发展水平的国家在数据搜集整理至最终应用中体现的数据能力会因为技术能力差异被进一步拉大。

针对数据资源量的差异，国际数据公司（International Data Corporation, IDC）<sup>②</sup>在2012年对"数字地球"分布进行了统计<sup>③</sup>，各国在"数字地球"中的占比分别为：美国和西欧国家均占世界总和的32%，中国为13%，印度仅为4%，其他国家总和占19%<sup>④</sup>。从这些统计数据中我们不难看出，各国在数据资源的占有上存在着巨大差异，美国和西欧国家占有了世界上的绝大部分资源，而其他的国家只占了很少一部分；基于美国在数据资源的绝对优势、西欧国家的地区优势和其他发展中国家的劣势地位，学界以"不平衡三角形"<sup>⑤</sup>来概括这种跨境数据流动中的数据资源不均衡现象。跨境数据流动造成了不同发展水平的国家在数据资源的享有阶段就出现了不均等情况，数据平等权受到了重大影响。

此外，因数据粗细程度的资源价值差异和经济因素作用下的跨境数据流动具有更高灵活度、更强竞争性<sup>⑥</sup>，且发展中国家数据加工提取能力较弱，拥有技术优势的发达国家便可以低价抢占他国精细数据资源，进一步扩大本国的资源优势，而欠缺技术的发展中国家不得不向发达国家购买基于本国原始数据的精质数据，发达国家将实现对发展中国家数字

---

① 外部数据共享应用监控管理平台投标方案 II [EB/OL].[2020-03-20].https://wenku.baidu.com/view/6d1cdaa2cec789eb172ded630b1c59eef8c79af4.html.

② 国际数据公司是国际数据集团旗下全资子公司，是信息技术、电信行业和消费科技市场咨询、顾问和活动服务专业提供商。

③ 杜雁芸.大数据时代国家数据主权问题研究[J].国际观察,2016（3）:1-14.

④ GANTZ J, REINSEL D.The digital universe in 2020:big data, bigger digital shadows, and biggest growth in far east[EB/OL].[2020-03-20]. http://idcdocserv.com/1414.

⑤ 梁俊兰.越境数据流与信息政策和信息法律[J].国外社会科学,1997（5）:63-67.

⑥ 彭岳.贸易规制视域下数据隐私保护的冲突与解决[J].比较法研究,2018（4）:176-187.

资源和经济的双重攫取①；与此同时发达国家凭借跨境数据流动的快捷迅速特点，克服传统经济市场迟缓滞留的难题，进一步抢占数据资源，扩大数据优势，进一步冲击全球数据平等权。

### 6.2.2　跨境数据流动影响国家数据独立权

数据独立权是指本国的数据管辖使用完全独立自主，不受他国支配影响。对于独立权，通常人们只是单纯地意识到对外的主权独立，并没有思考对内的主权独立，事实上主权独立包含对内独立和对外独立两个层面，即国内独立权和国际独立权②，对内主权独立指本国公民和团体均完全服从于本国管辖，对外主权独立指本国在国际上的独立自主；以此类推，数据主权也包括对内的国内独立和对外的国际独立，但是由于跨境数据流动的影响，国家的对内对外数据主权独立权都受到了一定冲击。

对内数据主权独立是指本国的数据和数据管制制度、主体、技术和物理设备均由本国政府完全管辖，国内公民和其他团队组织均完全服从。跨境数据流动对数据主权的对内独立权影响较为突出的实例是：因为欧洲和美国签署的《安全港协议》，越来越多的欧洲用户数据被传送至美国存储和分析，欧洲很多用户对本国基于欧盟平台签署的《安全港协议》持担忧怀疑和不信任态度，"棱镜门"事件披露了美跨国公司与情报机构之间串通一气、监控全球的行径，更引起了欧洲各国公民的公愤和担忧③，欧洲各国对内的数据主权独立权遭受了重大影响，各国面对国内群众对现有数据跨境制度的担忧与不满不得不采取措施，几经周折

---

① 卢黎歌，隋牧蓉.经济全球化的升级与应对：基于人类命运共同体视角[J].北京工业大学学报（社会科学版），2019（2）：1-8.

② 周福振.论国家独立权与国家自由——以《民报》为考察对象[J].太原学院学报（社会科学），2017（1）：6-10.

③ 马芳.美欧跨境信息《安全港协议》的存废及影响[J].中国信息安全，2015（11）：106-109.

后协议最终废止。

对外的数据主权独立是指一国的数据管辖使用完全由本国独立做主，其他国家无权干涉。但由于跨境数据流动致使数据平等权遭受影响，数据资源获取的不平等和国际数据地位的差异致使数据霸权现象产生，严重干涉他国的数据主权独立。美国于 2018 年 3 月正式通过了《澄清域外合法使用数据法案》，明确了美国政府调取网络运营商数据的合法域外效力，但同时限制外国政府调取美国数据，更引人注目的是建立了以数据控制权取代数据储存位置的司法管辖依据[1]，意图由此建立以自身为主导的数据管理体系。数据霸权的扩张极大程度干涉了国际跨境数据流动，冲击他国的数据对外独立权。

跨境数据流动对于数据对内对外独立权的冲击造成的不仅是一国数据主权的丧失，更是对全球总体数据保护格局的破坏与腐蚀。彼此尊重主权独立，遵循数据主权独立原则，对于跨境数据流动的合理高效发展大有裨益。

### 6.2.3 跨境数据流动影响国家数据自卫权

数据自卫权是指数据流动上升至国家安危层面，以国家采取防卫行为来实现本国的数据独立和安全防护。数据的战略地位已不再限于商业层面，而是与一国的安危紧密相连，跨境数据流动的发展给本国数据保护带来了极大的威胁，若是一国的国家核心数据及相关人、技术、物理设备被外国通过跨境数据流动的渠道所窃取或者干涉，那么一国基于数据的自卫防护战略会泄露，严重损害一国国内的政治经济稳定和数据自卫权，进而侵害国家的主权完整。

早在 20 世纪 90 年代的海湾战争中，美军就通过跨境数据流动渠道

---

[1] 魏书音.CLOUD法案隐含美国数据霸权图谋[J].中国信息安全,2018（4）:43-45,49.

输送病毒至伊拉克国内的空中防卫系统，成功掩护美军的战机穿越伊拉克领空[①]。21 世纪是和平发展的时代，但通过跨境数据流动干涉一国政治、经济稳定的事例屡见不鲜。乌克兰国内的电力数据系统及物理设施自 2015 年已被不法分子多次入侵导致瘫痪，致使乌克兰境内大面积电力中断[②]；而意大利一家以网络安全为主要运营业务的企业竟然也遭受到了外来的黑客入侵，更为严重的是该公司"收集"的其他国家或者企业的数据保护漏洞信息也被窃取并被大规模散布，导致国际上产生了大量基于这些漏洞的数据安全事件[③]。在跨境数据流动的潮流中，没有任何国家能够置身事外，一向以科技强国自居的美国也遭受了数据入侵，据报道，英国一家名为剑桥分析（Cambridge Analytica）的数据分析公司通过非正当方式窃取了 Facebook 近九千万的用户数据，进而干涉了美国 2016 年的总统候选人选举[④]。同样是 Facebook，2021 年再次遭受数据泄露，其中 5.33 亿条用户数据记录被曝光。

在跨境数据流动越来越频繁的数据时代，利用网络等隐蔽渠道进行主权干涉已成为十分严峻的问题，相比于传统的武力侵犯主权行径，数据渠道的侵权行为更加具有隐蔽性和迷惑性。不可否认的是数据自卫权的正当地位，但令人困窘的是自卫权该如何正当行使。一方面，跨境数据流动致使数据流动渠道和涉及主体的查询更加艰难，这对数据管理技术和法制健全提出了更高的要求，数据自卫权的行使更加困难；另一方面，由于跨境数据流动的广博性，任何有能力的主体均可参与甚至主导跨境数据流动进

---

① 吴佳芮.网络攻击中国家自卫权行使的法律思考[J].济源职业技术学院学报，2018（1）:24-27.

② 刘杨钺，张旭.政治秩序与网络空间国家主权的缘起[J].外交评论（外交学院学报），2019（1）:113-134.

③ SCHWARTZ M.Cyber war for sale[N]. The New York Times，2017-01-04.

④ 深陷脸书数据丑闻，"剑桥分析"公司倒闭[EB/OL].[2020-03-20].https://baijiahao.baidu.com/s?id=1599410360361282797&wfr=spider&for=pc.

程，因而成为侵犯他国数据自卫权的主体，一国的数据自卫甚至可能将普通公民个体当作防御对象，数据自卫权的作用面会更加广阔复杂。

### 6.2.4　跨境数据流动影响国家数据管辖权

数据管辖权是指国家对所拥有的数据和数据相关人、事、技术、物理设备的支配权力，建立在数据所有权之上，通过使用权展现出来。一国对数据从产生、搜集整理、存储编辑、加工使用及销毁等流程的控制掌握都是数据管辖权的行使形式，但由于跨境数据流动的影响，数据使用流程经历了多个主体，跨越实际物理边界，给国家的数据管辖权行使带来了一定的困难。

一方面，跨境数据流动涉及多个数据主体，即从生产者到加工者，再到服务提供者，再到使用者，而且跨境数据流动也经过了不同的数据传送地点，即发送地——输送地——使用地的地点转换，跨境数据流动所经历的主体和地点均会主张数据的管辖权，因而造成管辖权主张重叠，形成积极冲突[①]。

另一方面，当前网络环境中信息传递便是以数据作为依附介质，网络联通本质上就是数据的流动[②]。网络科技的迅速发展，尤其是云计算技术的发展，使得数据的输送和存储等流程有了更加隐蔽的网络路径，使得数据的管制更加困难。云存储是为了给用户提供存储服务，但云存储还包括数据的复制、备份、处理及恢复等其他方面的操作[③]，用户本身

---

①　管辖权冲突包括积极冲突和消极冲突，凡两个或两个以上国家对同一事件和主体交叉或重复行使管辖权的，称为积极冲突；凡对某一事件或主体各国均无管辖权的，称为消极冲突。"参见王莘子.《协议选择法院公约》中的国际民商事案件协议管辖制度研究[J].现代经济信息,2010( 18 ):176-178.

②　顾伟.警惕跨境数据流动监管的本地化依赖与管辖冲突[J].信息安全与通信保密,2018( 12 ):27-32.

③　孙洪洋.云存储中的数据安全问题研究[J].信息记录材料,2019( 2 ):97-98.

上传的数据是唯一的，但经历了云储存等流程之后，数据从用户到存储点再到用户的这个流程中，数据被复制了多次，那么复制的数据的归属权如何？腾讯公司在《腾讯开放平台开发者协议》规定"用户数据"和"开放平台运营数据"的所有权和其他权利均属于腾讯，且属于腾讯公司的商业秘密[①]，基于此项规定，若大量外国用户使用腾讯平台软件，致使原本属于外国管辖的数据全部转移至腾讯公司内部，那么数据管辖权又将为谁所有？各国对此规定不一，没有统一的参考标准，势必造成管辖权的重叠。基于云计算技术的跨境数据流动加深了各国之间的联系，但同时也加剧了管辖权的冲突。

此外，数据管辖权虽然是国际法给予一国的基本权利，但是各国的数据立法标准不一，尤其是霸权主义的横行对统一的国际跨境数据流动体系造成了巨大威胁，以经济利益为核心的数据流动管制往往追逐利益最大化而非政治稳定最大化，这对各国的数据管辖权造成了重大的损害。跨境数据流动的管辖事关国家的情报搜集、决策制定和技术研发[②]，世界范围内的数据合法管辖将成为广大国家的共同愿景。

## 6.3 跨境数据流动中管辖权确定的具体原则

本书所指的管辖是国际法上关于国家主权的管辖，即一国在遭遇法

---

① 《腾讯开放平台开发者协议》规定:用户数据是指用户在开放平台、应用等中产生的与用户相关的数据,包括但不限于用户提交的数据、用户操作行为形成的数据及各类交易数据等;开放平台运营数据是指用户、开发者在开放平台、应用等中产生的相关数据,包括但不限于用户或开发者提交的数据、操作行为形成的数据及各类交易数据等。

② 张郁安,宋恺.对新时期跨境数据流动风险的思考[J].中国信息安全,2018(11):79-82.

律和事实困难的前提下，合法对本国人和物进行管制支配的行为，管辖权的准确划分是国际法的重要问题，目的在于维护主权国家的独立平等[①]；学界普遍认为国家管辖包含立法管辖、司法管辖和执行管辖三种形式，美国对外关系法第401条也将管辖权分为上述三种形式[②]。而具体实施这三种管辖权的国际法原则可以分为属地管辖原则、属人管辖原则、普遍性管辖原则和保护性管辖原则四种[③]，本文关于管辖权的确立原则也是从这四个方面来进行探讨的。

### 6.3.1　属地管辖原则

属地管辖，同时也被称为地域管辖或者领域管辖，是指主权国家对在本国所管领域内的人、物或发生的事件，除了国际法规定的外交特权与豁免以外[④]，各国可以依照本国所制定的法律对其进行管理支配[⑤]。基于主权的至高地位，各国依据属地管辖原则对于国土范围内的人和物都享有最高的管理处理权利，所以各国对于本国境内的人和物都具备管辖权[⑥]。属地独立划分是主权国家较为直接的体现特征，因而属地管辖原则是主权国家确立管辖权的关键凭据原则甚至是首要参照原则，国家属地管辖权是专属的和排他的[⑦]，国家的属地管辖权相对于其他权利具有优先

---

① 孟雁北.竞争法[M].北京:中国人民大学出版社,2004:3-12.
② 国际法大讲堂英文系列讲座第20期:国际诉讼与新的美国对外关系法重述[EB/OL].[2021-03-26].http://news.cupl.edu.cn/info/1016/26850.htm,2018-05-04/2019-02-28.
③ 王顺清.中国对境外非政府组织境内活动的监管研究[D].南京:南京财经大学,2018.
④ 刘艳红.论刑法的网络空间效力[J].中国法学,2018(3):89-109.
⑤ 翟语嘉."21世纪海上丝绸之路"框架下能源通道安全保障法律机制探究[J].法学评论,2019(2):131-142.
⑥ 英劳特派特.奥本海国际法:上卷 第一分册[M].王铁崖,陈体强,译.北京:商务印书馆,1989:244.
⑦ 邵津.国际法[M].北京:北京大学出版社,2008:43.

性①。依据属地管辖原则，一个国家可以对在该国家领域内进行数据搜集整理传播运输的人员和设备进行合法管辖，并可以要求相关人员和组织遵守本国的相关法律和制度，否则可以予以相应的治理管制，并由此形成了属地管辖模式②。

另外，属地管辖原则可以分为主观属地管辖和客观属地管辖两种具体类别，放眼至跨境数据流动领域，主观属地管辖原则注重数据流动产生的地理位置，同时以跨境数据流动的实际流动地点和数据相关流程发生地为管辖权的确定凭据；客观属地管辖注重跨境数据流动所带来的实际结果，同时会辅以跨境数据流动导致的结果产生位置作为管辖权确立的参考标准③。总结来看，属地管辖原则的适用不再仅局限于一国的实际领土范围之内，因为跨境数据流动大规模的跨界性，一国国境外的跨境数据流动行为导致的结果若涉及国境内部的相关主体和利益因素等，那么该国依然可对跨境数据流动相关行为行使管辖权④。

### 6.3.2　属人管辖原则

属人管辖，也被称为国籍管辖，是指一国有权对具有本国国籍的本国人进行管辖，不论其身处国内或者国外，只要是拥有一国的国籍，该国均有权对其进行管辖⑤。

属人管辖原则是跨境数据流动中管辖权确立的重要原则，但在具体的实际跨境数据流动管辖中，属人管辖原则仅适用于一些特定的罪名，

---

① 贺五一,聂小蓬.近代国际法视野下的"孙中山伦敦蒙难案"和"林维喜案"[J].太原师范学院学报(社会科学版),2018(2):48-51.

② 王锡锌.网络平台监管管辖需制度革新[J].检察风云,2018(6):30-31.

③ 宁远哲.《罗马规约》中客观属地管辖原则的适用分析[J].法制博览,2017(29):233.

④ 张梦怡.国际法管辖原则与国内法管辖原则之对比分析[J].法制博览,2016(4):95-96,94.

⑤ 徐开梅.跨国网络犯罪管辖权研究[J].中国集体经济,2018(35):128-130.

例如德国法律规定，德国有权对在德国境外传播儿童色情信息的德国国民进行管辖制裁[1]；根据《中华人民共和国刑法》第七条、第一百零五条和第三百六十三条规定[2]，对于在境外利用互联网等工具进行谣言散布来危害中国主权独立完整的以及传播散发色情低俗信息的犯罪行为都必将受到《中华人民共和国刑法》的管制和惩罚。

但现今阶段针对跨境数据流动中的属人管辖原则大多数适用于刑法规制管控，并未对现有的跨境流动数据进行统一的划分整理。属人管辖原则同样也被分为两种，分别是主动国籍原则与被动国籍原则。前者主张犯罪行为主体所属国家对其及行为享有管辖权，例如在跨境数据流动犯罪活动中犯罪主体的国籍所属国有权管辖相关行为；而后者则主张犯罪中的受害主体所属国具备管辖权[3]。现今国际实践中普遍采用主动国籍管辖原则来确定管辖权的归属，我国也规定在外犯罪的中国人由我国管辖[4]。

### 6.3.3　保护性管辖原则

保护性管辖原则，是指一个国家有权对外国人在本国境外行使的侵害本国利益的行为进行管辖的原则和标准[5]。跨境数据流动中数据保护性管辖的适用前提在于跨境数据流动行为的行为地点和参与主体同本国均无关联，但却因为数据的跨境流动而对本国的主权或者其他利益造成了巨大的损害，故该国具有管辖权。但是因为数据的传播流动范围广泛，涉及多个国家，基本上会在多个国家造成后果影响，所以若盲目地采取保护性管辖原则，则会造成跨境数据流动中的数据涉及国家全都主张管

---

① 马章凯.计算机犯罪与立法完善：上[J].中国司法,2001(1):35-36.
② 详见《中华人民共和国刑法》第七条、第一百零五条和第三百六十三条规定。
③ 李春珍,于阜民.论国际刑事管辖权主体[J].齐鲁学刊,2018(3):88-93.
④ 详见《中华人民共和国刑法》第七条规定内容。
⑤ 於典.我国刑法保护性管辖中的双重犯罪原则[J].法制与社会,2017(32):8-9.

辖权，造成管辖权的冲突。根据现有国际法的普遍实践和互相尊重主权的通用原则，主权国家法律对于外国人的约束必须满足长远性或暂时性特点①。

　　具体放眼至跨境数据流动领域，对在外国从事跨境数据流动犯罪活动的第三方国家数据主体，他只能被跨境数据流动犯罪发生地的外国以属地管辖原则确立的管辖权约束管辖，其他国家不得以属地原则主张对其具有管辖权；另外，也只能被犯罪活动中已定的第三方国家以属人管辖原则确立的管辖权管辖规制，其他国家不得以属人原则主张对其享有管辖权。总结来说，唯独与跨境数据流动中主体和活动发生地直接联系的国家可以凭借保护管辖原则主张管辖权的享有，其他国家不得以争抢政治、经济利益为目的滥用保护性管辖原则。因而保护性管辖原则是对属地管辖原则和属人管辖原则的补充性原则，可以弥补两者都无法救济的情形，但是保护性管辖原则同时也不得对抗基于领地确立的属地管辖原则以及基于权利主体国籍所确立的属人管辖原则②，只能作为辅助补充性条款。

### 6.3.4　普遍性管辖原则

　　普遍管辖原则，是指为了维护全球安全稳定、促进人类社会的和平发展和保障国际共同利益，各国均可以主张对于威胁破坏公共利益的特定行为进行管辖的准则③。

　　普遍性管辖原则也是一项起辅助作用的管辖准则，它的实施须遵循两个前提：第一是严格的领域限制，普遍性管辖原则必须在本国领域内

---

　　①　劳特派特.奥本海国际法:上卷 第一分册[M].王铁崖,陈体强,译.北京:商务印书馆,1989:248.

　　②　范复平.论保护性管辖权的国际法问题[J].活力,2015(15):56-57.

　　③　高甜.论普遍管辖原则与国家主权[J].山西省政法管理干部学院学报,2012(3):1-3.

或者其他任何国家都无权管辖的地域内，也就是说在其他国家的领域内无法实行普遍性管辖；第二是严格的被管辖行为种类限制，依据《普林斯顿宣言》(*The Princeton Principles on Universal Jurisdiction*)[①]，可依普遍管辖原则行使管辖权的行为主要是七种明确规定的行为，分别是海上盗贼抢夺、运输贩卖奴隶奴役、激发引动战争、实施反和平行为、引发反人类活动、执行种族灭绝屠杀以及实行严酷刑罚[②]。

概括来说，普遍性管辖原则在跨境流动中的管辖适用需满足上述两个基本前提，领域限制和行为限定，基本上只会在危害国际社会稳定的数据跨境犯罪行为中有所适用。在通常只涉及两国或者少数几个国家间的跨境数据流动引发的经济利益等争夺中，普遍性管辖原则的适用不太现实。

## 6.4 跨境数据流动中的管辖冲突论述

跨境数据流动中管辖冲突指对于跨境流动中的数据，两个或两个以上的国家都主张有权管辖或都拒绝管辖的情况。本文所探讨的管辖是国际法上的国家管辖权的行使，具体是指主权国家通过立法活动制定约束管制法规、通过司法行为审判决议法律争端以及通过行政执行行为实施落实审议结果，继而对于跨境数据流动中的基于数据跨境流动创造、变动或者消灭的法律关系进行管理维护，以求实现对于本国的人事主体和物权客体的有序管理，从而避免因为跨境数据流动引发的政治、经济和

---

① 《普林斯顿宣言》，又译作《普林斯顿普遍管辖原则》。

② 参见 The Princeton Principles on Universal Jurisdiction 28(2001). "Principle 2 — Serious Crimes Under International Law 1. For purposes of these Principles, serious crimes under international law include: ⅰ piracy; ⅱ slavery; ⅲ war crimes; ⅳ crimes against peace; ⅴ crimes against hu-manity; ⅵ genocide; and ⅶ torture."

文化领域争议冲突的一种权力实施，同属于主权国家的四大基本权力之一。本文立足于跨境数据流动中的管辖冲突实际，从权属关系上将国家主权引申至下属数据主权领域，将数据理解为"物"或者"元素"，将其视同领土、领海等实质性元素，研究以数据和相关数据制度、人事设施为管辖对象的管辖冲突，并依据管辖权作用的立法、司法和执行领域，将管辖权引发的争端具体归纳为立法管辖权、司法管辖权和执行管辖权的冲突。

### 6.4.1  跨境数据流动中管辖权冲突的理论基础

跨境数据流动中数据管辖权是国家主权的体现，各国基于数据主权的维护对本国数据行使管辖权。无论是立法管辖权，还是司法管辖权，或是执行管辖权，都是国家主权的具体表现形式，并通过前文所述具体的属地管辖原则（涵盖主观属地管辖原则和客观属地管辖原则）、属人管辖原则（主要是主动国籍原则的适用）、保护性管辖原则（作为属人属地管辖原则的补充适用）或者是普遍性管辖原则（主要是针对危害全球共同利益的犯罪行为）来具体划分管辖区域。平等权也是国家主权下属的一项重要原则，所有的国家主体都是平等的，平等地享有数据管辖的权力，国际法中"平等国家之间没有审判权"原则就是平等主体之间地位最好的展现[①]。虽然地位平等，但是各国却都有着自身的维护利益需求，并力图实现自身利益的最大化，因而通常采取可以最大程度维护自身数据主权的管辖原则，进而致使各国采取的数据管辖原则不一，同一国家不同管辖原则趋利避害选择使用，致使针对具体管辖数据不同国家管辖原则不一，各国基于主权维护互不相让，进而导致管辖冲突产生，以致引申为国家数据主权之间的管辖冲突。

---

① 褚福民.以审判为中心与国家监察体制改革[J].比较法研究,2019(1):41-54.

所以本文认为数据主权理论是跨境数据流动中管辖冲突产生的理论基础，各国均是为了数据主权的维护方才产生众多管辖冲突。基于数据主权进行利益维护而采取管辖的原则不一是导致管辖冲突产生的重要原因，在具体的管辖冲突中，一桩很小的民商事案件就可能引发基于主权维护的管辖冲突，甚至演变为国家之间产生冲突的导火索[①]。

### 6.4.2 跨境数据流动中管辖冲突的分类

管辖冲突实质上可以分为两种类型，即消极冲突和积极冲突[②]。数据管辖权的消极冲突是指具体的某一数据各国均没有设定管辖法律规范，或者各国均拒绝执行管辖的情形；数据管辖权的积极冲突是指不同国家均依据国际法的合法管辖理论确立了本国的数据管辖区域，但不同国家间存在管辖重叠，表现为一种明显激烈的冲突。两种冲突虽然表现形式不同，但是均能造成管辖权无法明确确立的局面，而且管辖冲突的合理解决均需要依据统一的国际法规定[③]。为了合理解决相应冲突，需要具体情况具体分析，针对消极冲突各国需要明确本国和他国的合法权利以及可能产生对抗的潜在冲突情形，秉承互相尊重主权完整的初衷；对于积极管辖冲突，则需要国际上统一数据管制规定，建立起实际有效的国际规范[④]。

形象地来说，积极冲突是多个国家"都争着要管"，而消极冲突是"全都不想管"。但在具体的实际管辖中，很少存在没有任何国家或是地

---

① 隆茨.国际私法[M].北京:法律出版社,1986:147-154.

② 王莘子.《协议选择法院公约》中的国际民商事案件协议管辖制度研究[J].现代经济信息,2010( 18 ):176-178.

③ STRAUSS A L，Beyond national law：the neglected role of the international law of personal jurisdiction in domestic courts[J].Social science electronic publishing,2008( 2 ):373-424.

④ 王志安.云计算和大数据时代的国家立法管辖权——数据本地化与数据全球化的大对抗?[J].交大法学,2019( 1 ):5-20.

区对某一数据没有管辖权的情形，即消极冲突鲜有所见[①]，甚至可以说没有出现[②]。但存在着法制尚未健全的国家对于具有管辖权却没有具体的规制措施的情形，2000年菲律宾的爱虫病毒[③]暴发致使全球很多用户受到影响，根据媒体估计，爱虫病毒造成大约100亿美元的损失[④]，经查明是菲律宾籍人奥尼尔·狄·古兹曼所为，但由于菲律宾因为没有确切的法律依据对其定罪量刑，只得将其无罪释放[⑤]。因而对于管辖权的消极冲突大多停留在学术探讨阶段，理论上认定对管辖权消极冲突的解决在于找到具体人物等因素的相关法律连接点，进而实现管辖救济[⑥]，或者是通过主权国家在国际会议中磋商协调，进而签订多边协议在国内法中解决[⑦]。

积极冲突是跨境数据流动管辖冲突中表现最广泛、最激烈的形式，也是国际社会上备受关注的问题，各国在立法和司法实践中都在尝试积极解决这一难题[⑧]。国际社会经济交往愈发密切，个人、企业和政府信息跨国流动势不可挡，数据从产生到使用，从上传到下载，经手多个主体，更是跨越实际物理边界，跨境数据流动中的积极冲突越来越频繁。相较于消极冲突，积极冲突具有更多样化的表现形式，所牵涉的因素更复杂化和国际化，不同国家的不同主体都参与了数据的跨境流动，加之

---

① 宋健,王天红.关于解决涉台民商事案件管辖权冲突的几点思考[J].法律适用, 2011（2）:16-20.

② 刘艳芹.涉外民商事诉讼管辖权冲突研究[D].烟台:烟台大学,2017.

③ 爱虫病毒,又称ILOVEYOU病毒,是一种主要借助邮件传播的蠕虫病毒,该病毒借助ILOVEYOU的虚假外衣,欺骗相关用户打开其内存的VBS附件从而感染病毒。

④ 盘点四十年来史上著名计算机病毒[EB/OL].[2021-03-26].http://soft.yesky. com/147/35254147all.shtml.

⑤ 刘泽.网络犯罪刑事管辖权研究[D].北京:中国政法大学,2009.

⑥ 杨锴铮,魏纯.谁来填补"国际私法"管辖权上的"空白地带"[J].人民论坛, 2016（28）:100-101.

⑦ 王艺.国际知识产权管辖权消极冲突的解决[J].山西省政法管理干部学院学报,2008（3）:13-16.

⑧ 吴永辉.论国际商事法庭的管辖权——兼评中国国际商事法庭的管辖权配置[J].法商研究,2019（1）:142-155.

数据的爆炸性产生和流动，数据的管辖权争夺日趋激烈。因此，跨境数据流动中管辖冲突的关键问题就是如何化解数据国家管辖权的冲突。本节所研究讨论的冲突便是跨境数据流动中国家对数据管辖权的积极冲突。

### 6.4.3 跨境数据流动中管辖权冲突的构成要件

不同国家均主张数据主权，在此基础上均基于一定的管辖原则来行使管辖权，进而造成管辖权冲突。具体来看，跨境数据流动中管辖权冲突的要件如下：

第一，主张管辖对象统一，即两国或者多国均主张跨境流动中的数据或者相关人员、设备为本国所有，本国有权管辖或是独立管辖。因为数据流动广泛性强，经历数据产生、搜集整理和储存加工等多个环节，涉及数据所有者、数据传输者和用户等多个主体，跨越物理边界，涉及多个国家，故基于属地属人等管辖原则，难以确认区分数据的管辖权为谁所有，谁有权管辖或无权管辖，所以管辖冲突难以避免。

第二，任何国家都没有专属管辖权，即在具体跨境流动数据管辖冲突中，没有一国及其司法、行政机关具有独立专属管辖权。在一国享有专属管辖权的领域，如一国国民的身份确认问题、婚姻存续和继承关系以及国内公民的物权确属等具体实际，该国享有绝对排外的专属管辖权，其他国家无权干涉，因而不会产生法律上的管辖冲突。对于一国合法享有的专属管辖权应该表示尊重并承认，这已成为国际社会普遍接受的理念，并逐渐演变为排除他国管辖权域外无限扩张的一个有效、有力的理由[1]。也正是因为在国际中没有一国对于跨境流动中的数据具有专属的管辖权，才造成多国均主张管辖，导致管辖冲突。

---

[1] 陶立峰,高永富.我国三类特殊涉外经济合同纠纷专属管辖条款之重构[J].国际商务研究,2013(4):77-84.

第三，被主张管辖的数据应确实是跨境流动中的数据，即本国储存的本地数据即使与其他国家数据雷同，他国主张管辖所引发的管辖冲突，不在本节的研究范围之内；只有跨境流动中的数据引发的管辖冲突，才是跨境中的管辖权冲突。

### 6.4.4　跨境数据流动中管辖权冲突的本质

跨境数据流动中管辖权冲突的本质在于利益冲突，基于国家主权的研究角度，即数据主权背后的国家利益冲突。但在具体的由跨境数据流动引发的民商事案件中，还会涉及基于跨境数据流动导致的私人利益的冲突，尽管公权力一般不会直接干涉建立在"不告不理"基础上的民事诉讼，但民事诉讼的执行实质上是建立在以国家公权为基础的保障私人权益的司法活动。综合而言，一方面跨境数据流动引发的涉及多国的民事纠纷的司法管辖也是基于国家公权力的行使，而且也可以转换成国家间的主权碰撞；另一方面，因普通个人间的利益争夺产生的民事纠纷也符合管辖权争夺的利益冲突本质。

对跨境数据流动产生的国家层面的管辖冲突而言，跨境流动中的数据已不再是简单的数字，而是数据主权的载体，而基于数据主权的管辖冲突将会体现在以下几个层面：第一是国家人格上的争议冲突，适用他国立法、司法或者执行管辖，是对一国的国家人格的忽视甚至是辱没；第二是实质利益上的冲突，包括经济利益和物质利益等；第三是国家安全的冲突，管辖冲突将严重损害一国的安全独立；第四是法律道德和社会舆论的冲突。而实质利益冲突除了基本的物质利益冲突外，在公权力方面则体现为司法管辖和执行管辖上的冲突，具体表现为：第一，司法管辖中实体法适用的不同将导致审判效果不一；第二，司法管辖中法院选择的不同将导致司法审判的公平公正公开程度不一；第三，司法管辖中法院选择的不同将影响当事人双方及证人出庭和证据采集呈达的便利与否；第四，司法管辖中法院选择的不同将影响执行管辖的实际效果。总而言之，跨境数据流动中的管辖冲突的本质在于国家利益的维护，只是在现实中具体的呈现方式不一样。

前文从理论上厘清了基于国家主权的跨境数据流动中的管辖冲突的研究流程。跨境数据流动经历了由小到大的发展过程，与此同时数据主权从国家主权延伸而来。数据主权中的管辖权扩展至跨境数据流动过程中，因而国家对于跨境数据流动也具有了管辖权，但因为管辖原则的多样性，各个国家为了最大限度地维护本国利益而对管辖原则选择性适用，导致管辖冲突的产生。管辖原则的多样性以及原则自身内部的差异性是管辖权确立产生混乱的重要原因，因为不同的原则适用带来了一系列的管辖权冲突；与此同时，由于管辖原则自身也存在一定的统一规制适用，所以在某种程度上进一步增加了管辖冲突产生的可能性，应予以重视。

管辖冲突的本质在于主权背后的利益维护，本节的一系列梳理可以为跨境数据流动中的管辖冲突的解决提供意见和参考，更好地促进跨境数据流动，实现数据自由流动基础上的经济发展与政治和平稳定。在此基础之上，下文对世界上主要国家区域的跨境数据流动管理政策和管辖模式进行调研分析。

## 6.5 基于数据主权保障的国际跨境数据流动政策体系

就跨境数据流动安全管理总体框架而言，目前世界各国尚无统一制度，但世界各国基本上都形成了自身独立的跨境数据流动治理政策体系，以此来实现跨境数据流动背后的利益诉求，一方面通过对跨境数据流动的治理来保障公民权益和国家安全，另一方面确保跨境数据流动不会危害国家的数据主权。在跨境数据流动的国际背景下，技术经济强国进一步巩固自己的领导地位，欠发达国家寄希望于数据政策规制维护自身的数据主权完整，争取平等参与国际竞争。

### 6.5.1　美国的数据自由流入严格流出政策体系

从宏观上来看，美国基于经济发展、国家安全和执法便利这三个基点制定本国的跨境数据流动管理政策[①]。美国因为技术信息和经济发展长期处于世界领导位置，在政治、经济和文化领域均占据主导地位，所以凭借其无与伦比的地位优势坚持认为跨境数据流动应该采取自由开放的态度，以实现全球各国的数据向本国流动，进一步拓展本身的优势；但与此同时，对于出口数据尤其是涉及国家安全的重要数据，美国则采取清单管理等方式进行严格限制；此外，美国对于数据出口的严格限制不仅仅体现在核心数据层面，而且对前文所探讨的与数据主权相关的数据基础物理设施（如与关键数据相联系的技术、敏感数据产品和其他生产设施等）都进行了严格限制。

（1）准许数据自由流入政策体系

在准许数据自由流入政策体系方面，美国通过自身的强国地位与区域、国家等签订合作协议或者成立区域合作组织，主导跨境数据流动的规则制定，进而辅以贸易谈判或是管理共享等方式实现跨境数据向美国的自由流动[②]。其中，影响范围较广的政策有《韩美自由贸易协定》（*Korea-U.S. Free Trade Agreement*，KORUS FTA）、《跨太平洋伙伴关系协定》（*Trans-Pacific Partnership Agreement*，TPP）、《跨大西洋贸易与投资伙伴协议》（*Trans-Atlantic Trade and Investment Partnership*，

---

① 张衡.跨境数据流动的国际形势和中国路径[J].信息安全与通信保密,2018（12）:21-26.

② 王融.数据跨境流动政策认知与建议——从美欧政策比较及反思视角[J].信息安全与通信保密,2018（3）:41-53.

TTIP）<sup>①</sup>、《跨境隐私规则体系》（CBPR）和《美国－墨西哥－加拿大协定》等。具体而言，2012 年美韩签订《韩美自由贸易协定》，在第十五章"电子商务"中，首次<sup>②</sup>提及数据自由流动问题<sup>③</sup>，并在协议的第十五章的第八条中提出避免对跨境数据流动进行壁垒限制，主张缔约国之间的自由流动；KORUS FTA 是美国于 2011 年在 WTO 多哈会议上提出的，其目的在于破除互联网服务边界限制并促进跨境数据自由流动<sup>④</sup>，但这一协定却未获其他成员国普遍赞成<sup>⑤</sup>，是美国无力主导全球局势后的边界协议。美国在顺利同韩国签订 KORUS FTA 后，力图将有利于自身利益的数据跨境自由流动政策推广至全球，并设定具有约束力和追溯力的规制款项<sup>⑥</sup>，在随后的 TPP 谈判中，美国第一次将具有强制约束力的促进跨境数据流动条款加入协议草案中<sup>⑦</sup>，强调数据流动的全球属性<sup>⑧</sup>，旨在打开为维护本国企业发展而阻止国外发达数据服务企业进驻的推行数据本地化存储政策的国家的市场大门<sup>⑨</sup>，以此夺取市场份额，促进自身经

① 《跨大西洋贸易与投资伙伴协议》也被称为《美欧双边自由贸易协定》，其内容涵盖商业贸易、物资进口、货物原属产地机制、破除国际商业壁垒、促进农业发展、海上贸易和国际交易便利化等层面。

② 韩静雅.跨境数据流动国际规制的焦点问题分析[J].河北法学,2016(10):170-178.

③ 陈咏梅,张姣.跨境数据流动国际规制新发展：困境与前路[J].上海对外经贸大学学报,2017(6):37-52.

④ US and EU proposal forbidding blocking[J]. Inside U.S. Trade,2011.

⑤ WTO members seek services accord as Doha Stalls，US says[N]. Bloomberg News,2012.

⑥ AARONSON S A. The digital trade imbalance and its implications for internet governance[EB/OL].[2021-03-26].https://www.researchgate.net/publication/305115641_The_Digital_Trade_Imbalance.

⑦ 韩静雅.跨境数据流动国际规制的焦点问题分析[J].河北法学,2016(10):170-178.

⑧ 周念利,李玉昊.全球数字贸易治理体系构建过程中的美欧分歧[J].理论视野,2017(9):76-81.

⑨ TPP countries to discuss an Australian alternative to data flow proposal[J].Inside U.S. Trade,2012,30(27).

济发展。在 TTIP 中，美国在大西洋地区（以欧盟为主）没有绝对的优势，所以主张对 ICT（信息通信技术，即 Information Communications Technology, ICT）[①] 实行趋同监管 [②]，以适应欧盟的数据管理体系，基于知识产权的保护，也采取了符合美国利益且趋同欧美共同发展目标的合作关系，在协商基础上减少双方跨境数据流动和经济往来的壁垒 [③]，促进双边贸易的繁荣发展，进而提升自身在全球经济规则制定上的影响力和国际市场上的竞争力 [④]，同时也可以进一步拓展以 KORUS FTA 和 TPP 为代表的多边协议；事实上欧美之间的《安全港协议》和《隐私盾协议》也属于趋同监管数据政策体系，以双边合作监管促进数据自由流动，这在后文中会详细探讨。针对 CBPR，美国一直积极推行并在亚太经合组织（APEC）积极主张跨境数据的自由流动，以便推动全球数据流入美国，帮助美国企业掌握全球数据控制市场 [⑤]；美国通过倡导 APEC 成员在区域内的跨境数据自由流动，实质上促进了美国吸收数据的能力，有利于对全球数据的管控规制 [⑥]。《美国－墨西哥－加拿大协定》于 2018 年 11 月 30 日在阿根廷首都布宜诺斯艾利斯（Buenos Aires）由美墨加三国领导人正式签署通过，取代了原本已有 24 年历史的《北美自由贸易协定》（North American Free Trade Agreement，NAFTA），USMCA 的

---

① 李翔.通信行业 ICT 业务发展探讨 [J].通讯世界,2018（4）:96-97.

② 杨文武,谢向伟.美欧"跨大西洋贸易与投资伙伴协议"对我国的影响及对策 [J].经济纵横,2015（1）:124-128.

③ 美欧 TTIP 第二轮谈判结束 双方寻求监管标准一致 [EB/OL].[2021-03-20]. http://www.p5w.net/news/gjcj/201311/t20131118_381214.htm.

④ TTIP Notification Letter. Organization of American States[EB/OL].[2021-03-20].http://www. sice. oas. org /tpd /USA_EU/Negotiations /03202013_TTIP_Notification_Letter. PDF.

⑤ 洪延青.美国快速通过 Cloud 法案,清晰明确数据主权战略 [EB/OL].[2020-03-20].http://www.globalview.cn/html/societies/info_24334.html.

⑥ 王融.跨境数据流动政策认知与建议 [EB/OL].[2021-03-20].http://www.sohu.com/a/219667662_455313.

通过再次确保了美国在以三方为代表的北美区域的主导地位，确保了北美区域内美国与其他两国包括经济贸易、知识产权和信息数据的无障碍跨境流动，以达到继续巩固美国在北美区域经济贸易中的核心地位[①]；USMCA着重加强了数字经济和知识产权等领域的保护[②]，并单独设第20章为知识产权保护内容[③]，目的在于维护以美国为主导的数据信息贸易自由流动，然而这对于他国可能是"毒丸"条款[④]。

（2）限制数据严格流出政策体系

在限制数据严格流出政策体系方面，美国数据流出管理限制主要是通过《出口管理法》（*Export Administration Act*，EAA）、《出口管理条例》（*Export Administration Regulation*，EAR）、《国际军火交易条例》（*International Traffic in Arms Regulations*，ITAR）和医疗服务、经济金融等专业区域的政策法规来进行规制管理的。其中EAA的出口管制范围包含商业用途和军事用途，商务部掌管商业用途的相关技术数据、服务设施的出口和流动，而国务院管理军事数据及服务设施出口流动；商业和军事用的数据流动出口均有专业的管制清单，美国颁布了《商业管制清单》（*Commerce Control List*，CCL）并根据CCL将数据分类[⑤]进

---

① 李馥伊.美墨加贸易协定（USMCA）内容及特点分析[J].中国经贸导刊,2018（34）:26-28.

② 弗兰克尔.美墨加协定的四点变化[J].中国经济报告,2018（11）:108-109.

③ 刘迪,阮开欣.《美国-墨西哥-加拿大协定》知识产权章节评介之商标、版权条款[J].中国发明与专利,2019（2）:26-32.

④ 贺小勇,陈瑶."求同存异"：WTO改革方案评析与中国对策建议[J].上海对外经贸大学学报,2019（2）:24-38.

⑤ 《商业管制清单》将管制物项分为十个大类:第0类:核原料、设施、设备及其他;第1类:材料、化学制品、微生物和毒素类物质;第2类:材料加工;第3类:电子设备;第4类:计算机设备;第5类:通信及信息安全;第6类:激光与传感器;第7类:导航与航空电子设备;第8类:船舶;第9类:推进系统、空间飞行器及相关设备。在上述每个大类下,都有一个说明,之后按照功能标准又分为A、B、C、D、E共5组。其中,A组是系统、设备及零部件;B组是测试、检验及生产设备;C组是材料;D组是软件;E组是技术。

行管理①，数据的跨境流动和出口均需要向商务部和国务院申请得到允许之后方可执行，EAA 对于美国具有保障经济发展和国家安全独立的双重属性②。如果说 EAA 是美国物品数据出口的管制基础，那么 EAR 则是数据物资出口的具体管辖实施条例，由商务部审定通过并执行；EAR 对于数据物资的出口国家做了具体分组，即"各国家组"③，用分类编号的方法联系 EAA 区分数据种类和数据流动出口的国家等级④，并明确禁止美国数据出口至以古巴、朝鲜为代表的五个国家⑤；EAR 规定凡是从美国国境内出口的技术数据，无论以什么形式到达非美国的服务器，不论是否真的出境，均需申请美国的认可方可执行；EAR 以具体的数据输出国划分分类来严格管制数据的跨境输出，规定全面具体、逻辑严密、体系成熟⑥，对于美国国内数据的输出起到了严格的管制作用，因而被编写进了美国联邦法典第 15 条。同样因为对于数据输出起到严格管制作用被列入美国联邦法典的还有 ITAR，ITAR 是专业的军用物品数据管制条例，是以美国《武器出口管制法》（*Arms Export Control Act*，AECA）为基础由国务院编定的具体实施条例⑦；对于军火数据的管制，ITAR 更为严

① 葛晓峰.美国两用物项出口管制法律制度分析[J].国际经济合作,2018(1):46-50.

② 何婧.出口管制理论研究[J].长安大学学报(社会科学版),2017(6):79-85.

③ 《出口管理条例》740章附件1:各国家组.

④ 分别为A、B、D、E组，C组保留。A组国家主要为与美国关系密切的国家或合作国家;D组和E组国家是因特定受控原因而限制适用许可例外的国家,其国家组表格根据受控原因分为:国家安全、核、生化武器、导弹技术、美国武器禁运国家、"支持恐怖主义的国家"、"单边禁运国家",对每个国家的受控原因在相应栏目中作了标注"X"。B组国家为与美国关系密切程度次于A组国家,未规定限制适用许可例外的受控原因的国家。

⑤ 沈玲.美国数据出口规则面临重大调整[N].人民邮电,2013-05-15(7).

⑥ 葛晓峰.美国《出口管理条例》许可例外制度研究[J].国际经济合作,2018(3):90-95.

⑦ 范海波,李勇鹏.出口管制为美国固有制度,列入实体清单对相关企业影响有限[EB/OL].[2021-03-20].https://xueqiu.com/8264006640/111548802.

格，明文规定任何有关军火技术及数据的服务器必须位于美国境内 [①]；
基于数据物资民用和军用的分类角度，EAR 和 ITAR 构成了美国现有的
主要数据出口跨境流动规则。放眼医疗和金融等具体的专业领域，美国
对于相关数据的出口依旧是采取了严格的管制规定，严格限制美国本土
的跨境数据流动。具体而言，在医疗数据层面，美国立法机构制定并通
过了《健康保险携带和责任法》对其进行管制，对美国公民健康隐私数
据进行严格的标准划分和保护规制；在商业金融层面，美国立法机构通
过了《格雷姆 - 里奇 - 比利雷法》，对于金融机构处理公民个人的私密
信息做出了严格限制，规定金融机构需要依据金融秘密规则（Financial
Privacy Rule）管理私密金融信息，要求依据安全维护规则（Safeguards
Rule）执行安全计划保护公民信息，并依据接口防备规定（Pretexting
Provisions）以禁止使用任何接口的行为来防止泄露出口公民私密信
息 [②]，从而实现了对于商业金融数据的严格管控；在电子通信领域，美
国外国投资委员会（The Committee on Foreign Investment in the United
States，CFIUS）[③] 要求电子通信的相关基础物理设施应该安置在美国境
内，而与通信相关的用户系列数据、交易转移数据和通信沟通数据只能
存储在美国国境范围内 [④]；在关键基础设施领域，美国于 2015 年通过了
《关键基础设施网络安全框架》，对于数据隔离等本地化存储制度做了详
细规定，但与此同时又鼓励世界上宽松自由的跨境数据流动政策，并批

---

① 沈玲.美国数据出口规则面临重大调整[N].人民邮电,2013-05-15（7）.

② 国外个人敏感信息与隐私保护法律实践[EB/OL].[2021-03-20].http://www.
gooann.com/index.php?a=show&c=Index&catid=12&id=235&m.

③ 美国外国投资委员会是一个跨越多个部门的机构间委员会,被授权审查涉及
外国在美国投资的某些交易（涵盖交易）,以确定此类交易对美国国家安全的影响.

④ 付伟,于长钺.美欧跨境数据流动管理机制研究及我国的对策建议[J].中国信
息化,2017（6）:55-59.

评抵制他国的数据本地化存储政策制定①，以求凭借自身的技术、经济优势来实现对全球跨境数据流动大局的主宰和掌控。

凭借自身的技术和经济优势，美国极力推动贸易数据的跨境自由流动，提倡开放共享的跨境数据流动模式。美国通过对境外数据的准许自由流入和国内数据严格限制流出的差异化政策规制，形成了对自身极为有利的跨境数据流动治理政策，将实现境外数据源源不断地流入，进而实现对数据背后隐藏资源和财富的掌握获取；而国内数据的严格限制出口，则将确保数据主权的极大化保护。综合国内外不同的实践规制，美国的跨境数据流动政策呈现出极强的"对外控制性"②。

### 6.5.2  欧盟对内自由对外限制的数据政策体系

相比于美国注重国家层面的数据利益，欧盟对于跨境数据流动管制更加强调个人数据权的保护，并将其视为一种基本人权进行保护③。欧盟主张建立高水平的数据保护基础，在厘清数据主体相关权利、获取数据主体同意、明确跨境流动可信任地区和确保跨境数据流动区域具有同等保护水准的前提下④，实现跨境数据流动的双重价值目标：即跨境数据自由流动和相关数据主体权益保护，且二者缺一不可⑤。基于欧盟对于跨境数据流动双重价值目标的热切追求，我们不难理解欧盟会采取类似于

---

① 赵艳玲.浅谈美国《提升关键基础设施网络安全框架》[J].信息安全与通信保密,2015(5):16-21.

② 沈逸,姚旭,朱扬勇.数据自治开放与治理模式创新[J].大数据,2018(2):14-20.

③ 张衡.跨境数据流动的国际形势和中国路径[J].信息安全与通信保密,2018(12):21-26.

④ 王赤红,陈波.跨境数据流动的信息安全策略技术研究与实践[J].金融电子化,2018(6):17-19.

⑤ 许多奇.个人跨境数据流动规制的国际格局及中国应对[J].法学论坛,2018(3):130-137.

《个人数据保护指令》和《通用数据保护条例》等严格限制数据跨境流动的数据管理政策，因为欧盟在严格限制数据自由流动的同时也确认了跨境数据流动的合法条件，例如充分性原则认定和国际数据转移的约束性规则等，在本节下文中会具体阐述。

总体上来说，欧盟采取的是一种对欧盟内部鼓励数据自由跨越成员国国界、对外限制数据流出的复合数据政策体系。无论是对内对外，都制定高水平的跨境数据流动管理法制政策，实现有保障的跨境数据自由流动。具体说来，欧盟的跨境数据流动复合政策体系涵盖以下几层内容：

（1）对内破除欧盟境内数据自由流动壁垒，促进欧盟境内数字化单一市场构建

众所周知，欧盟是由多个欧洲独立主权国家自愿成立的区域性组织，截至目前共有27个成员国，且欧盟是当前世界重要经济体[①]。虽然欧盟在国际政治、经济领域上具有举足轻重的影响地位，但是作为个体主权国家的集合共同体，欧盟的"团结性"一直令人质疑[②]。为了更好地统一欧盟内部市场，在数据管理领域欧盟现阶段主要推行了《数字化单一市场战略》、《通用数据保护条例》[③]和《非个人数据在欧盟境内自由流动框架条例》（后文简称其为《条例》）为代表区域内部的数据流动管理体系，以促进欧盟内部的各成员国之间的跨境数据流动自由。欧盟于2015年5月公布《数字化单一市场战略》的详细计划，提出了该战略下的三大市场支柱：提供优良产品及服务、创造网络数据

---

① 欧盟概况[EB/OL].[2021-03-20].https://www.fmprc.gov.cn/web/gjhdq_676201/gjhdqzz_681964/1206_679930/1206x0_679932/.

② 陶短房.30名知识分子的大声疾呼和欧洲团结的轻与重[N].中国经营报，2019-02-18（E03）.

③ 本部分主要探讨GDPR在推动实现欧盟数字化单一市场的作用,并非GDPR的全部内容。

发展的优势环境和发挥数据流动市场的潜能[1]，结合跨境数据流动治理
研究方向而言，三大支柱分别对应跨境电子商务数据突破地域以实现
跨境便利服务、全面改革欧盟境内的电信通信制度并加强数据安全管
理和推动欧盟范围的数据资源自由流动的欧洲数据自由流动计划[2]，欧
盟通过对市场布局进行详细规划和管制，旨在打破欧盟境内的数字市
场壁垒，从而实现欧盟境内的数据自由流动和经济发展。在欧盟境内
各成员国之间的跨境数据流动问题上，《通用数据保护条例》明确禁止
1995年《个人数据保护指令》确立的以事前备案和许可方式管制个人
数据（Personal Data）[3]跨境流动的政策，规定只要跨境数据流动符合该
条例的合法条件[4]，即可实现欧盟境内的数据自由流动，从而规避了之
前许可方式引起的官僚主义弊端[5]。《通用数据保护条例》使得欧盟成员
国和相应组织无法再刻意以保护公民数据为依据限制约束个人数据在
区域境内的合法流动，为欧盟境内成员国间数据的自由流动扫清了制
度障碍。不同于《通用数据保护条例》对个人数据的管制，《条例》则
是为了统一欧盟境内非个人数据（Non-personal Data）的自由流动规
则。《条例》明确规定限制各成员国的数据本地化要求、确保成员国权
利机关能够及时获取数据和保障专业用户能够自由地迁移数据共三项
基础原则[6]，为非个人数据的自由流动和权益保护提供了良好的外部环

---

① 要闻·国际[J].世界电信,2015(4):10-11.
② 景珊.GS1标准推动《欧盟数字化单一市场战略》[J].中国自动识别技术,2016(5):32.
③ GDPR第一条第一款:"本条例提出了在欧盟成员国公民数据领域对自然人保护的规则,以及公民个人数据自由流动的规则。"
④ GDPR第一条第三款:"个人数据在欧盟境内的自由流动,不应出于在个人数据处理领域对自然人的保护而被限制或禁止。"
⑤ 王瑞.欧盟《通用数据保护条例》主要内容与影响分析[J].金融会计,2018(8):17-26.
⑥ 闫晓丽.欧盟数据自由流动立法的启示[N].中国计算机报,2019-02-25(15).

境保障[1]。《通用数据保护条例》和《条例》的颁布执行，为个人数据和非个人数据在欧盟境内的自由流动提供了高质量的政策保障和立法支持，在明确《数字化单一市场战略》规定的核心内容[2]——推动数据在欧盟境内自由流动的同时，也展现了欧盟数据流动政策对内鼓励数据跨越成员国国界自由流动的特点。

（2）对外制定欧盟数据出口限制政策，基于欧盟数据保护确立数据出口标准

基于对个人数据隐私的重视，欧盟很早就开始限制境内数据的向外传输，并先后制定了以《个人数据保护指令》和《通用数据保护条例》等为代表的数据外流的限制体系，并在此基础上形成了以《安全港协议》和《隐私盾协议》为代表的美欧跨境数据流动合作协议。对于跨境数据流动管理问题欧盟的研究实践较早，1995年《个人数据保护指令》就将其区分成了欧盟成员国内部的跨境数据流动和欧盟对外第三国的跨境数据流动，又将欧盟对外第三国的跨境数据流动分成了两种类型，即符合"充分性原则"（Adequacy）[3]的第三国和不符合的第三国[4]，而随后因为数据环境发生变化而新颁布以取代《个人数据保护指令》的《通用数据保护条例》也吸收继承了这一观点，但做了一定的灵活性调整[5]。就《通用数据保护条例》的规定而言，跨境数据流动分为五种。第一种是欧盟

① 吴沈括，霍文新.欧盟数据治理新指向：《非个人数据自由流动框架条例》（提案）研究[J].网络空间安全，2018（3）:30-35.

② 崔丽莎，蒋昕妍，刘笑岑，等.《非个人数据在欧盟境内自由流动框架条例》全文中文翻译[EB/OL].[2021-03-20].https://www.secrss.com/articles/5639.

③ 《个人数据保护指令》的充分性原则是指欧盟作为数据出口方对数据达到国家的个人数据保护水平认定满足欧盟保护水平进而豁免数据到达国适用数据跨境转移的限制性规定的标准。

④ 宋佳.大数据背景下国家信息主权保障问题研究[D].兰州：兰州大学，2018.

⑤ 李畅，梁潇.互联网金融中个人信息的保护研究——对欧盟《GDPR条例》的解读[J].电子科技大学学报（社科版），2019（1）:69-75.

成员国内部的跨境数据流动，前文已就欧盟境内的跨境数据自由流动做过探讨，故此处不再赘述，而余下类别是管理欧盟对第三国的数据输出。第二种是通过欧盟对外数据输出的"充分性保护认定"[①]的"白名单国家"[②]，相比于《个人数据保护指令》规定的"充分性原则"，《通用数据保护条例》的"充分性保护认定"更加灵活：确认国际组织和第三国国内区域、特定行业的保护水平均可以作为评估对象，扩充了评估认定的主体范围。第三种则是未通过欧盟向外输出"充分性原则"的国家，也分为两种情形：一是欧盟境内个别数据输出流动，这只需要个别数据主体同意即可，二是非个别数据向欧盟外第三国输出，这则需要通过"适当保障措施"[③]方可实现数据对外输出，依据《通用数据保护条例》第46条规定，适当保障措施包括约束性企业规则（*Binding Corporation Rules*，BCR）、标准合同条款（*Standard Contractual Clauses*，SCC）和经批准的行为准则[④]等，即非个别数据向第三国传输需要签订并符合BCR，同时遵守SCC签订跨境数据流动协议，相比于《个人数据保护指令》对此内容的规定，《通用数据保护条例》做出了适时的改变：首先，赋予了正当签订的BCR条款正式的法律规范力；其次，增加经欧委会承认的欧盟成员国数据监管组织和欧委会共同作为标准合同条款的制定机构；最后，规定公共机构因数据传输而建立的认证机制、封印或者标示等行为准则

---

① 充分性保护认定是指数据出口国、地区对达到本国、地区个人数据保护充分性要求的国家、地区做出评估认定，对达到本国、地区保护要求的，就可以豁免适用数据跨境转移的限制性规定。

② 充分性保护认定的结果通常以正面名单的形式公布，因此也可称为"白名单"。例如，欧盟确认了12个司法管辖区具有与欧盟的同等保护水平，包括安道尔、阿根廷、澳大利亚、加拿大、法罗群岛、根西岛、马恩岛、以色列、泽西岛、新西兰、瑞士、乌拉圭。

③ 引用自《通用数据保护条例》第46条。

④ 经批准的行为准则包含认证机制、封印或标识（approved certification mechanism，seal or mark），引用自《通用数据保护条例》第46条。

被批准后也具有法定约束力。第四种是既不满足"充分性保护认定"又不满足"适当保障措施"的第三国及其企业，此时只有满足一定的例外特殊情形方可实现跨境数据流动，根据《通用数据保护条例》第49条规定，特殊情况包括提示风险后数据主体仍然明确同意转移等共七种①。第五种是连第四种中规定的特殊情况也不满足的情形，此时只能在严格满足规定严苛条件②的前提下才准许跨境数据流动。

概括来说，欧盟目前已经形成了以迄今为止覆盖面最广、监管条件最严格的数据安全法案《通用数据保护条例》③为核心，并辅以其他数据政策的欧盟数据管理体系，为欧盟境内的数据自由流动提供不断完善的政策理论体系，以促进欧盟境内的经济发展、数据自由流动和安全保护；而对外的数据跨境输出则采取了严格分明的数据分类管理标准以此限制数据向外流动，但仔细总结不难发现，欧盟对外的跨境数据流动输出采取的仍然是有缓冲余地的限制，即只要满足欧盟制定的跨境数据流动标准，与欧盟的跨境数据自由流动可以充分实现，欧盟对内自由对外限制的跨境数据流动治理体系实际上为了兼顾内部成员国和外部他国的诉求，是一种折中的治理模式④。

---

① GDPR第49条将特殊情况分为以下7种：（1）提示风险后数据主体仍然明确同意转移；（2）为履行合同义务或缔约前数据主体的请求事项；（3）为了履行对数据主体有利的协议；（4）为了重要公共利益；（5）是立案、起诉或应诉的必要条件；（6）在数据主体由于生理或法律上的原因不能给予同意的情况下，为保护数据主体或他人重要利益所必需；vii数据转移自依欧盟或成员国法律设置的公示登记簿。

② GDPR第49条将严苛条件规定为：数据转移不是反复多次进行，且只涉及有限数据主体；且仅为数据控制者追求的合法利益所必需（数据主体的利益、权利和自由更重要时除外）；且数据控制者已进行全面评估并据此提供适当保护措施；且数据控制者需要向监管机关通报数据转移，并告知数据主体数据转移及所追求的合法利益。

③ 王春晖.数据私权至上 解析欧盟GDPR的个人数据保护法规[J].通信世界，2019（3）：46-47.

④ 沈逸，姚旭，朱扬勇.数据自治开放与治理模式创新[J].大数据，2018（2）：14-20.

### 6.5.3　俄罗斯强化境内留存数据流动政策体系

俄罗斯对于数据的管理和保护的探讨也较早，早在 21 世纪初就建立起了比较完善的数据治理保护政策体系①，目前形成了以《关于信息、信息技术和信息保护法》（以下简称《信息保护法》）和《俄罗斯联邦个人数据法》（以下简称《个人数据法》）两部专门的国家立法为核心，以《俄罗斯联邦大众传媒法》、《俄罗斯联邦安全局法》、《俄罗斯联邦外国投资法》（*Foreign Investment Law of the Russian Federation*）等法律为辅助支撑的跨境数据流动管理政策体系②。在 2013 年的"棱镜门事件"之后，俄罗斯为了维护本国的数据安全，对《信息保护法》和《个人数据法》两部专业立法于 2014 年先后进行了两次修改，明确规定俄罗斯公民的个人数据必须在俄罗斯境内存储和处理，由此确立了俄罗斯强化境内留存的跨境数据流动管理体系，具有十分鲜明的本地化存储特征③。俄罗斯强化境内留存的跨境数据流动管理体系建立在《信息保护法》和《个人数据法》两部专业立法的两次修改基础之上，具体而言，俄罗斯的强化境内留存数据流动政策体系又包括以下几个层面：

（1）俄罗斯公民个人数据、相关数据和数据库的存储必须存储在俄罗斯境内

俄罗斯于 2014 年 5 月依据普京签发的联邦第 97 号法令对《信息保护法》进行了修改，修正案规定俄罗斯境内的网络数据运营者必须在俄罗斯公民获取、编辑和传达类似于图片影像、文字语音和其他相近电子数据的半年之内将这些数据以及俄罗斯用户数据信息存储于俄罗斯境内；同年七月，俄罗斯依据第 242 号联邦法令对于《信息保护法》进行

---

①③　胡炜.跨境数据流动的国际法挑战及中国应对[J].社会科学家,2017(11):107-112.

②　何波.俄罗斯跨境数据流动立法规则与执法实践[J].大数据,2016(6):129-134.

第二次修订，要求俄罗斯用户的数据信息自产生到消灭的全过程行为必须在俄罗斯境内的数据库中运行，且这是法律规制的强行义务，由此确立了俄罗斯个人数据和数据库等必须在俄罗斯境内存储的原则，并决定修正案自同年八月正式执行。

（2）俄罗斯公民的个人数据的处理活动必须在境内进行，即使用俄罗斯数据库

2014年7月，俄罗斯依据第242号联邦法令对于《信息保护法》修改的同时也对《个人数据法》进行了修订，对于网络数据运营商的数据库选择也进行了严格限定，即必须使用俄罗斯国家国境内部的数据存储系统。由此确立了俄罗斯公民数据处理活动必须在俄罗斯境内进行的本地化处理原则，体现了俄罗斯跨境数据流动政策强化境内留存的特点。

（3）俄罗斯数据使用者对于政府有数据告知、协助相关部门执法的约束义务

在2014年对《信息保护法》的第一次修改中，修正案以行政处罚和一定数额的罚款对俄罗斯境内的数据传播和运营商进行强制义务限定，要求运营服务者配合俄罗斯政府的数据安全保障机构的数据保卫和其他政府机构的数据调查工作。由此确定以法定义务约束了本国的跨境数据流动中的数据使用者，在约定数据使用者对于本国数据管理提供相应的数据告知和协助义务的协助下，实现了对于本国数据流动具体实际的进一步实地探索和全方位掌握，从而有助于促进本国数据管理和保护战略的完善落实。

通过两部专门数据管理的国家立法，俄罗斯确立了本国公民数据的处理和储存环节必须在本国境内的原则，并依据数据使用者协助政府工作的义务约束实现了政府从数据搜集、存储修改和跨境流动等多个环节的全程参与监督，由此确立了具有鲜明特色的本地化存储的强力境内留

存数据流动管理政策体系①，有利于在国际跨境数据流动中更主动地掌握本国数据②。

## 6.6　美欧俄基于主权保障的跨境数据流动管辖路径

每个国家的经济、政治和文化环境不一，所采取的应对跨境数据流动的管辖模式也不一样，基于前文的美欧俄的法律规则分析，本节主要对美欧俄几个数据管辖模式具有代表性的国家和地区进行具体探讨。美国凭借自己的技术、经济优势，企图在全球实现美国相关数据的扩张管辖；而欧盟在"棱镜门"事件之后，开始注重欧盟对外的跨境数据流动规制，力图建立区域内稳固的数据管辖机制；而俄罗斯由于历史因素的作用，在跨境数据流动及管辖层面均采取了保守态度，避免他国侵犯。

### 6.6.1　美国属人为主属地为辅的全球化扩张管辖路径

结合对美国的探讨，我们不难发现一直主张网络属于无主权管辖的"全球公域"的美国，在国内却建立了严密完整多层次的数据主权保障体系，同时加上允许境外数据自由流入却同时限制国内数据流出的跨境数据流动管理政策体系，凭借自身的技术经济优势美国控制了全球大部分的数据资源市场，伴随着美国长期以来的霸权主义思想③，美国极力扩

---

① 何波.俄罗斯跨境数据流动立法规则与执法实践[J].大数据,2016(6):129-134.

② 黄志雄,王楚乔.谷歌《数字安全与正当程序:云时代的政府跨境获取标准的现代化》白皮书评析[J].信息安全与通信保密,2018(3):32-40.

③ 钱文荣.美国例外论是美国霸权主义对外政策的思想基础[J].和平与发展,2013(6):31-36,119-120,126-133.

展对外的数据主权管辖范围。在以《跨境隐私规划体系》为代表的美国吸收全球数据进入其国境内的数据体系下，结合 2018 年 3 月美国《澄清域外合法使用数据法》确立的"数据控制者标准"，凭借已有的技术经济优势和拥有的数据市场，美国将进一步实现对全球数据的扩展管辖，打破原有的属地管辖原则，甚至实现只要是有美国参与的数据资源市场就归美国管辖[①]，美国旨在实现全球数据领域中的扩张管辖。经过调研探讨，本书认为美国现在正推崇的是一种以属人为主属地为辅的全球化扩展管辖路径，也有学者[②] 将其概括为长臂管辖，理由如下：

（1）Cloud 法案的确立促进了美国经济技术优势下属人管辖原则扩张适用转化

Cloud 法案明确了两个基本问题，一是美国政府对于非美国本土、即境外的但由美国自身控制的数据拥有绝对的管辖权，二是外国政府若想访问调取位于本土境内但由美国控制的数据，必须给予美国数据访问的互惠权利，由此作为同等待遇，且美国可以随时关闭这一数据访问调取渠道[③]。美国通过 Cloud 法案明确了自身对于境外由自身所控制的数据管辖权，即通过"数据控制者标准"主张数据的管辖。具体而言，只要是美国的数据服务者（如美籍跨国公司）依据美国《存储通信法案》所规定的义务要求保存、备份、披露的通信内容、记录或其他信息，且这些数据为美国的数据服务者拥有（Possess）、监管（Supervise）或者控制（Control）[④]，美国则当仁不让地对这些数据享有管辖权，即使数据存储地点位于国外。因此，可以推断出美国其实是通过自身的数据基础优势将数据服务扩展至其他国家境内，进而利用他国的数据服务空白抢占

---

① 王基岩.国家数据主权制度研究[D].重庆:重庆大学,2016.

② 刘振宁."长臂管辖"到底有多长[J].方圆,2018(24):65.

③ 张露予.美国《澄清域外合法使用数据法》译文[J].网络信息法学研究,2018(1):295-307.

④ 翟志勇.数据主权的兴起及其双重属性[J].中国法律评论,2018(6):196-202.

数据的拥有（Possess）、监管（Custody）或者控制（Control）[①]，进而依据 Cloud 法案的"数据控制者标准"对于美国服务商主张属人管辖，由对美国服务商的"对人管辖"转变成对其拥有、监管或者控制的数据的"对物管辖"[②]，从而实现对境外的非美国本土数据的管理约束。基于数据到数据控制者再到数据控制者所属国家的数据主权管辖等联系体系，体现美国长臂管辖原则，但本质上是一种属人管辖权在全球的拓展延伸[③]，目的在于实现美国对全球数据市场的抢夺占领。

（2）美国境内数据严格流出的数据流动管控体系旨在确立属地管辖原则的适用

依据"数据控制者标准"，美国境外由美国服务商控制的数据美国具有管辖权，境内由美国服务商控制的数据更加不用质疑美国管辖权的合法性。那么对于美国境内由他国掌握的数据的管辖权的归属如何呢？美国为了避免境内的数据为他国所占有，采取了严格的管控措施，一方面通过设置前文所述的严格限制数据外流措施，允许外国数据进入，但严格限制本国境内数据流出，美国境内的数据他国无法接触，以此确保属地管辖原则的适用；另一方面，严格限制外国高科技产业在美国的扩展，华为等高科技企业在美国或者在由美国控制的自由市场上遭到严格抵制[④]，甚至被赋予"中国霸权论"等标识[⑤]进而严格限制进入，进而保障美国数据市场管辖权的单一性，实现境内属地管辖原则的充分

① 洪延青.美国Cloud Act法案到底说了什么[EB/OL].[2021-03-22].http://www.dgcs-research.net/a/huodongzixun/2018/0224/112.html.
② 洪延青.美国快速通过CLOUD法案 明确数据主权战略[J].中国信息安全,2018（4）:33-35.
③ 覃宇翔.美国的属人管辖制度及其在互联网案件中的新发展[J].网络法律评论,2004（1）:20-31.
④ 沈逸.美国压制华为出于私心和错误认知[N].环球时报,2019-03-22（15）.
⑤ 庞中英.中国在全球治理中担纲什么角色？中国版"非霸权的国际领导"[N].华夏时报,2018-01-15（37）.

适用。

　　美国依托遍布全球的美国数据服务商、物理基础设施和领先的科技经济实力，辅以美国国际上对外宣称的跨境数据自由流动体系，并迅速制定如 Cloud 法案下对于境外数据的数据控制者标准，实现了数据市场的充分占有，进而依托对属人原则的扩展适用实现对境外数据的管辖权争夺；对于境内的数据却严格适用属地管辖原则，并通过限制数据流出和抵制外国企业进入本国来保证属地原则在国内的稳固地位。综合来看，一方面美国现今主要的发展诉求还是对于国际市场的抢占，进而以国际市场带动国内市场，因而"属人管辖"原则的适用比境内的属地管辖原则更为普遍；另一方面，放眼于国际数据管辖权的学术研究层面，美国对外的属人管辖全球扩张适用也是研究主流。所以本书认为美国的数据管辖模式是一种以属人管辖为主属地管辖为辅的全球化扩张管辖模式，这以美国现今绝对的经济、科技领先实力为前提。

### 6.6.2　欧盟属地为主属人为辅的域内效果管辖路径

　　相比于美国为了经济贸易发展制定数据管辖相关规制而言，欧盟更多地倾向于个人数据权等主体权益的保护，欧盟基于跨境数据流动管理影响力最广的也就是《通用数据保护条例》（GDPR）颁布适用。GDPR严格限制数据的向外输出，只有符合前文阐述的具体条件方可实现跨境数据流动，加之欧盟对于境内的数据流动持鼓励支持态度，积极促进区域内的数据自由跨境流动，因而具有一定的区域性特征或者本地化特征；而对外的数据输出则通过"充分性原则"、有约束力的公司规划和标准合同条款等方式为从欧盟流出的数据贴上欧盟标识，似乎是给予了数据欧盟的"盟籍"[①]，从而主张对于数据的管辖权。GDPR 不仅仅是对

---

　　① 王志安.云计算和大数据时代的国家立法管辖权——数据本地化与数据全球化的大对抗?[J].交大法学,2019(1):5-20.

原有数据制度的沿袭和传承，更是对美国数据全球扩张化管制的回应，并基于以前的数据保护制度和跨境数据流动规制体系形成了独有的管辖体系。本文将其概括成属地为主属人为辅的欧盟区域内的管辖模式，论证理由如下：

（1）欧盟实体下的多国组建和域内数据自由流动政策加强属地管辖原则的适用

欧盟是全球第二大经济实体，区域内部涵盖多达 27 个主权国家，以实际的欧洲物理国界成立合作组织，并通过欧盟体系加强国家之间的政治、经济、文化和法制交汇，形成了一定程度上的共同追求目标[①]和共同文化[②]，这首先就保证了早已被主权国家普遍接受的属地管辖原则[③]的适用。但针对欧盟内部跨境数据流动属地管辖原则适用而言，欧盟最重要的还是推行了区域内部的自由流动政策体系。对内而言，各国不再拘束于政治经济压力阻碍数据流动，因而进一步密切了各成员国之间的数据联系，数据的产生搜集处理均在欧盟区域内部，属地管辖属于必然，同时各成员国之间拥有统一的数据管辖体系，本区域内部的数据管辖问题完全可以依据区域内的法律，属地管辖原则仍然适用；对外而言，对外的数据流动凭借欧盟平台可以避免很多障碍[④]，对外的数据管辖原则可依据以 GDPR 等为代表的规定主张数据的管辖权，因而欧盟实体组织下内部数据的自由流动政策可以保证成员国间的数据流动，内部的数据管辖也仅需要属地原则的适用，不会受到太多的境外干涉。综合而

①　孔刚.欧洲联盟共同防务：当代定位与基本逻辑[J].欧洲研究,2017(5):89-112,7.

②　田烨.欧洲一体化进程中极右政党的崛起及其社会影响[J].西南民族大学学报（人文社科版）,2018(8):174-184.

③　杨坤.浅析国家主权限制豁免的理论和实践[J].开封教育学院学报,2018(10):249-253.

④　欧盟《非个人数据在欧盟境内自由流动框架条例》[EB/OL].[2021-03-20].https://wallstreetcn.com/articles/3457215.

言，欧盟物理边界的联系、实体组织的庇护和高水平的数据保护机制打下了属地管辖原则适用的牢固基础，并可以以此为根基对外寻求以经济发展为目的数据输出①。

（2）欧盟以内部数据处理和域内数据保护为核心的法制体系凸显属地属人原则

欧盟的数据立法域外效力具有极强的广泛性和约束性，尤其是对于与欧盟合作的境外企业影响力显著，但事实上欧洲的跨境数据流动立法中并没有太多明文规定域外适用的目的和条款，更多的是关于"欧洲经济区"（European Economic Area，EEA）的境内适用。例如 GDPR 一经出台，在国际上迅速引起理论热潮和实体效应，各国纷纷研究出台政策应对处理②，但事实上 GDPR 更多强调的是 EEA 内部的数据搜集处理问题和将 EEA 内部的数据输送至 EEA 外的问题，并没有针对欧盟外部的非 EEA 数据的数据管制。而对于欧盟管辖原则的具体适用来说，一方面对于本地的数据搜集处理行为进行严格的数据立法管制，首先就凸显了属地管辖原则的适用；另一方面，欧盟数据保护立法强调的是"欧盟的数据"从欧盟出去到境外还是"欧盟的数据"，注重的是"欧盟的数据"出境之后具体的实践效果，并依据 BCR 和 SCC 等来实现具体保障，GDPR 给欧盟境内的数据注明了欧盟特有的标识并实施保护，似乎"欧盟的数据"是具有了欧盟"盟籍"的自然人，因而具有了属人管辖原则的意味。此外，欧盟为了"欧盟的数据"能够在境外得到可持续的保护，避免对欧盟境内的数据主体产生不利影响，根据"欧盟的数据"的欧盟"国籍"，限制数据的再次转移，同时体现了管辖适用的效果理

---

① 许可.数字经济视野中的欧盟《一般数据保护条例》[J].财经法学,2018（6）:71-83.

② 胡文华,孔华锋.欧盟《通用数据保护条例》之中国效应及应对[J].计算机应用与软件,2018（11）:309-313.

论<sup>①</sup>和属人原则。

综合而言，欧盟对于区域内部的数据管辖采用的是区域化的本地管理，因为统一的法律基础，属地管辖成为其绝对的域内管辖原则；对于区域外从欧盟流出的数据，GDPR 实现了由"特定区域"到"特定数据搜集行为"的转变，同时具有属地属人原则的虚拟化特性<sup>②</sup>，欧盟属地原则虚拟化特性体现在仅注重境外数据的域内效果，属人原则的虚拟化特性体现在数据的国际标签，进而让数据在境外仍能保持境内受保护的效果。基于此，本文认为欧盟的数据管辖可以概括成一种属地为主、属人为辅的区域化效果管辖模式，这一模式建立在属地属人的基础之上，但呈现出格外注重跨境数据流动带来的区域内效果的特点。

### 6.6.3　俄罗斯完全基于属地原则的纯本地化管辖路径

俄罗斯的数据管理政策具有十分明显的本地化存储的特征<sup>③</sup>，无论是数据的搜集处理或者存储都必须在俄罗斯境内、使用俄罗斯的数据库。而对于数据主权的重视和保护是俄罗斯制定本地化存储的跨境数据流动管理政策的主要原因<sup>④</sup>，基于数据搜集整理、处理加工、存储和使用的软件设施数据库等都属于俄罗斯，避免了数据因跨境加工整理或存储等带来的归属权异议，由此建立了基于属地原则的纯本地化的管辖模式。

---

① 效果理论，是指当外国公司在国外的行为对国内产生"效果"时，就对该外国公司适用反托拉斯法，行使管辖权，追究其法律责任的理论。该理论是一些发达国家域外适用其反托拉斯法的根据之一，由美国法院在1945年的"阿尔科案"（Alcoa）中提出。

② 王志安.云计算和大数据时代的国家立法管辖权——数据本地化与数据全球化的大对抗?[J].交大法学,2019( 1 ):5-20.

③ 卧龙传说.俄罗斯"个人数据保护法"任性实施 从"存储本地化"到数据安全之路还有多长?[J].信息安全与通信保密,2015( 10 ):76-77.

④ 宋佳.大数据背景下国家信息主权保障问题研究[D].兰州:兰州大学,2018.

（1）公民数据及相关数据、数据库存储地的固定稳定属地原则适用根基

根据 2014 年俄罗斯对《信息保护法》的两次修改，明确了俄罗斯公民数据及相关数据信息、数据库的存储地均为俄罗斯境内，并明确了俄罗斯公民数据从搜集整理、加工提取和储存等流程都强制在本国境内进行的硬性规则，从而稳固了属地原则的适用，俄罗斯实现对境内数据的独立管辖。

（2）俄罗斯数据库的强制唯一使用进一步强化属地主义原则的适用地位

2014 年俄罗斯对《俄罗斯联邦个人数据法》的修改，明确了俄罗斯数据库的唯一选择使用，继而避免了因使用他国数据库或者服务技术等软硬件基础服务设施而产生数据管辖权的争夺问题，最好的证明就是可以避免 2018 年美国 Cloud 法案中"数据控制者标准"在俄罗斯的生效，进而继续适用传统的属地管辖原则[①]。俄罗斯数据库的强制唯一使用避免了因使用他国数据库导致的管辖原则确立不一致的情形，稳固了属地主义原则在确立俄罗斯境内数据管辖权的适用地位。

（3）俄罗斯数据使用者协助政府和执法部门的义务约束规定体现属地原则

俄罗斯的数据使用者可以依据国籍分为俄罗斯使用者和外国使用者，俄罗斯对于本国数据使用者实行管辖，要求其承担数据告知义务或者协助政府和相关执法部门，是非常明显的基于属地原则的一国内部的自我管理控制；而对于俄罗斯数据的外国使用者而言如同 6.6.2 欧盟属地为主属人为辅的域内效果管辖路径中对于"欧盟的数据"属地原则的虚拟性与案例探讨一样，俄罗斯对于境内外的数据使用者给予数据告知

---

[①] 何波.俄罗斯跨境数据流动立法规则与执法实践[EB/OL].[2021-03-20].http://www.cbdio.com/BigData/2017-01/18/content_5433896.htm.

和协助义务也是属地原则的虚拟拓展，可以避免因实际领土的限制致使域外数据管辖权丧失的情形。

俄罗斯的数据管辖模式建立在数据的本地化存储基础之上，结合俄罗斯对于数据主权的高度重视，我们不难理解俄罗斯强力留存的境内储存模式下的完全属地原则的适用，就是为了实现对于俄罗斯数据主权的维护，避免他国的侵害。他国数据使用者想要使用数据则必须满足俄罗斯2014年前后两次的关于两部主要国家数据立法确定的前提条件，继而数据的管辖权还是在俄罗斯的手中，属地管辖原则在强力境内留存的数据流动管辖体系下俄罗斯可以实现对其数据的管辖适用。

# 7 数据主权下的国际数据治理模式

在个人隐私数据遭受侵犯、行业重要数据被非法利用、国家安全及国家秘密得不到充分保障的背景下，国家主权视角下的数据治理模式亟待完善。寻求个人隐私保护与行业数据共享之间的利益平衡，以及维护数据境内存储与数据跨境传输涉及的主权完整成为重要课题。本章节在对数据主权国际风险态势的把握之下，对主权下的数据治理的相关概念进行了辨析论证，并对数据治理的行为主体、对象客体及治理原则进行了梳理。遵循着个人数据保护和数据跨境流动的基本原则，政府作为立法执法主体、行业协会作为自律审查主体、个人作为保护监管主体，对个人信息、行业重要数据和包括国家秘密在内的政府政务数据进行多方式数据治理。就治理方式而言，在我国现行的法律体系下，无论是个人信息、行业重要数据还是国家秘密，在跨国跨境传输场景中，都可根据其重要性划分为"自由流通""限制出境"和"禁止出境"三种类型。这三种类型，分别有对应的法律对其跨境传输进行说明和要求。

## 7.1 主权视角下的数据主权治理体系

数据治理是在数据的海量增长和多源异构对数据管理产生挑战的背景下，亟待构建完整的数据治理体系和数据治理保障而产生的概念。国际数据管理协会 DAMA 将数据治理定义为对数据资产行使规划使用、监管执行等控制权力的活动集合[①]；数据治理协会 DGI 提出数据治理是重点包含事中决策和事后问责的制度体系，描述何人在何时、何种情况下、以何种方式采取何种行动[②]；美国联邦政府的数据治理可归纳为数据开放、信息公开、个人隐私保护、电子政务、信息安全和信息资源管理等六大领域[③]。数据技术与网络发展带来的利益增长促进了社会发展的同时，网络空间中逐渐出现了法治模糊地带甚至于法治空白地带，对传统法律规则形成了严峻挑战，并阻碍了整个国家及社会公平正义的实现。对于理论研究及法律出台速度无法跟上层出不穷的违法犯罪方式的发展异象应给予足够重视，网络空间中各类纷繁复杂数据的治理方式亦亟待完善。

### 7.1.1 主权视角下数据治理的行为主体

数据治理的行为主体主要包括政府、组织和个人三大层面：政府行为主体运用国家公权力制定法律法规、实施监管调控、处罚违法犯罪行为；组织行为主体主要体现为行业自律协会及联盟等，依托于自律条款

---

① DAMA International. The DAMA guide to the data management body of knowledge[M]. New York：Technics Publications，2009：37.

② The Data Governance Institute.Definitions of data governance[EB/OL].[2019-11-03].http://www.datagovernance.com/adg_data_governance_definition.

③ 黄璜.美国联邦政府数据治理：政策与结构[J].中国行政管理，2017（8）：47-56.

及联盟公约对市场行为进行约束规范；个人行为主体则为企业内部员工及利益相关者中的个人等角色，依靠加强自身安保意识进行隐私泄露防范，并有权在个人隐私遭到侵犯后诉诸相关机构进行合法维权。

（1）执法监管的政府主体

①政府执法部门，主要承担行政执法的责任，即作为行政主体依循国内外法律法规及相关规程，对具体事件进行处理并直接影响相对人权利及义务[1]。我国国务院（中央人民政府）是最高国家权力执行机关及最高国家行政机关，通过执行适用法律管理社会秩序、处理内政并进行外交活动，国务院下设的公安部、财政部、商务部、海关总署、国家安全部等部门机构均是重要的行政执法部门。美国的司法部、国防部、国家档案和记录管理局 NARA，英国的司法部、内阁办公室、政府数字服务局 GDS 等均是本国的核心执法机构。

②政府监管机构，主要承担监督和管理的职能，即作为监管主体依据国家法律、社会规范等，对经济活动（如贸易、电商）、政治活动（如言论、结社、集会）和社会活动（如枪支监管、交通监管）进行监管[2]。我国的监管现状是多家政府机构同时有权在不同方面进行数据监管，比如国家互联网信息办公室的职责在于协调网络安全的监督和规制，工业和信息化部的职责在于监管消费者个人信息保护，中国人民银行的职责在于监管个人金融信息保护，公安部则进行有关个人信息刑事案件中的侦查、拘留、逮捕和预审，以及有关个人信息的公共安全管理。除上述机构外，各级检察院负责有关个人信息刑事案件的检察及公诉，各级法院负责裁判有关个人信息的各类案件。美国联邦司法部及信息政策办公室 OIP、受控非保密信息办公室 CUIO 及国家解密中心

---

① 行政执法[EB/OL].[2019-11-10].https://baike.baidu.com/item/行政执法/2135993?fr=aladdin.

② 马英娟.政府监管机构研究[M].北京:北京大学出版社,2007:20.

NDC，英国的司法部及信息法庭、总检察长办公室 AGO 及政府法律部
GLD 等均是本国的重要监管机构。

（2）自律审查的组织本体

除了一国政府层面的行政执法及监管之外，联合国框架下协商达成
的有效平台、行业内部自发性组织的行业协会或联盟，甚至于一家企业
内部设置的有效机构，均共同构成了组织层面的自律审查。

①行业自律协会，是由全球范围内组织或者自我组织形成的多元化
互联网利益攸关方所组成的组织、社区和咨询委员会，基于已达成共识
的协议及相关治理策略，自觉处理相关权力及冲突，实行自下而上的反
馈策略和自上而下的管理实施，并对所有公众开放①。行业协会实际掌
握着互联网数据治理的核心资源，拥有国际社会的合法性及认可度的同
时，也具备向国际社会提供公共产品的资源和能力，在数据治理领域
扮演着重要角色，主要呈现为国际组织、国际论坛和国际倡议等多种
形式。行业自律组织的活动主要有三个基本特征：一是按照章程或公
约，协调一个行业或整个地区工商企业的市场行为，规范行业成员参与
市场活动的准则；二是这种协调功能是以民间的组织形式、而不是以政
府的或个人的形式表现出来；三是行业自律组织所开展的各种活动，说
到底是要维护本行业或本地区的社会经济利益。该自律组织基于已达成
共识的协议及相关治理策略，自觉处理相关权力及冲突，实行自下而上
的反馈策略和自上而下的管理实施，并对所有公众开放。行业协会实际
掌握着互联网数据治理的核心资源，拥有国际社会的合法性及认可度的
同时，也具备向国际社会提供公共产品的资源和能力，在数据治理领域
扮演着重要角色，主要呈现为国际组织、国际论坛和国际倡议等多种
形式。

---

① Characteristics of multistakeholder process[EB/OL].[2019-11-14].https://
icannwiki.org/ Multistakeholder_Model.

②国际组织是在互联网运营中承担了一定实质性功能的实体机构。典型代表包括：a. 国际电信联盟 ITU（协助全球通信技术发展、促进网络空间能力建设）、互联网名称与地址分配机构 ICANN（负责互联网关键基础资源的分配和日常运营）、国际互联网协会 ISOC（Internet Society，推动互联网标准制定、推进公共政策研究、推动互联网法律保护及企业自律①）、互联网架构委员会 IAB（Internet Architecture Committee，实行互联网网络协议及标准架构的监管职能）。b. 国际论坛，作为有效的多利益攸关方交流平台，在促进和发展互联网数据治理的基础理念、推动相关数据治理实践等方面具有重要作用。典型代表包括为促进全球互联网公共政策协商的联合国互联网治理论坛 IGF、已举办两阶段峰会并通过《日内瓦原则宣言》（*Geneva Declaration of Principles*）、《突尼斯信息社会议程》（*Tunisia's Information Society Agenda*）等重要行动文件的信息社会世界高峰会议（World Summit on the Information Society，WSIS）②、美欧主导的伦敦进程（已召开伦敦会议、布达佩斯会议、首尔会议）、中国主导的世界创新大会（World Innovation Conference，WIC）等。c. 国际倡议，以全球网络空间的数据治理为目标宗旨，以一种更加自由松散、无固定周期固定纪律的网络倡议形式存在，例如全球互联网治理联盟、全球网络倡议、全球互联网自由工作组、互联网观察基金会等。

③企业单位内设机构，是在《公司法》的公司社会责任制度背景下，企业为履行数据治理法律义务而在单位内设的相关数据治理机构。在公司进行数据治理的实践中，个人数据往往与其他类型数据相互交

---

① 国际互联网协会（ISOC）[EB/OL].[2019-11-14].http://www.isc.org.cn/newgtld/zyjgjs/listinfo-19214.html.

② World Summit on the Information Society.Home[EB/OL].[2019-11-14].http://www.itu.int/net/wsis/index.Html.

织。为实现维护个人数据权益且同时兼容交易背景下的数据自由流动，公司作为数据控制者需保证不侵犯个人数据主体的相关数据人格权及数据财产权，这使得公司数据采集、数据处理、数据使用、数据存储等的全生命周期数据治理进程面临着更大的挑战。从立法规范角度出发，我国《中华人民共和国公司法》不断修订从引导相关价值到强制规范公司的社会责任，印度《公司治理自愿性指引》同样将社会责任融入商业目标之中①；从执行实施层面出发，公司股东大会、董事会、监事会等组织机构应承担更多数据治理职责，并适时成立数据安全中心进行数据安全评估、设置监察委员会进行数据治理自审自查等工作。

（3）保护监督的个人主体

面对更加频繁的信息安全问题和更为严重的数据泄露问题，数据保护和个人信息安全已引起各界广泛关注，更为有效的数据治理策略亟待制定，而个人作为个人信息保护和个人权利的利益相关主体，在数据治理中扮演着不可或缺的角色。

①数据保护官（Data Protection Officer，DPO），承担有效领导企业的数据安全保护工作的职责，为企业保护个人数据的机密性、完整性和可用性提供支持，除有关监管机关外不受任何人指令控制，最早由 2018 年5 月 25 日生效的欧盟《通用数据保护条例》（GDPR）提出。欧盟 GDPR和《数据保护官指引》中指出，DPO 需要以其专业的数据保护理论知识及实践经验，在确保企业合规经营的前提下，评估数据保护风险、进行相关风险管控等，并作为监管机构指定联络人的角色，向企业内部数据控制者、数据处理者等接触到数据处理的员工进行传达、通知及建议②。

---

①　MAJUMDAR A B.India's journey with corporate social responsibility-what next[J].Social science electronic publishing,2015（33）:165-206.

②　European Union.General data protection regulation[EB/OL].[2019-11-16].https://gdpr-info.eu/.

②个人信息保护负责人，即负责企业数据保护和个人信息安全相关工作的个体。我国实施的《个人信息安全规范》指出个人信息保护负责人对企业内部个人信息安全负有直接责任，应建立并统筹实施相关规程，通过组织安全培训、展开安全评估及审计、进行安全监测、维护个人信息清单等方式，将个人信息保护贯穿企业内部个人信息使用的全生命周期①。

此外，我国银保监会出台的《银行业金融机构数据治理指引》首次提出了首席数据官（Chief Data Officer，CDO）的概念，指出 CDO 应充分整合利用内外部有效数据资源、开拓与数据有关的新收入，以及确保数据健康运营及隐私安全。相较于 DPO 和个人信息保护负责人是专门为了个人信息保护而设立存在的，CDO 的定位在于挖掘数据潜在价值并为企业寻求新的增长点，个人信息保护只是其中的一部分，因而在此不再做深入探讨。

### 7.1.2 主权视角下数据治理的对象客体

数据治理的对象，既可以根据行为主体划分为相应的国家政府、企业机构及相关个人自身产生及相关交易活动衍生的数据，也可以按照国民经济产业划分为三大产业及细分行业的数据。为便于研究，本章节将数据对象分为以个人信息、各行业重要数据以及以国家秘密为代表的政府部门数据，但需要说明的是上述三类数据并不是泾渭分明的对象，其中各行业商业数据以及政府公共数据等都包含大量的个人信息，但从主体角度切入，可以较好地梳理有待治理的数据客体。

---

① 信息安全技术 个人信息安全规范[EB/OL].[2019-11-16].https://www.tc260.org.cn/upload/2018-01-24/1516799764389090333.pdf.

（1）个人信息

2016 年颁布的《中华人民共和国网络安全法》对我国个人信息保护以及数据出境作出了相关规定，2018 年 5 月生效的国家标准《信息安全技术　个人信息安全规范》（GB/T 35273—2020）则对个人信息做出了更为详细的定义，即以电子等形式记录的能单独或辅助识别特定自然人身份及活动的各种信息，包括个人身份资料、生物识别及网络标识信息、健康生理信息、征信资产记录等，如姓名、证件号码、基因序列、网络 IP、住院治疗史、定位及出行记录、失信记录等。个人信息可通过识别和关联两种路径进行判定，其中又包括个人敏感信息和个人一般信息。

①个人敏感信息，是直接与生命财产安全和个人名誉相挂钩的个人健康生理信息、财产信息、网络身份标识信息，如个人基因指纹、银行账号、个人数字证书等①。个人敏感信息可以从是否非法泄露、是否滥用并损毁名誉、遭遇不公平对待等角度进行判定，通常自然人的隐私信息和 14 岁以下儿童的个人信息都属于个人敏感信息。

②个人一般信息，是指除个人敏感信息以外的非敏感性资料、通信名录、教育工作信息等弱敏感型信息，如个人国籍、邮件联系人、上网偏好及软件使用偏好、教育培训及工作相关记录等，个人一般信息及敏感信息的具体范围如表 7-1 所示。

---

① 信息安全技术　个人信息安全规范[EB/OL].[2019-11-18].https://www.tc260.org.cn/upload/2018-01-24/1516799764389090333.pdf.

表 7-1　个人敏感信息及个人一般信息范围

| | | |
|---|---|---|
| 敏感信息 | 身份信息 | 身份证件、工作证等 |
| | 生物识别信息 | DNA 序列、指纹等 |
| | 网络身份标识 | 网络平台账号密码、邮箱账号密码、个人数字证书等 |
| | 财产信息 | 银行存款、盾牌口令、交易流水、贷款还款记录、虚拟货币等 |
| | 健康信息 | 家族遗传信息、生育生殖信息、传染病史、病历档案等 |
| | 其他敏感信息 | 联系方式、性取向、婚史、宗教信仰等 |
| 一般信息 | 基本资料 | 个人姓名、性别、民族、国籍、家庭关系等 |
| | 联系人信息 | 通讯录、QQ、微信、邮箱等 |
| | 通信信息 | 通话记录、通话内容、短信、邮件等 |
| | 上网记录 | IP 地址、网络设备型号、软件使用偏好等 |
| | 教育工作信息 | 职业、工作单位、教育信息、工作信息等 |

（2）行业重要数据

2017 年 8 月发布的《信息安全技术　数据出境安全评估指南（意见征求稿）》将重要数据定义为：除国家秘密以外的，关乎国家安全或民生经济的行业原生数据及统计数据[1]，涵盖了电力通信、地理信息、交通运输、人口健康、金融征信、经济统计、电子商务等 26 个行业领域的重要数据范围，如电信产业数据、地图测绘数据、健康档案数据、金融交易数据、商业信用数据、人口普查数据等。此外，经政府信息公开渠道合法公开的不再属于重要数据。

除《信息安全技术　数据出境安全评估指南（意见征求稿）》所列 26 个重要行业领域外，行业主管部门可根据该行业是否与国家安全及社会公共利益密切相关、是否反映行业总体运行状况并影响其规划决策、

---

[1]　信息安全技术　数据出境安全评估指南（草案）[EB/OL].[2019-11-20].https://www.tc260.org.cn/ueditor/jsp/upload/20170527/8749 1495878030102.pdf.

是否能起到识别关联身份信息及地理位置的关键性作用、是否在司法执法时影响大量个人隐私、是否在出境时带来较大范围危害或影响、是否涉及我国关键基础设施系统建设及密码技术等标准，进行行业发展评估并判定该行业数据是否为重要数据，本书对各行业重要数据及相应主管部门进行了摘录（见表7-2）。

表7-2　各行业重要数据及主管部门摘录

| 行业领域 | 重要数据举例 | 主管部门 |
|---|---|---|
| 电力 | 发电厂相关数据、输配电数据、建设运维数据 | 国家发展改革委员会、能源局 |
| 通信 | 规划建设类数据、运行维护类数据、安全保障类数据、无线电数据、统计分类数据 | 工业和信息化部 |
| 地理 | 重要目标地理数据、特殊测绘数据 | 自然资源部 |
| 交通运输 | 交通通信系统部署数据、关键铁路线路图数据 | 国家交通战备办公室、交通运输部 |
| 人口健康 | 患者报告数据、疾病数据、电子病历及医疗档案、器官移植数据、计划生育数据、家族遗传数据、生命登记数据等 | 国家卫生健康委员会 |
| 金融征信 | 金融相关机构业务数据 | 中国人民银行 |
| 经济统计 | 人口普查数据、经济数据（GDP、主要财务指标、相关价格指数） | 国家统计局 |
| 电子商务 | 企业注册数据、电商交易数据、个人消费习惯偏好及企业经营数据、电商相关服务数据（支付、融资、物流等） | |

（3）国家秘密

2010年4月全国人大常委会通过的《中华人民共和国保守国家秘密法》[①]指出国家秘密一经泄露将损害政治经济、国防外交等领域的国家利

————
① 中华人民共和国保守国家秘密法[EB/OL].[2019-11-22].http://www.gov.cn/flfg/2010-04/30/content_1596420.htm.

益，法规第九条明确指出其范围包括国家事务及政党活动、国防建设及武装力量、外交外事、国民经济发展及科学技术、国家安全及刑事追查等重大活动中的秘密事项。

国家秘密按照保密程度分为绝密、机密和秘密三级，一经泄露会使国家安全分别遭受特别严重损害、严重损害和一般损害。国家涉密系统的生产制作、使用传输、保存销毁等均应符合国家保密规定，禁止在未采取任何安全保密措施的前提下通过有线或无线方式在互联网公共网络中传输国家秘密。对于国家秘密的跨国跨境事项，凡是未经有关主管部门批准，并以线下携带、邮寄托运、线上直接传输或是线上通过载体传输国家秘密的，或是涉密人员未经批准出境对国家造成安全危害的，将给予行政处分或追究其刑事责任。

### 7.1.3 主权视角下数据治理的原则

数据治理的基本原则是主权域内的数据保护以及主权域外的数据跨境流动过程中所需要秉承的原则和核心准则，作为相关数据保护及数据流动法规的核心内容，贯穿于数据收集、数据使用等生命周期的全程。国际各组织或地区在相关法规文件中对于个人数据保护的基本原则，有的采取分类列举式进行明文规定，如欧盟《通用数据保护条例》、经合组织《保护个人信息跨国传送及隐私权指导纲领（1980）》，以及我国的《信息安全技术 公共及商用服务信息系统个人信息保护指南》《个人信息安全规范》等；有的采取分散立法，将各项原则糅合在各行业具体的法律规范中，如美国、我国台湾地区等。总体而言，各组织地区的规章制度在原则层面虽形式不同、表述各异，但基本思想大同小异，下文将分别就个人数据保护原则和数据跨境流动原则两方面展开陈述。

（1）个人数据保护原则

欧盟《通用数据保护条例》是国际上最受关注并被广泛认可的个人

数据保护法律文件，对于欧盟各国的个人数据保护制度构建产生了深远影响。《通用数据保护条例》提出了七项个人数据处理原则，包括合法公平透明性原则、目的限制原则、数据最小范围原则、精确性原则、存储限制原则、完整性与保密性原则、权责一致原则[①]。美国国土安全部《公平信息处理条例》(*Fair Information Practice Principles*，FIPPs) 作为其国土安全部提出的隐私法规政策，旨在规范相关个人身份信息的使用，也提出了透明度原则、个人参与原则、目的规范原则、数据最小化原则、使用限制原则、数据质量和完整性原则、安全性原则、问责制和审计原则等八项原则[②]。同样在我国，《信息安全技术　公共及商用服务信息系统个人信息保护指南》提出了目的明确、最少够用、公开告知、个人同意、质量保证、安全保障、诚信履行和责任明确[③]等处理个人信息应遵循的八项基本原则，《信息安全技术　个人信息安全规范》也针对信息收集阶段、信息保存阶段、信息使用阶段，以及信息的委托处理、共享、转让、公开披露阶段等数据处理全生命周期，提出了权责一致、目的明确、选择统一、最少够用、公开透明、确保安全、主体参与等七项基本原则[④]。

①合法性原则

《通用数据保护条例》(GDPR) 将合法公平透明定义为"要求合法地、公平地且以公开透明的方式对数据主体的个人数据进行处理"，并将其作为最原则性的要求贯穿数据收集使用的全生命周期；FIPPs 要求

①　General data protection regulation[EB/OL].[2019-11-25].https://gdpr-info.eu/.

②　The fair information practice principles at work[EB/OL].[2019-11-25].https://www.dhs.gov/sites/default/files/publications/dhsprivacy_fippsfactsheet.pdf.

③　信息安全技术　公共及商用服务信息系统个人信息保护指南:GB/Z 28828—2012[EB/OL].[2019-11-25].http://www.zbgb.org/2/StandardDetail969962.htm.

④　信息安全技术　个人信息安全规范:GB/T 35273—2017[EB/OL].[2019-11-25].https://www.tc260.org.cn/upload/2018-01-24/1516799764389090333.pdf.

美国国土安全部应该透明地向个人数据主体就其相关信息的收集、使用、传播和维护发出通知；我国《互联网个人信息安全保护指南》及《信息安全技术 个人信息安全规范》规定应以通俗易懂的方式公开告知个人信息主体对其信息的使用目的、使用范围及相关保护措施，并在处理个人信息前征得个人信息主体的同意。

合法性原则作为数据处理行为需要遵守的基础性原则，在 GDPR 中得到了充分体现。GDPR 规定了数据主体同意、合同及法定义务履行、保护重要公共利益及数据控制者的优先利益等规则，其中用户同意是数据处理合法性的最重要基础，日常生活中平台隐私政策、用户服务协议、服务商合作协议等都是同意原则的体现。

②目的限制、存储限制及数据最小化原则

目的限制，要求在合法性基础之上基于具体明确的目的收集个人数据，且在后续的数据处理过程中不得采取与该目的相违背的方式（为实现公共利益和科学统计目的除外）；存储限制，则从时间维度要求数据存储的时间不能长于实现特定目的所必需的时间，目的达成之后数据控制者不得继续存储相关可识别的数据；数据最小范围，则要求数据应是充分相关且仅限于数据收集处理的必要最低范围。以上原则均是 GDPR 对于数据收集、数据存储、数据使用等阶段做出的必要和最低的范围要求。

FIPPs 对于个人身份信息同样提出了数据最小化和使用限制原则，要求美国国土安全部仅应收集与实现特定目的直接相关的个人身份信息，且仅保留该数据至达成目的所必需的时间，仅应将个人身份信息用于指定目的，在部门外部共享个人身份信息的目的应与收集的目的相一致；我国《互联网个人信息安全保护指南》提出最少够用原则，即只处理与目的密切相关的最少信息，达成目的后应尽快删除个人信息，《信息安全技术 个人信息安全规范》补充规定与个人信息主体另有约定的除外。

③精确性、完整性和保密性原则

精确性，要求数据保持更新及准确，相悖的错误数据应被及时清除或更正，对应数据主体的访问权、更正权和被遗忘权；完整性和保密性，要求保护数据免遭非法损坏，并强调对数据采取安全保护措施。

FIPPs 提出的数据质量和完整性原则规定，美国国土安全部应在特定范围内确保个人身份信息的准确性、相关性、及时性和完整性，同时通过适当的安全保护措施保护个人身份信息，以免遭受数据丢失、未经授权访问、意外披露等风险；我国《个人信息保护指南》的安全质量保障原则规定，需采取合理技术手段保证个人信息处于完整可用、定期更新状态，保证其安全质量的同时防止损毁泄露；我国《信息安全技术 个人信息安全规范》的确保安全原则规定，数据主体应具备与其潜在风险相匹配的安全能力以确保个人信息的完整可用。

除上述合法性原则，目的限制、存储限制及数据最小化原则，精确性、完整性和保密性原则等主要原则之外，责任明确及权责一致原则（明确信息处理的权利并落实相关责任，对个人信息处理过程进行记录以便于追溯并承担相应的举证责任）、诚信履行原则（除法定事由外，按照事前数据收集的承诺在约定的范围内处理个人信息）等也在各文件中有所体现。

（2）数据跨境流动原则

对于数据本地化及数据跨境流动的监管原则，主要可划分为事前监管和事后问责两大典型代表。事前监管主要是在数据跨境传输之前组织对某个国家或地区数据保护水平的评估，且仅在该国或地区达到充分保护标准的前提下才允许数据流通[①]，典型代表是欧盟、俄罗斯、印度、巴

--------

① 黄道丽,胡文华.全球数据本地化与跨境流动立法规制的基本格局[J].信息安全与通信保密,2019(9):22-28.

西等组织或国家的数据保护充分性认定原则；事后问责是指事先不对数据跨境流动做限制规定，但是一旦数据跨境流动危害国家安全、损害相关组织及个人利益，则数据主体需承担相应的责任，典型代表是美国、加拿大、经合组织等所建立的事后问责机制。

①欧盟"事前充分保护"原则

欧盟《通用数据保护条例》严格控制对于跨境数据传输的前置许可条件，允许下列两种情况下的跨境数据流动：一是列入充分保护名单的国家；二是具备充分性决定的替代方案。

政府：充分保护白名单。《通用数据保护条例》第四十五条"在充分条件基础上的转移"规定①，当欧盟委员会决定第三国或某个或多个特定地区、部门、组织等机构已经达到充分的保护标准时，数据便可以在不经过任何特殊授权的前提下向第三国或国际组织转移。评估是否具备充分性条件时，重点考虑以下因素：a.法律规则，即一国是否已具备对于个人数据保护的相关综合性和专门性立法，包括向第三国或国际组织转移个人数据的规则及相关判例等；b.执行监管，即第三国或者国际组织是否存在一个或多个独立有效运行的监管机构来负责确保数据保护规则的遵守，或者与成员国中的监管机构合作；c.国际公约，即第三国或相关国际组织是否已经缔结相关国际协定，或者是否签订其他具有法律约束力的公约或文件，或者是否加入尤其是与个人数据保护有关的多边或区域体系。

市场：充分性认定的替代方案。《通用数据保护条例》第四十六条对于"遵守适当保障措施的转移"做出了详细规定②，即需要为数据控制者或数据处理者的企业提供适当保障，其中包括：a.有约束力的公司规

---

① General data protection regulation[EB/OL].[2019-11-28].https://gdpr-info.eu/.

② APEC privacy framework[EB/OL].[2019-11-28].https://www.apec.org/~/media/APEC/Publications/2005/12/APEC-Privacy-Framework/05_ecsg_privacyframewk.pdf.

则 BCR，即公司建立一套通用的数据处理机制，内部子公司、分公司之间可在经个人数据监管机构认可的前提下传输个人数据；b.标准合同条款，符合 GDPR 所规定的审查程序的标准数据保护条款，受其关于数据安全和隐私保护的适当性保护水平认可；c.经批准的行为准则，具备第三国数据控制者或者处理者具有约束力和执行力的适用适当保障措施的承诺；d.经批准的认证机制、封印或者标识，主要适用于公共机构之间。

②美国"事后问责制"原则

美国相比于欧盟以地理区域为基础、根据充分性原则进行事前防范的原则而言，更主张依托于分散式监督体系建立的事后问责制原则。这是因为美国没有针对个人数据的流动与保护进行单独立法，其保护规则等多散见于各行业的法律法规，并且更多依赖不同分管机构的监督和企业的自我监管。

受美国主张及影响所建立的《APEC 隐私框架》<sup>①</sup> 提出了避免伤害、通知、收集限制、合理使用、选择性、完整性、安全保障、查询及更正，以及问责制等九项原则，其中问责制原则要求个人数据控制者应当就遵守依据隐私保护制定的政策承担责任。在进行个人数据跨境传输时，数据控制者应当征得个人同意或尽责地采取适当措施确保第三方也能够同样按照隐私框架原则保护这些数据。

《跨境隐私规则体系》则正式对涉及个人数据跨境传输的企业进行了进一步规范，要求企业进行自我评估并接受问责代理机构评估，都通过之后即被认可为符合隐私保护标准的企业，对于违反《APEC 隐私框架》相关条款的，将由隐私保护机构进行问责处罚。

"事后问责制"大幅降低了对于跨境数据流动的限制，以作为数据

① APEC privacy framework[EB/OL].[2019-11-28].https://www.apec.org/-/media/APEC/Publications/2005/12/APEC-Privacy-Framework/05_ecsg_privacyframewk.pdf.

控制者的组织机构会自觉遵守个人数据保护原则为预设，如果数据控制者缺乏自觉性，则将导致政府及相关监管机构在事前事中等环节对于其监管的失控。

③我国"事前评估"原则

我国的相关法规倡导事前评估原则，《个人信息和重要数据出境安全评估办法（征求意见稿）》对评估主体和评估内容做出了相关规定。

在评估主体方面，国家网信部门承担统筹安排责任，对行业主管或监管部门展开指导评估；行业主管或监管部门定期开展本行业数据出境的安全检查和安全评估工作；网络运营者则应在数据出境前组织对数据出境的安全自评估，并形成评估报告向上级单位进行报送。

在评估内容方面，数据出境的目的必要性、范围及敏感度、是否涉及行业重要数据、数据接收方的保护水平及能力、数据出境后的再转移安全风险等内容均被列为重点评估事项，以保障国家安全、社会公共利益及个人合法利益。

本小节对国家主权及数据治理的相关概念做出了辨析论证，并对数据治理的行为主体、对象客体及治理原则进行了梳理。遵循着个人数据保护和数据跨境流动的基本原则，政府作为立法执法主体、行业协会作为自律审查主体、个人作为保护监管主体，对个人信息、行业重要数据和包括国家秘密在内的政府政务数据进行多方式数据治理。就治理方式而言，在我国现行的法律体系下，无论是个人信息、行业重要数据还是国家秘密，在跨国跨境传输场景中，都可根据其重要性划分为"自由流通""限制出境"和"禁止出境"三种类型。"自由流通"是当前法律对待数据跨境传输的一般原则，并前置合法性基础、个人主体同意等条件；

"限制出境"则主要用于对个人信息和重要商业数据的规制，我国《中华人民共和国网络安全法》规定原则上境内运营的个人信息和重要数据都应在境内存储，确需向境外提供的应组织有关部门进行安全评估,《个人信息保护指南》及相关出境安全评估办法则对需要出境的数据及其评估方式做出了更为细致的法律限制;"禁止出境"则主要集中于对国家秘密的要求,绝密级国家秘密未经原定密机关单位或者其上级机关批准,不得复制、摘抄、传递和外出携带,未经国家网信部门、公安部门、安全部门的等有关部门的认定禁止出境。

## 7.2　国际数据主权治理现状

数据主权保障需求下,数据治理不仅涵盖数据本身的质量及标准管理,更涉及自数据收集获取、脱敏存储、开发利用等全生命周期的管理及安全防范,将其提升至国际高度并置于主权视角下而言,则更聚焦于一国主权下的国内公民隐私保护及国际跨境数据流通主题。本章将对英美、欧盟、日韩、印俄、澳加等国家或组织进行数据治理的现状调研,并重点关注其法律政策体系下的数据保护立法及数据跨境立法、执行监管体系下的实施机构及其职能,以及行业内数据治理及跨国数据治理的执法案例等三大层面。

数据的标准化治理及流通共享已成为各主权国家的共识,各国际组织也陆续在个人数据保护及数据跨境流动的重点领域相继发力。无论是国际数据管理协会、数据治理协会、电信行业协会、互联网治理论坛等行业联盟,还是欧洲数据保护委员会、法国国家信息自由委员会、日本个人情报保护委员会等政府机构,分别通过行业自律公约、白皮书报告、国家标准、国家立法等形式对数据治理予以规范。考虑到数据治理的成果文件繁复、形式多样,因而本节只重点调研一国政府对全国或全地区具有法律效力的立法法规,而对其他表现形式不再过多赘述。

### 7.2.1 主权域内视角下的个人数据保护

表 7-3 对亚太地区中国域外的印度、日本、马来西亚、韩国等主要国家的个人保护立法进行了相关调研。由表 7-3 可知亚太地区国家主要紧随欧盟《通用数据保护条例》的立法步伐，日本、韩国不断修订数据保护条例中数据跨境传输相关条款并配套设置专门监管机构；印度从信息技术到综合立法保护，陆续引入数据可携权、数据撤销权、域外管辖权等新型权力以扩充其立法权力体系。

表 7-3　国际数据保护概况摘录表（亚太主要司法管辖区）

| 国家 | 数据本地保护政策 | 具体内容 |
|---|---|---|
| 印度 | 2000 年《信息技术法》<br>2011 年颁布《信息技术法规》<br>2018 年《个人数据保护法案（草案）》 | 《信息技术法案》于 2008 年发布修正案，2011 颁布的《信息技术法规》进一步对具体法律问题进行修订<br>2018 年《个人数据保护法法案（草案）》效仿欧盟 GDPR 规定，引入数据可携权、域外管辖权等新型权利，规范个人隐私保护机制设计、限制数据跨境传输 |
| 泰国 | 2002 年《商业秘密法》<br>2015 年《个人信息保护法》<br>2019 年《个人数据保护法》 | 《商业秘密法》于 2015 年 2 月生效，同年通过《个人信息保护法》草案<br>《个人数据保护法》于 2020 年 5 月生效 |
| 日本 | 2003 年《个人信息保护法》 | 2017 年修订版主要针对日本境内外数据跨境传输进行了相关规定<br>2020 年修订版规定对使用个人数据的企业加重责任，2020 年 6 月颁布《个人信息保护法修正案》，并将于 2022 年 4 月正式实施 |
| 马来西亚 | 2010 年《个人资料保护法令》 | 后续修订出台《2015 年个人数据保护规范》《2016 年个人数据保护（复合犯罪）条例》 |

续表

| 国家 | 数据本地保护政策 | 具体内容 |
|---|---|---|
| 韩国 | 2011 年《个人信息保护法》 | 2016 年修订版新增惩罚性赔偿和法定损害赔偿，2016 年 8 月起政府有权处理电子病历 |
| 印度尼西亚 | 2012 年《信息和电子交易法》 | 对电子数据进行相关保护规范，并要求电子系统运营者需要将其数据中心、灾难恢复中心设于印度尼西亚境内 |
| 菲律宾 | 2012 年《数据隐私法案》 | 已实施隐私与数据保护监管规章制度 |
| 新加坡 | 2012 年《个人信息保护法》 | 公开征求意见已结束，关键数据保护义务相关条款内容于 2014 年实行 |
| 越南 | 2015 年《网络信息安全法》2021 年《个人数据保护法》草案 | 该法适用于在越南从事信息技术应用和开发活动的个人与企业。未包含在境外传播个人信息的任何法规，也未规定信息泄露通报方案<br>2021 年 2 月发布《个人数据保护法》草案，该法草案规定了个人数据的定义、个人数据处理等 |
| 斯里兰卡 | 2016 年《知情权法案》 | 2015 年 5 月实施布达佩斯公约，2016 年 12 月成立信息专员公署 |

　　数据本地化保护与数据跨境流动之间的平衡是主权视角下国际数据治理的重难点所在，一方面需要对主权域内公民的个人数据做好充分保护以防范隐私泄露带来的风险危机，另一方面数字贸易驱动着经济全球化，需弱化主权边界、强化不同政权管辖区之间的互通互享，因而国际上呈现出了数据本地存储和数据跨境自由流通的两极分化态势。表 7-4 对数据本地化存储要求较高的国家及相关政策进行了摘录，其典型包括印度、俄罗斯、巴西、马来西亚、越南等发展中国家和澳大利亚、加拿大等发达国家。

表 7-4　数据本地化保护程度较高的国家政策摘录

| 国家 | 数据本地保护政策 | 具体内容 |
|---|---|---|
| 印度 | 1993 年《公共记录法》 | 除"公共目的"外，禁止公共记录向印度境外传输 |
| | 2018 年《印度电子商务国家政策框架草案》 | 明确印度将逐步推进数据本地化存储，如建立数据中心、使用境内服务器等 |
| | 2018 年《电子药房规则草案》 | 通过电子药房门户网站生成的数据均需在印度本地维护，不得以任何方式向境外传输或在境外存储 |
| 俄罗斯 | 2014 年《关于信息、信息技术和信息保护法》 | 规定数据控制者、数据处理者对于存储处理俄罗斯公民信息的数据库应留存在俄罗斯境内，且互联网企业应履行配合国家机构调查的义务 |
| | 2014 年《俄罗斯联邦个人数据法》 | 运营商获取信息需要使用俄罗斯本地的数据库，且需确保数据主权的知情权 |
| 巴西 | 2015 年《个人数据保护法草案》 | 要求互联网公司在境内建立数据中心 |
| 马来西亚 | 2017 年《个人数据保护命令》 | 要求企业在境内设置数据服务器 |
| 越南 | 2019 年《网络安全法》 | 在越南网络空间提供互联网及其网络增值服务的国内外企业，若有在越南境内产生数据的活动，须在政府规定时间内在境内储存这些数据 |
| 澳大利亚 | 2002 年《健康记录和信息隐私权法》 | 原则上禁止可识别的健康数据跨境流动，除非出现消费者数据必须跨境等情形 |
| 加拿大 | 2000 年《个人信息保护与电子文件法》 | 强制要求学校、医院等公共机构的个人数据必须在加拿大存储和访问 |

　　以对本国境内个人数据保护力度较大的印度为例，印度自 1993 年《公共记录法》颁布伊始，就提出禁止公共记录向境外传输，随着数字产业的发展，2018 相继出台《个人数据保护法草案》《电子商务：国家

政策框架草案》等文件深化数据本地化立法规制进程<sup>①</sup>。印度当局不仅将个人数据纳入本地化规制的范畴，更是将数据分类为一般个人数据、敏感个人数据和关键个人数据，对不同类型数据实施分级分类监管措施。基于国家安全及个人隐私保护的考量，印度政府依托其巨大的用户市场，进行原始数据的资源获取，通过数字基础设施建设及本地化存储利用，进而实现数据价值的本地化。

类似的数据本地化保护程度较高的国家，如俄罗斯、巴西、马来西亚、澳大利亚、加拿大等，也都先后通过联邦个人数据立法、分行业敏感数据立法、国家网络安全战略保护等形式，对于本国境内个人数据予以不同程度的保护，以实现公民个人隐私安全及国家主权安全。

### 7.2.2　主权域外效力下的数据跨境流动

国家主权一方面代表对内独立自主地发展监管本国网络空间事务，进行各国民行业数据的分业治理；另一方面也代表对外做好本国防御的同时，加强国际数据跨境传输及网络领域的协同国际治理，经合组织、世贸组织、欧盟、美国等组织及国家或地区代表均积极倡导国际交流合作与互通互享。

表 7-5　数据跨境流动重点政策摘录

| 国家／组织 | 数据本地保护政策 | 具体内容 |
| --- | --- | --- |
| 世界贸易组织 | 1995 年《服务贸易总协定》 | 在电信服务附件中明确了成员国允许数据跨境传输的要求，同时规定了例外措施 |
| 亚太经合组织 | 2004 年《隐私框架》 | 旨在建立一个地区隐私保护标准，并处理跨国家的个人数据流动问题 |

---

① Personal data protection bill[EB/OL].[2019-12-01].http://meity.gov.in/writereaddata/files/Personal_Data_Protection_Bill,2018.pdf.

续表

| 国家 / 组织 | 数据本地保护政策 | 具体内容 |
|---|---|---|
| | 2011 年《跨境隐私规则体系》（CBPRs） | 旨在促进 APEC 框架内实现无障碍跨境数据交换，对加入该体系的相关机构就跨境隐私程序制定相关规则 |
| 欧盟 | 2015 年《数字化单一市场战略》 | 消除欧盟成员国之间数据自由流动壁垒 |
| | 2018 年《通用数据保护条例》（GDPR） | 消除数据保护规则的差异性 |
| | 2018 年《非个人数据在欧盟境内自由流动框架条例》 | 消除不合比例的数据本地化要求 |
| 欧美 | 2000 年《安全港协议》 | 鉴于美国未达到欧盟统一规定的数据保护立法监管标准，因而推出此协议构建欧美跨境数据流动的合作机制，对参与跨境数据交换的公司提出相关要求 |
| | 2016 年《隐私盾协议》 | 继《安全港协议》被判无效撤销后推出，新协议进一步对隐私保护责任、大规模审查、多渠道救济措施等做出了详细规定 |
| 美国 - 墨西哥 - 加拿大 | 2018 年《美国 - 墨西哥 - 加拿大协定》 | 《北美自由贸易协定》2.0 版，明确 APEC 相关规则及指南，强调数字自由贸易与政府公共利益间的平衡 |
| 美国 | 2018 年《澄清域外合法使用数据法案》 | 规定获取存储在境外的数据适用控制者原则，"适格外国政府"认定等 |

表 7-5 所示摘录了国际现行数据跨境流动的重点政策，经合组织《关于隐私保护与个人数据跨境流动的指南》作为数据跨境流动领域的国际纲领性文件，对数据流动的国内适用原则及国际适用原则做出了规制，对个人数据跨境流动提出了"成员国不得不合理地限制数据在本国

和另一成员国之间的流动"的要求①。此后随着全球贸易及经济全球化进程的加深，出现了以欧盟为代表的考虑人权角度的数据自由流动和以美国为代表的以贸易利益驱动的数据跨境两种模式。

对于欧盟而言，主要以个人权利保护为出发点。1995 年《关于个人数据处理保护与自由流动指令》规定"欧盟公民的个人数据只能向与欧盟数据保护水平相同的国家地区流动，若未达到标准可有'数据主体明确同意'或'充分性保障'两种替代形式"②，对欧盟的个人数据合法使用提供了安全有效保障；2018 年《非个人数据在欧盟境内自由流动框架条例》则消除了成员国数据本地化的限制，强调原则上不禁止非个人数据的跨境流动（公共安全原因除外），进一步推进了欧盟单一数字市场战略。

对于美国而言，以数据流动带来的利益贸易为考量标准。1997 年《全球电子商务框架》便提出寻求个人隐私保护与数据自由流动带来的利益之间的平衡点，后续不断与欧盟协商数据跨境流动并与韩国、墨西哥、加拿大等多利益攸关方寻求双边或多边合作。2000 年与欧盟签订《安全港协议》以作为其未达到"充分保护水平"的替代，在整个国家的法律体系不改革的前提下直接要求涉及数据跨境的公司遵守欧盟规则③，但斯诺登事件的爆发及后续发酵直接导致欧盟法院宣判《安全港协议》因未尽到保护欧洲公民的数据隐私而无效；2016 年初《隐私盾协议》作为新的缔约文件正式出台，并规定美国商务部承担监督美国公司数据隐私保护的责任、美国政府书面承诺不得大规模对欧洲公民数据进

---

① OECD guidelines on the protection of privacy and transborder flows of personal data[EB/OL].[2019-12-02].https://www.oecd.org/sti/ieconomy/oecdguidelinesontheprotectionofprivacyandtransborderflowsofpersonaldata.htm.

② Directive95/46/EC[EB/OL].[2019-12-02].https://eur-lex.europa.eu/legal-content/EN/TXT/?uri=celex:31995L0046.

③ U.S.-EU safe harbor framework[EB/OL].[2019-12-02].https://www.ftc.gov/tips-advice/business-center/privacy-and-security/u.s.-eu-safe-harbor-framework.

行审查、新协议为欧洲公民提供多种救济渠道等[①]；2018 年《美国－墨西哥－加拿大协定》标志着美国更加注重自由数字贸易与政府合法利益，与墨西哥、加拿大等国达成了加强网络安全事件合作、促进数字贸易及数据跨境传输等方面的缔约。

基于主权视角下的国际数据治理现状调研，本书依托各国立法体系、监管机制、执法案例等材料，分别归纳了美国利益驱动型模式、欧盟人本导向型模式、日韩外部合作型模式、印俄国家稳健型模式，并从数据保护立法初衷、执法监管特征、数据跨境流动原则等三大层面对各大模式进行解读。在此基础上，对各大模式的成因、不同模式的异同，以及相关国情特色及对于中国的可借鉴之处展开探讨。

## 7.3 美国式：利益驱动型模式

美国自互联网广泛使用以来一直引领着全球经济技术的发展，全球十大互联网品牌公司中美国有六家，分别是亚马逊、苹果、Facebook、谷歌、英特尔和微软，并依托其超过全球近半云计算能力的数字交易软硬件平台迅猛发展。立足于美国政府全球框架下的多边贸易政策、严格的公民隐私保护政策，以及面向网络霸权的主权扩张政策，现已在国际数据治理领域下形成了以主权扩张、利益驱动为目的，以分业立法、分散监管为体系，以长臂管辖为核心的数据跨境双重标准模式。在其战略体系建设中沿袭其传统分散立法形式。结构上，其立法体系呈现三层次特点，即网络主权所涉及的政府部分和私营领域分别立法、公共部门联邦与各州分散立法、私营领域分行业立法（如表 7-6 所示）。

---

① Privacy shield framework[EB/OL].[2019-12-02].https://www.privacyshield.gov/welcome.

表 7-6　网络主权视角下美国主要数据治理法律与政策

| 类型 | 时间 | 政策名称 | 核心内容 |
|---|---|---|---|
| 域内数据保护 | 1974 | 《隐私权法》 | 就行政机关对个人信息的采集使用、公开保密等做出规定，平衡公共利益与个人隐私权之间的矛盾 |
| | 1974 | 《家庭教育权和隐私权法》 | 旨在保护学生教育信息，未经家长或年满 18 岁学生本人许可而公开学生教育信息的教育机构，将不能获得联邦资助 |
| | 1978 | 《金融隐私权法》 | 金融机构需告知消费者其隐私政策和实践 |
| | 1986 | 《电子通信隐私法》 | 限制传输或存储中的电子数据的拦截，以及未经授权的计算机访问 |
| | 1996 | 《健康保险携带和责任法》 | 对医疗机构及其商业伙伴搜集、使用受保护的健康信息进行管理 |
| | 1998 | 《儿童在线隐私保护法》 | 禁止实施、收集、使用互联网上关于儿童个人信息的不公平性或欺诈性行为 |
| | 1999 | 《金融服务现代化法案》 | 规定了金融机构处理个人私密信息的方式，包括金融秘密规则、借口防备规定等 |
| | 2002 | 《电子政务法》 | 推动政府采用信息技术实现公共服务的用户导向转变 |
| | 2014 | 《联邦信息安全现代化法》 | 以"信息安全"为主题纳入《美国法典》，明确了各联邦机构、管理与预算办公室和国土安全部部长的信息安全职责 |
| | 2017 | 《电子邮件隐私法》 | 要求美国执法机构在获得法院的搜查令后，可以搜索时限超过六个月的电子邮件和其他第三方存储的数据 |
| | 2017 | 《边界数据保护法》 | 要求海关部门在获得法院授权的情况下，可以搜查入境美国人员的电子设备及云端信息 |
| | 2017 | 《数据经纪人问责制与透明度法案》 | 定义数据经纪人为"收集、聚合或维护不是其用户或该实体雇员的个人信息，建立数据经纪人问责制并增加其行为的透明度，以便将其出售或提供给第三方访问的商业实体" |

续表

| 类型 | 时间 | 政策名称 | 核心内容 |
|---|---|---|---|
| 跨境数据管理 | 1997 | 《美国出口管理条例》 | 要求受管制的"技术数据"在位于美国境外的服务器上进行保存或处理，应取得出口许可。最新修订为 2020 年 |
| | 1998 | 《美国国际军火交易条例》 | 要求与国防相关的"技术数据"的服务器须位于美国境内 |
| | 2007 | 《美国外国投资与国家安全法》 | 针对"商业数据"，确保只有美国公民参与处理特定产品和服务，保证特定的行为和产品只位于美国境内；外国公民访问相关美国公司时，应预先通知政府相关方 |
| | 2018 | 《美国澄清境外数据的合法使用法案》 | 针对"公民信息"，以"数据控制者模式"取代"数据存储地模式"，并提出"适格外国政府"概念 |
| | 2020 | 《加利福尼亚州消费者隐私保护法案》 | 旨在改变企业在加利福尼亚州的数据处理方式，披露其收集的关于消费者的个人信息的类别和具体要素、来源、业务目的以及共享信息的第三方类别等 |

① 吴沈括.数据治理的全球态势及中国应对策略[J].电子政务,2019(1):2-10.

### 7.3.1　以主权扩张、利益驱动为目的

在国家主权层面，美国联邦政府从克林顿政府、小布什政府时期的"打击恐怖主义""信息时代关键基础设施保护"等战略提及网络威胁概念并指出强化基础设施建设，从而奠定了美国网络主权战略的基础，后续奥巴马政府、特朗普政府不断出台《网络空间国际战略》等新战略规划，对网络部队及其网络行动计划、网络军事政策等进行强化扩张。在国际贸易及数据跨境层面，从克林顿政府制定的《全球电子商务框架》，到奥巴马政府出台的《国会两党贸易优先权和责任法》《美韩自由贸易协定》《跨太平洋伙伴关系协定》，以至特朗普签订的《美国－墨西哥－

加拿大协定》，均在持续推动全球经济贸易并致力于营造较为宽松的数据跨境流动环境，以便于促进美国的电子交易及商务发展。

（1）主权扩张式网络行动计划及军事战略

美国网络司令部于 2017 年从战略司令部中独立出来，专门负责国家网络防御及网络进攻，作为美国备战网络战争并组织各类网络空间行动的独立机构直接向国防部长汇报[①]。至 2018 年 5 月，其下包括海军、陆军、空军和海军陆战队在内的一百余支网络任务部队已具备识别对手并阻止攻击、支持作战指挥官开展网络军事行动、捍卫国防部信息网络安全等全面网络作战能力。此外，全球网络作战特遣部队作为其网络作战的最高指挥机构，承担着战略战术指导及获取相关情报等事务性职责[②]，并与陆军下设的全球网络作战与安全中心、海军下设的舰队网络作战中心，以及空军下设的空军网络集成中心等协调合作，共同服务于美国的网络主权安全。

就网络行动计划而言，美国政府自 2014 年推出记忆延伸计划强化在线搜索能力开始，便不断做出如监听日本重要政府机构及企业、发表声明将俄罗斯与中国等国家和恐怖分子并列为对美国构成严重威胁的攻击主体[③]、对华启动"301 条款"调查挑起贸易战并加征信息技术领域关税等一系列超越国家管辖边界、对国家主权挑衅的行动。就网络军事战略而言，国防部参谋长联席会的《军事行动的法律支持》、陆军的《信息行动：原则、策略、技巧和程序》、海军的《海军原则出版

---

① Statement by President Donald J. Trump on the elevation of cybercommand[EB/OL].[2020-01-12].https://www.whitehouse.gov/.

② Joint task force-global network operations[EB/OL].[2020-01-12].https://en.wikipedia.org/.

③ Legal support to military operations[EB/OL].[2020-01-12].http://www.dtic.mil/doctrine/.

物》，以及空军的《网络空间行动》等军方文件[①]，都提及主动网络空间防御及武装冲突交战等思想，将其武力行为的思想在网络治理领域表露无遗。

（2）利益导向型国际贸易协定

1997 年克林顿政府制定的《全球电子商务框架》明确了美国对于电子商务及数据跨境流动治理的基本立场，指明美国将持续与其主要贸易合作伙伴开展谈判，将在市场驱动机制下实现隐私问题解决并促进数据流通利用间的平衡。发展至奥巴马政府时期，《国会两党贸易优先权和责任法》明确了世界贸易组织 WTO 协定下的规则适用于服务贸易和数据跨境流动，并指明政府不应妨碍数字贸易、限制数据跨境流动、要求数据本地存储并处理等[②]，并将其作为促进市场环境开放的指引签订《美韩自由贸易协定》《跨太平洋伙伴关系协定》等。

出于其政府最佳利益的考虑，特朗普上台后宣布退出 TPP 多边贸易协定并与墨西哥等国签订北美自由贸易进阶版的《美国－墨西哥－加拿大协定》。2018 年底与墨西哥刚就汽车关税及数据跨境问题达成共识，2019 年初特朗普便提出要筑起"美墨边境墙"以抵御边境非法移民，其表态隐含着多边协定对美国不具有约束力，美国随时保留食言权力的态势。美国依托其强大国力，在联盟约定中淡漠合约精神，而以绝对强势的解释权倾向其国家利益。

### 7.3.2 以分业立法、分散监管为体系

一般而言，私有权利法无禁止即可为，公有权力法无授权即禁止，

---

① Legal support to military operations[EB/OL].[2020-01-12].http://www.dtic.mil/doctrine/new_pubs/jp1_04.pdf.

② Bipartisan congressional trade priorities and accountability[EB/OL].[2020-01-12]. https://uscode.house.gov/view.xhtml?path=/prelim@title19/chapter27&edition=prelim.

而美国的数据治理立足于合同中法无禁止即可为的原则，倡导只要没有明确的法律禁止，公司则可自由使用用户个人数据。美国政府形成了公开部门和私营领域分别立法、私营领域分行业立法、联邦下属各州分散立法的分业立法体系，以及各大联邦委员会并行执法的分散监管体系。

（1）境内分业立法、境外缔约协议

一方面就境内公民数据保护在国内各部门、各行业领域、各州市分别立法，比如约束政府部门的《隐私法》和分别约束私营领域中征信行业的《公平信用报告法》、健康行业的《健康保险携带和责任法》、金融行业的《金融隐私权法》及《金融服务现代化法案》等，约束加利福尼亚州的《加利福尼亚州消费者隐私法案》和约束华盛顿州的《华盛顿隐私法》等；另一方面就跨境数据流动治理与各主权国家及地区达成双边或多边协定，比如与欧盟相继签订《安全港协议》《隐私盾》协议以寻求跨境数据流动政策共识并促成数字贸易，与韩国达成自由贸易协定以缔约双方尽量避免施加对于数据跨境流动的障碍并促进金融服务发展，与墨西哥、加拿大达成协定以维持数字自由贸易和政府为公共利益合法规制之间的平衡，并鼓励缔约方加强合作建设提升网络安全事件应对能力。

（2）对公分散监管、对私自定规则

主要体现为对公共部门分散监管，对私有组织自定规则。以《隐私权监管法案》为代表的制度旨在对公共部门进行监管规制，且其执法权力分散在联邦贸易委员会、联邦首席信息官委员会、联邦通信委员会等机构之中，整体监管呈现出不诉不理的消极状态，而且各州市之间执法监管力度参差不齐；对各国民行业而言，虽有对于金融、电信等领域的专门立法，但大多私营领域没有单独的立法监管体系，更多依靠行业自律联盟进行行业内约束。

### 7.3.3 以长臂管辖、双重标准为跨境流通核心

美国政府对于国家政权之间的个人数据跨境流动的政策主张，主要体现为亚太经合组织的《APEC 隐私框架》《APEC 跨境隐私执行合作安排》及《跨境隐私规则体系》等系列规则体系的隐私执法及问责代理思想，以及以《CLOUD 法案》为代表的境外数据使用的长臂管辖、供取双重标准等主张。

（1）《跨境隐私规则体系》的隐私问责思想

《跨境隐私规则体系》作为对 APEC 成员经济体中的商业机构对个人信息处理进行规制的规则体系，其要素包括预加入该体系的个人信息处理商业机构自我评估、责任代理机构进行符合性审查、商业机构名录公示、隐私权保护执行监管机构对于投诉问题的争端解决和强制执行等四大层面[1]，隐私执法机构和问责代理机构两大机制是该体系的核心所在。

①隐私执法机构，作为拥有调查权和起诉权的公共机构，承担着按照 APEC《跨境隐私执法安排》（*Cross-border Privacy Enforcement Arrangement*，CPEA）所规定的隐私框架最低保护标准执法。CPEA 包含"经济体内可供数据保护机构、隐私接触者和责任代理使用的联系目录""跨境隐私规则体系的范围和管理权"等 9 大数据隐私探路者项目，可供中、日、韩、美等国在内的 16 个经济体选择参与。当某一成员国内的个人数据受到其他成员国侵犯时，将争端提交至隐私执法机构可得到高效解决，最大程度减少诉讼的时间及经济成本。

②问责代理机构，由隐私专员、管理者或政府机构担任，主要通过公布匿名的案例评论和申诉统计数字、承诺对 APEC 经济体内的任一部

---

① The APEC Cross-Border Privacy Rules（CBPR）System[EB/OL].[2020-01-12]. https://www.docin.com/p-1432437241.html.

门请求做出及时回应、与其他问责代理机构合作以处理涉及跨境的双方及多方事务等形式，实现确保企业遵守《APEC 隐私框架》及《跨境隐私规则体系》，并向消费者和企业提供高效的争议解决服务。

（2）CLOUD 法案的长臂管辖及双重标准主张

CLOUD 法案的核心在于提出了"数据控制者模式"和"适格外国政府"两大主张，前者提倡弱化地域管辖原则并赋予数据控制者更多的数据保存备份及披露的权利，后者则以《网络犯罪公约》为基础标准并附加美国境内数据最小限度出境的额外条件，以此形成"适格外国政府"名录以获取与美国互通进行跨境电子取证的资格。美国在跨境数据流动规制问题上，一方面赋予自身过多地向外获取数据的权利而无视他国本地化立法，另一方面对于自身宽松而对他国要求严苛，表现出极强的长臂管辖主张及数据出入境的供取不平衡。

①长臂管辖主张，CLOUD 法案提出数据控制者模式直接取代数据存储地模式，《网络犯罪公约》也相应规定作为地域管辖原则的特殊例外，可无须告知数据存储国而直接取证，此条例对于数据本地化程度较高的国家而言，直接影响了其国家主权完整。例如当美国向俄罗斯行使长臂管辖权，要求单边跨境远程取证存储于俄罗斯境内服务器的数据时，违背了俄罗斯数据本地化立法，将产生严重的国际冲突；再如我国《中华人民共和国国际刑事司法协助法》对跨境电子取证采取了较为严格的出境规制，对于外国司法机关通过"长臂管辖"要求境内组织或个人提供证据材料做出了直接否决[①]，立场与美国单边行使长臂管辖权相悖。

②供取双标理念，CLOUD 法案对美国获取境外数据的程序予以简化并赋予极大的自主裁量空间，由原先司法互助协议 MLAT 所规定的

---

① 中华人民共和国国际刑事司法协助法[EB/OL].[2020-01-13].http://www.npc.gov.cn/zgrdw/npc/xinwen/2018-10/26/content_2064576.htm.

提交数据调取申请—申请司法部初审—申请地区检察官办公室共同审查—申请地区法官审查—送达授权令至数据所有者—经国际事务办公室后期处理后再传输至中央代理机构—数据送达侦查部门至执法人员[①]等系列需要在多个部门流转的烦琐程序，简化为美国侦查人员可直接向他国司法机关申请调取令，并通知数据控制者以获取数据，无须再经由双方政府及国际事务部门审批；反观他国从美国境内调取数据，则需首先签署《国际犯罪公约》并达到美国政府所指定的法制标准和人权保护标准，其次应受到数据披露指令一般要求限制、数据对象限制、获取目的限制、程序限制、数据使用及留存限制等一系列限制性要求，整体呈现出权利非对等、贸易非互惠的数据出入境供取双标理念。

### 7.3.4 以科技巨头、网络服务公司为实施主体

美国较早开始网络主权数据治理组织体系布局。组织上，美国联邦政府分行业立法并由不同机构负责专项治理与监管。在国防部、国土安全部、司法部、商务部等 15 个内阁与部各自履行与其业务直接相关的数据治理职责并直接对总统负责之外，美国的数据治理监管体系与其分散立法的布局相呼应，其权力被分散到联邦管理预算办公室（OMB）、联邦贸易委员会和联邦储备委员会等在内的系列机构中，形成了"联邦管理预算办公室、联邦贸易委员会和各联邦委员会并行执法"的监管体系。

同时，不容忽视的是，美国在治理机构上具有明确的对内联合头部企业和对外联合战略合作国家的特色。一方面，本国企业成为美国展开国际数据治理的"长臂"，ICANN、Sprint 等一批掌握网络空间核心话语权的企业或组织均是在美国注册。2009 年，微软公司匹配政府切断了

---

① The Mc Namara-O' Hara Service Contract Act[EB/OL].[2020-01-13].https://www.dol.gov/whd/govcontracts/sca.htm.

对古巴、朝鲜等五个国家 MSN 服务；2019 年，谷歌对欧洲境内的安卓系统企业进行收费，作为美国反制欧洲"单一数字市场战略"的手段。另一方面，美国积极开展与欧盟成员国、日韩、墨加等国的自由贸易及数据跨境流动缔约合作，打造美日欧互认的数据共同体，建立以西方为中心的跨境数据流动规则框架，并进一步扩展全球数据霸权。

## 7.4　欧盟式：人本导向型模式

欧盟作为拥有 27 个会员国的第一大经济实体，由 1993 年《欧洲联盟条约》（又称《马斯特里赫特条约》）确立。欧盟对内政策上，通过标准化法律制度制定了一个单一市场以供所有成员国人员、货物的自由流通，保持了共同的贸易政策；对外政策上，欧盟作为整体代表其成员在世贸组织、八国集团和联合国等相关重大会议上发声以维护其成员国利益。现已在国际数据治理领域下形成了以消除国家壁垒、保护基本人权为初衷，以统一立法、集中监管为纲领，以充分性保护为基准的数据跨境"内松外紧"模式。

### 7.4.1　以消除国家壁垒、保护人权为初衷

欧盟在设置个人数据保护标准时，秉承着维持个人自由及隐私保护与经济社会自由贸易间平衡的基本原则，则需要既以保护人权为本，又要在最大限度内消除国家壁垒、促进欧盟一体化流通。

（1）尊重个人自由、保护基本人权

在关于人权保护方面，自 1948 年联合国大会通过《世界人权宣言》确立人权保护的起始框架开始，欧洲委员会即着手草拟《欧洲人权公约》，规定任何个人在任何领域可不受干扰保留意见、通过媒体接受或

告知观点等相关的自由表达权利，尊重家庭生活等隐私权利，禁止奴役与强迫工作，受公平审判及依法处罚等权利[1]，构建了一个涵盖所有基本权利与自由范围的法律网络，1950 年邀请各成员国签署后于 1953 年正式对成员国生效，至今仍是欧盟乃至全世界执行基本人权的重要文件之一。

（2）消除国界壁垒、促进欧洲一体化

在消除壁垒与促进一体化方面，《里斯本条约》对于欧盟决策方式的大刀阔斧式革新，起到了推进欧洲一体化的关键作用。《里斯本条约》修改了《欧洲联盟条约》和《建立欧盟社区条约》两大核心文件，从加强欧盟核心架构、提升内部运转效率的角度出发，设立常任欧洲理事会主席、合并欧盟委员会外交及安全政策的交叉职务、增强欧洲议会及欧洲法院权力、强化成员国及欧盟人口的双重多数表决制等[2]，为欧盟的所有活动提供了通用法律框架。《服务贸易总协定》（*General Agreement on Trade in Services*，GATS）则立足于在透明化及自由化的前提下扩大全球服务贸易，通过跨境交付、境外消费、商业存在及自然人流动等方式弥合各成员间发展的不平衡并促进各国各服务行业的贸易发展。欧盟现已建立政治合作制度、关税同盟政策及共同外贸政策，基本建成内部统一大市场。

### 7.4.2 以统一立法、集中监管为纲领

欧盟作为欧洲共同体历经发展演变，在政治上成员国均为民主国家，在经济上是全球重要的经济体，基于这样的政治经济文化背景，既

---

① The european convention on human rights[EB/OL].[2020-01-13].https://www.coe.int/en/web/human-rights-convention.

② The treaty of Lisbon[EB/OL].[2020-01-13].https://eur-lex.europa.eu/legal-content/EN/TXT/?uri=celex%3A12007L%2FTXT.

需要统一纲领进行内部规范又需要一定的民主自由度空间，因而形成了特色的"立法层面统一立法成员国自由延伸、监管层面联合审查成员国独立监管、对外层面作为统一体需经充分认定才可跨境流通"的基于主权的数据治理立法监管体系。

欧盟依靠其独特联盟模式，采用统一立法、集中监管的立法立规模式，制定统一法律制度来规范相关主体对个人信息、行业重要数据、国家秘密的收集、处理和传播利用，并设立专门机构执行监管；欧盟成员根据统一原则及指令设置本国境内适用的相关法规。网络主权导向下，欧盟近年来立法主要围绕境内数据保护和跨境数据规制两个核心点展开（表 7-7），并不断围绕主权需求进行扩展。

表 7-7　网络主权视角下欧盟主要数据治理法律与政策

| 主题 | 时间 | 政策名称 | 核心概要 |
| --- | --- | --- | --- |
| 境内数据保护 | 1981 | 《关于个人数据自动化处理的个人保护公约》 | 全球第一份具有法律效力的数据保护国际性文件，对数据跨境流动和相互协定规定做出明文规定[1] |
| | 2002 | 《电子通信领域个人数据处理和隐私保护指令》 | 针对电信领域服务提供商提供了更具体的数据处理方式及标准，对象涵盖通信秘密、cookie 等[2] |
| | 2004 | 《与第三方国家进行个人数据转移的标准合同条款》 | 针对个人数据跨境转移问题，明确与第三方国家转移的具体细则标准，以标准化合同予以确定 |
| | 2012 | 《关于涉及个人数据处理的个人保护以及此类数据自由流动的第 2012/72、73 号草案》 | 首次提出数据主体应享有"被遗忘权"，数据主权有权要求数据控制者永久删除有关数据主体的个人数据，除非数据的保留有合法的理由 |

续表

| 主题 | 时间 | 政策名称 | 核心概要 |
|---|---|---|---|
| 数据跨境流通 | 1995 | 《个人数据保护指令》 | 消除成员国间人员、物品、资本、服务自由流动障碍，实现个人数据自由流动及隐私保护的一致性③ |
| | 2010 | 《欧盟委员会数据保护通函》 | 要求简化跨境数据流动规则，并提出将推动全球性数据保护原则 |
| | 2018 | 《通用数据保护条例》 | 确定数据处理合法公开透明、数据准确性及完整性等七项基本原则，并规定数据主体各项权利④ |

①Convention for the protection of individuals with regard to automatic processing of personal data[EB/OL].[2019-12-16]. https://rm.coe.int/1680078b37.

②Directive 2002/58/EC[EB/OL].[2019-12-16].https://eur-lex.europa.eu/legal-content/EN/TXT/?uri=CELEX：32002L0058.

③Directive 95/46/EC[EB/OL].[2019-12-16].https://eur-lex.europa.eu/legal-content/EN/TXT/?uri=celex：31995L0046.

④刘晓春.欧盟《通用数据保护条例》原则条款解析[N].中国市场监管报,2019-04-16（6）.

（1）欧盟统一立法、成员国各自延伸

自 20 世纪 80 年代以来，欧盟出台《关于个人数据自动化处理的个人保护公约》《个人数据保护指令》《欧盟基本权利宪章》《电子通信领域个人数据处理和隐私保护指令》《通用数据保护条例》等进行数据保护的原则及处理规范，随着云技术和移动互联网让个人数据越来越多地泛化利用并远离个人终端，欧盟开始对已有的数据保护法规进行统一修订，并明示各成员国可在此基础上修订更为严格的条约。2012 年欧盟委员会发布了《有关"95 年个人数据保护指令"的立法建议》对 1995 年的《个人数据保护指令》进行全面修订，法国也响应号召推出《云计算数据保护指南》对国内云计算服务协议及安全管理提出了建议。

2018 年《通用数据保护条例》的正式生效，标志着跨区域组织机构对于数据保护及跨境数据治理方式的重塑，欧盟统一立法引入被遗忘权、数据转移权等个人主体权利并扩大了 GDPR 的管辖范围，各成员国也相继在国内立法，就数据主体出具有效同意设置更严格的条件、就数据向第三国转移限定更详尽的前提条件、就违法违约规定更严苛的处罚措施等，2018年德国《联邦数据保护法》、2018年法国《数据保护法》、2018年意大利《个人数据保护法》(《第101号法令》) 等法规成为响应 GDPR 的典型代表。

（2）建设完备"联盟领导、成员配合"组织模式

欧盟在组织机构上具有独特的"联盟领导、成员配合"的模式。随着 GDPR 的出台，欧盟数据治理组织体系进一步丰富，设置专门的数据保护委员会负责监管欧盟各成员国的立法、执行、审判等相关事项，并发布年度审查报告；各成员国各自设立对应的监管专员或监管机构，积极配合联盟执法、寻求联盟协助、及时统一战略对策，从而形成独特的"组织统一管理、成员协同管制"的欧盟组织体系（见图 7-1）。

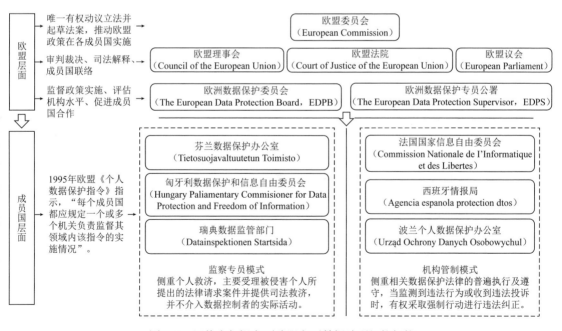

图 7-1 网络主权视角下欧盟主要数据治理机构架构

首先，欧盟层面统一规划与管理。区别于主权国家，欧盟数据治理与保护机构更多充当立法、审判和监察的角色。在立法与审判层面，欧盟委员会作为唯一有权立法动议并起草法案的机构，承担推动法律推行实施的职能，并有权对成员国发起谈判、提出控诉等。自1995年以来，欧盟委员会已经发起并制定如《数据保护指令》《个人数据保护总规》《安全港协议》与《隐私盾协议》等系列条例。同时，欧盟理事会、欧盟议会、欧盟法院承担综合事务管理职责，主要包括审判裁决、司法解释、日常联络等内容。在日常监察与管理层面，欧洲数据保护委员会与GDPR法案同时诞生，作为独立监管机构保证GDPR执行；欧洲数据保护专员公署（EDPS）负责监督欧盟机构和相关组织的个人数据处理及相关法案的原则制定[①]。

其次，成员国层面匹配监管。早在1995年欧盟《个人数据保护指令》中就规定成员国应设立相应机关负责监督其主权领域内上层指令的实施情况。欧盟各成员国均设立独立职能机构，赋予其广泛的调查权、干预权、司法建议权等权力，管理域内数据与数据行为，警告、处罚及制裁违法行为。

在长期发展历程中，欧盟各成员国机构建设按方式可分为监察专员和机构管制两种模式。监察专员模式下，监察机构主要受理请求案件，并在符合相关程度及达到既定标准的前提下提供司法救济，日常其并不介入数据控制者的实践活动；机构管制模式，则更关注相关法律及政策在域内的普遍执行及遵守情况，并有权对违法行为予以监管、投诉受理和强制纠正。

### 7.4.3 以充分性保护为数据跨境流通准则

GDPR立足于合法性基础，对数据跨境传输规定需以充分性认定为

---

① European Data Protection Supervisor. About[EB/OL].[2019-12-18]. https://edps.europa.eu/about-edps_en.

基础评估标准，以有约束力的公司规则、标准合同条款、临时合同条款和国际协议为充分性认定之外的法定保障工具，以数据主体明示同意、履行主体间的合同、为达成公共利益、行使诉讼及答辩权利、保护数据主体的重大利益、为达成数据控制者的合法利益等场景作为在必须进行数据跨境传输时的减损规定①，下文将论述充分性认定、内部公司规则约束及标准合同条款等重要主张。

（1）充分性认定为基准

《个人数据保护指令》首次提出"第三国所提供的保护水平适应性应当根据与一次或一系列数据传输操作相关的所有情况来评定；对数据的性质、将进行的数据处理操作的目的和持续时间、数据来源国和最终目的地国、有关第三国的现行一般性和单行性法律规定以及该国实行的行业规则和安全措施应当予以特别考虑"②。2018年GDPR对其评估认定标准做出了更为细致的扩充，将尊重法律规则、伸张正义、符合国际人权标准、具备总法律与部门法律的体系、保障个人有效权利（含有效的行政与司法补偿）、制定数据保护规则、制定数据传输的特别规则等纳入了考量标准，以达到对第三国数据保护地区、行业及机构的相关法律的全面性充分保护水平评估。欧盟委员会现已对安道尔、阿根廷、加拿大、以色列、新西兰、瑞士、乌拉圭等国家地区做出了数据跨境传输的充分认定，并对美国报名登记《欧美隐私盾协议》项下的隐私保护机构的公司予以充分认定。

（2）公司内部规则BCR为约束

约束性公司规则（BCR）即一个组织机构只需遵循一套完整的数据跨境流动规则，无论是跨国企业的母公司还是子公司都受这一套规则约

---

① 沈萍.解析欧盟与中国个人数据保护[M].武汉:武汉大学出版社,2019:20-36.

② 陈飞.个人数据保护:欧盟指令及成员国法律、经合组织指导方针[M].北京:法律出版社,2006:47.

束，该组织可以向所有承认这套规则的国际及地区进行数据流动，但同时应遵循当地的数据保护要求①。若发生违法违规事件，无论该事件在哪个国家地区发生，也无论是由跨国企业的哪个分支机构承担责任，受害当事人都可以向当地的分支机构进行投诉达成和解，或是向该国家地区的数据保护监管机构投诉。约束性公司规则对于个人而言，提供了一套更为简洁有效的隐私保护机制，无论用户身处何地都能受到一致的隐私规则保护，遇到法律纠纷时也无须考虑司法管辖问题，可直接在当地以最小化成本解决隐私侵害问题；对于公司而言，应用该规则可帮助企业运用统一的隐私保护政策和保护平台，而无须再为不同国家地区的法律法规体系和行政监管体系而定制差异化规则，各公司还可根据公司文化及其业务流程来量身定制符合自身运营发展的隐私保护规则。约束性公司规则 BCR 极大程度体现了欧盟一体化及通用标准化思想。

（3）标准合同条款为保障

标准合同条款的基本逻辑在于通过在数据转移双方的合同中纳入标准合同条款，将《个人数据保护指令》中关于数据控制者和数据处理者面向数据主体的法定行政法义务与民事义务转化为合同义务与违约责任，将法律适用条款及争议解决落实到民事赔偿责任以确保数据主体权利落到实处。从该指令提出适当保障措施以后，历经了 2001 年适用于数据控制者的标准合同条款（简称 SCC2001C）和数据处理者的标准合同条款（简称 SCC2001P）、2004 年与第三方国家进行个人数据转移的标准合同条款（简称 SCC2004C）以及 2010 年更新版适用于数据处理者的标准合同条款（简称 SCC2010P）三个版本的演变②。

SCC2001C 对数据转移要点、第三方受益人条款、数据输出方及数

---

① General data protection regulation[EB/OL].[2020-01-14].https://gdpr-info.eu/.

② Standard contractual clauses（SCC）[EB/OL].[2020-01-14].https://ec.europa.eu/info/law/law-topic/data-protection/international-dimension-data-protection/.

据输入方义务、调解和管辖等内容做出了基本规定；考虑其灵活性不
足，SCC2004C 作为 SCC2001C 的并行条约新增了违约责任及第三方权
利，规定数据转移双方中一方违约时应赔偿另一方蒙受的实际损失，并
详细列举了数据主体的第三方权利，包括可依据标准条款就违约行为主
张赔偿并向数据输出国法院提起诉讼；SCC2010P 作为 SCC2001P 的替
代版，新增了分包处理条款，规定数据输入方应事先获得数据输出方的
书面同意之后再将数据处理分包，而数据输出方也应制定分包处理协议
清单（规定第三方受益人条款）并提供给其所属监管机构，在个人数据
处理服务终止之后，数据输入方和分包处理方应根据数据输出方的选
择，向其退回所有传输的个人数据副本并在销毁本地数据后提供销毁证
明。标准合同条款的演变，在数据类型、数据主体保护、业务数据流及
事后风险管理等方面做出了更适当的合规路径探索。

## 7.5　日韩式：外部合作型模式

　　日韩在数据治理方面对欧美的做法进行了一定的吸收和摒弃，立足国
情，考虑到仅依靠企业通过行业自律进行自我约束的被动性，因而一方
面推出了个人信息保护专门法，另一方面没有一味追随欧盟的各种严格条
约，而是以寻求外部合作、构建多边战略的途径，试图在国内公民隐私保
护和国际数据跨境流通之间维持平衡，现已形成了以地域合作、利益均衡
为导向，以迎合主流立法、配套监管为根本，以用户知情同意为前提的数
据本地存储与跨境流动兼容模式。

### 7.5.1　以地域合作、利益均衡为导向

　　日本在 20 世纪后期到 21 世纪初由于人口老龄化、教育衰退以及日

元升值导致产业空洞化和就业恶化经历了经济衰败的二十年，因而在 21 世纪互联网的浪潮中奋力追赶，致力于通过对内调整货币财政政策、对外扩展全球经济合作网络以寻求在全球数据治理中拥有一席之地。韩国同样作为战后急需发展的典型代表，得益于身处经合组织、亚太经济合作组织等国际组织框架内的充分资源及低学习成本，持续在对外开放和贸易经济领域发力，并在数据保护及跨境流动规制方面迎头赶上。

（1）地域合作式双边及多边战略协定

日本 2000 年通商白皮书提出构建重叠多层式外贸政策的框架理念，表示将继续推动 WTO 多边贸易体系的新一轮谈判。近年来日韩以亚太区域为重点，先后与泰国、印尼、文莱、瑞士、越南、印度等国家和地区签署双边或区域自贸协定，并陆续参与中日韩自贸协定以及"东盟 10+6"（中日韩印澳新西兰）框架下的区域全面经济伙伴关系自贸协定 RCEP 的谈判[①]，不断消除国界壁垒、减让关税并促进贸易流通，现已形成以《日美防卫合作指针》为代表文件的增强网络空间的数据治理合作，以《美韩自由贸易协定》为代表的协定促进跨国跨境的自由贸易及数据流通。

（2）隐私保护与跨境流动的均衡

日本在新版《个人信息保护法》中引入匿名化处理个人信息概念，旨在规制数据处理者在处理个人信息时所获得的相关信息不能识别出特定个人也不能被恢复身份属性，通过随机号码替代个人身份识别号码的方式保护个人的隐私安全。无独有偶，韩国也在《个人信息保护法》中对敏感信息以及唯一识别信息做出了专门规定，包括个人意识形态、加入或退出商业团体及政治团体的信息、通过基因检测的 DNA 信息等敏感信息，以及居民登记号、护照号、驾驶证号等唯一身份识别信息的收

---

① 张磊，埃尔姆斯.国际经贸治理重大议题2015年报[M].北京:对外经济贸易大学出版社,2015:60.

集利用，都应遵循特定的同意原则。日韩立足于本国经济发展现状，既要保护公民隐私及国家主权安全，又在最大限度内允许数据跨境流动以促进发展贸易，始终维持着域内严格保护隐私和域外限制跨境流动的状态以实现利益均衡。

### 7.5.2　以迎合立法主流、配套监管为根本

日韩两国的数据保护专门法都出台得较晚，一方面是受国家政治、经济的影响，另一方面也是因网络实名制等制度的探索几经曲折，整体延缓了数据治理及隐私保护的立法进程。日本最早于 2003 年出台个人信息保护法以规制政府领域的数据治理，在 2015 年对该法进行修订完善，扩大其国内法的管辖范围；韩国则在 2011 年才初拟个人信息保护法草案并于 2016 年修订新增个人数据跨境转移的限制规定。

（1）迎合主流立法，扩大管辖范围

日本于 2003 年《个人信息保护法》出台之前，已有规制行政机关的《行政机关电脑处理个人情报保护法》，规范特定行业部门的《户籍法》《电信事业法》《电子商务法》等法规，但是缺乏一般性的个人信息保护规则，对个人信息处理行为及个人合法权益保护带来了诸多影响，导致非公共部门的数据泄露事件频发。在此背景下，日本高度信息化通信社会推进战略本部提出报告，建议采取欧盟统一立法模式，确立适用于公共部门和非公共部门的通用原则，同时借鉴美国分业立法的模式就特殊领域制定个别法，并鼓励非公共部门行业自律。

（2）设置专职委员会进行执法监管

日本在 2015 年对《个人信息保护法》进行修订，新增设置个人信息保护委员会作为专门的个人数据保护机构，一方面进行私营领域的执法监管，督促国内建设完善的数据保护体系，并对有数据出境需求的企业进行数据接收方国家的充分保护水平认定，另一方面接受来自公共领

域的内务与通信省对公共部门的执法监管报告。韩国除了设立与日本相同作用的个人信息保护委员会之外，另设个人纷争调停委员会进行日常数据纠纷处理，并要求数据处理者应当任命隐私官，通过制定数据保护计划、建立内部控制体系、回应用户投诉并提供补偿救济等方式不断完善所服务的企业组织的个人数据保护工作。

### 7.5.3 以数据主体知情同意为跨境流通前提

韩国在亚洲范围内建立了较高的数据保护及跨境流动法律水准，对用户知情同意设立了严格机制，规定数据控制者在取得用户同意之前应当履行充分的告知义务，对各部分独立的内容加以明示以协助数据主体理解同意的对象及具体内容。日本也在个人数据保护法律中规定企业在将用户数据转移给境外主体时应取得数据主体的同意。

（1）请求获取同意的事项各自独立

请求获取同意的事项各自独立而非捆绑，用户可以选择同意其中的若干项并同时拒绝若干项。当企业对各项条款进行捆绑，在基础责任义务事项中掺入不合理事项时，用户有权拒绝条款，并停止对企业收集利用个人信息的授权。此前法国国家信息自由委员会对谷歌的 5000 万欧元罚款事件，则是因为谷歌违反了《通用数据保护条例》中"有效获取数据主体明确同意"条款，该条款要求其用户在创建账户前勾选的服务条款是综合给出而非单独选择加入。

（2）为增值服务而需利用信息应予明确告知

企业如果出于向用户提供更好服务的目的，从而需要进一步获取利用用户信息，则应当向用户予以明确告知并征得同意，包括但不限于市场营销活动等，此外对于无须获得同意即可收集信息的场景有限，且证明无须获得用户同意的责任在于数据控制者。韩国《促进信息通信网络使用及信息保护法》修订版新设个人信息暂停处理请求权，将现行法规定的个人信息收集、利用及提供等的"同意撤回权"扩大为"暂停处理请求权"[①]，即便是为履行合同或生命财产受到威胁等需要获取事前同意的例外情形，当企业扩大信息收集使用范围时用户也可以请求暂停处理。此法案条款的更新体现了韩国立法对于个人信息自决权的保障。

（3）向第三方披露应征求数据主体同意

数据处理者向第三方披露个人信息时，应充分告知向何方主体披露了信息、披露的目的及用途、数据保留期限，以及告知用户可撤回同意及撤回的后果等内容，并在征得数据主体的明确同意后使用。但是对于其他立法有特殊规定、正当目的下实在无法联系取得数据主体同意、用于科研学术研究但个体无法识别等情形例外。上述所有情况下都应保证信息的披露不会对信息主体或者其他三方造成不公正侵害。

若是向境外第三方提供个人信息，则应明确告知除转移国别之外的信息接收人、接受目的及用途、信息内容及持有期限等详细事项并征得用户主体同意，此外韩国企业可通过标准合同条款方式实现数据跨境转移，但所缔结的合同条款不应违反相关法律，对于违反事前同意相关条款的可处以刑罚或者是罚款、责令改正等行政制裁。韩国不以国家为界限的转移，仍存在用户在未知转移目的地国家的基础上难以做出充分判定并决定是否同意的诟病。

## 7.6　印俄式：国家稳健型模式

俄罗斯、印度等人口大国，依托于本地巨大的用户市场和丰富的原

---

① Korea communications commission acton promotion of information and communications network utilization and information protection[EB/OL].[2020-01-16]. https://elaw.klri.re.kr/.

始数据积累，在具备数据开发增值再利用优势的同时，也面临着数据泄露所带来的公民隐私安全问题和国家主权安全风险，加之印、俄等发展中国家在国际数据治理环境中因国际地位不高而不占有主导话语权，因而以印度、俄罗斯、马来西亚等为代表的国家现已形成了以网络防御、国家安全保障为核心，以强化安全等级保护、设置专门监管机构为立足之本，以求同存异、审慎修订立法为原则的数据跨境限制模式。

### 7.6.1 以网络防御、安全保障为根本

俄罗斯等国立足于公民隐私保护和国家安全防护，历届联邦总统均发布过推进网络空间发展、重视信息安全威胁的联合声明及指令等文件，通过提升对网络威胁的重视度，不断强化个人数据保护、规范网络空间行为、加强关键信息基础设施建设，以实现充分的网络安全防御。

（1）重视本国的信息安全威胁

俄罗斯 2000 年版《俄罗斯联邦信息安全学说》将本国面临的信息安全威胁概括为对俄罗斯复兴精神层面的威胁、对联邦政策构成的威胁、对本国信息产业发展构成的威胁，以及对境内的信息系统构成的威胁等四大类。随着网络技术的发展以及美国等大国情报机构对于他国情报网络的侦察及进一步渗透，俄罗斯随之提升了国家网络风险意识，2016 年出台了该文件修正版重新定义网络安全威胁，将军事侦察等影响信息安全状况的负面因素、扩大情报网络等破坏世界地区政治及社会稳定的手段、制造恐怖主义和极端主义激起种族仇恨的行为、通过金融信贷等领域的电脑犯罪侵犯个人隐私的方法等，均纳入了破坏俄罗斯传统道德精神、破坏国家主权及领土完整的风险因素。

（2）以保护公民权利、规范网络空间行为基础

《俄罗斯联邦宪法》中便提出保障舆论自由的观点，规定每个人都有以任何合法方式收集获取、生产传播信息的权利。《信息法》进一步

明确公民、企业以及政府部门具有获得信息资源的平等权利，在最大限度内保障了公民的信息自由权；此外为保护公民个人隐私权，规定个人及家庭秘密、信函邮件等资料属于秘密信息范畴，未经数据主体许可同意严禁传播。

为净化网络环境，俄罗斯政府除加强个人数据保护之外，还加强了网络安全领域立法以规范网络空间行为。其中《俄罗斯联邦大众传媒法》明确禁止通过互联网及网络传媒方式散播淫秽暴力内容、煽动民族仇恨和宗教不满、破坏国家领土及主权完整、泄露国家机密等。《网络黑名单法》《著作权法》等也分别对网络传播恐怖主义及网络盗版侵权现象等进行了规范。

### 7.6.2 以强化安全等级保护、设置专门监管为立足

印度对国内数据实行分类管理和分类境外跨境传输规范，俄罗斯也通过"联邦通信、信息技术与大众传媒监督局"进行通信相关数据的监管。印俄等国以网络防御为宗旨，通过实现技术设备的国产化、加强网络安全防范及相关审查，并设置包含专门的监管委员会在内的各项职能机构，进行全面的数据安全强化管理。

（1）实施设备国产化、注重网络安全审查

为减少对先进国家核心技术的依赖并降低国家网络安全的风险，俄罗斯等国大力发展新兴科技并提升相关人才储备，积极推进网络相关技术产品的国产化及本土化。俄罗斯自 2010 年起自研芯片及软件系统并逐步应用于政府部门，2014 年通过新法案规定优先考虑采购国有网络通信设备，最新发布的国家网络安全战略中也提出通过减税等支持自研的网络安全产品逐步替代国家政务系统及关键基础设施的海外进口产品的设想。

为强化数据的安全管理，不仅从源头上倡导使用国内自研网络系

统，政府也提出对于外资进入等事项进行严格的信息内容审查。俄罗斯通过修订相关法律针对特种生产技术、核工业及相关武器等涉及国家安全的战略性行业建立了统一的国际安全审查制度，2012年《关于外资进入对保障国防和国家安全具有战略意义的商业组织程序法》修订版规定外资控股10%以上的企业需经过反垄断局预审、安全局及国防部同意、外国投资监督委员会审查批准；2014年《信息保护法》修正案也提出网络服务提供商所有的用户社交信息应至少在俄罗斯境内存储六个月，从而为政府进行网络内容审查确立法律基础。

（2）设置专门监管、强化职能机构建设

印度尼西亚《电子信息和电子交易法》规定由通信与信息技术部负责贯彻落实数据保护制度，并赋予其调查涉及非法处理个人及机密信息的违规事件并进行罚款监禁处罚的权利。越南适用于商业交易的《网络信息安全法》授权信息通信部开展检查、审查投诉和其他涉嫌信息隐私侵犯行为的相关执法。俄罗斯信息技术与大众传媒监督局则负责俄罗斯政府及总统、技术和出口服务局、安全局等出台的法律规章及行政法规的数据保护特定条款的相关执行监管。

在俄罗斯联邦安全委员会总管全国的网络安全政策制定及安全保障工作的框架下，内务部、安全局、媒体和文化管理局与通信信息技术部协同承担起网络安全具体工作的执行实施的职能。联邦安全局监听网络攻击相关信息并对本国网络安全态势进行预测、内务部特种技术局组建网警应对网络军事威胁、国防部成立网络科技部招募技术人才开展网络战技术研发等，俄罗斯联邦政府已形成全面的职能机构用以保护公民数据安全及国家网络安全。

### 7.6.3 以本地存取、限制跨境流动为规制

不同于美国未出台数据本地化存储立法、欧盟认可同等数据保护水

平便可跨境传输、日韩维持本地数据保护与跨境流动的平衡等做法，以俄罗斯为代表的国家排斥数据的跨国跨境自由流动，通过强化数据本地存储要求，以实现对于境内数据的绝对保护。

（1）数据普遍本地化存储

2010年，马来西亚政府通过的《个人数据保护法》要求马来西亚公民的个人数据应当存储在境内服务器上，数据使用者不能将其转移至其他国家或地区，除非该国家或地区经过了相关部门批准被列为可转移目的地且在官方公报上进行了公布。2013年，越南《互联网服务及互联网在线内容管理、提供、利用规定》要求互联网服务提供商应当至少提供一套服务器系统，将其所掌握的所有信息在越南境内备份，以协助相关当局调查。

印度国家安全委员会于2014年规定邮件服务提供商必须在印度境内设立服务器，应依托于境内服务器存储数据并提供相关的邮件服务；印度国家安全顾问建议要求所有电信公司和互联网公司通过境内的国家交换节点传输本地数据以保证境内数据的最大化本地留存；2018年《个人数据保护法草案》规定，经中央政府认定的关键个人数据仅能在境内存储处理，其他个人数据至少应在境内留存一份副本以供监管调查[①]，印度中央银行也对所有在印度的支付企业提出将数据存储在印度本地的强制要求。

俄罗斯自斯诺登事件爆出之后，便呼吁通过立法捍卫数据主权，要求电子邮件服务提供商以及社交网络公司将俄罗斯用户数据保留在境内以满足执法搜查需求。2014年《信息保护法》修正案规定，"自网民接收、传递、发送和处理语音信息、文字、图像等电子信息六个月内，互联网信息传播组织者必须在俄罗斯境内对以上网民个人信息及社交信息

---

① Personal data protection bill[EB/OL].[2020-01-18].http://meity.gov.in/writereaddata/files/Personal_Data_Protection_Bill,2018.pdf.

进行保存，并依法向俄罗斯安全部门提供以备审查"①；2015年《个人数据保护法》规定，任何网络媒体必须使用境内服务器进行俄罗斯公司及公民信息的记录、存储和处理。2016年LinkedIn因未将其收集的俄罗斯公民信息存储在境内受到了当地法院的上诉及相关核查，由此可见俄罗斯对于数据本地化存储的要求之严苛（见表7-8）。

表7-8 国际主要国家及地区数据本地化立法强弱情况

| 数据本地化强度 | 具体要求 | 国家（地区） |
|---|---|---|
| 强 | 国内产生的数据必须储存在境内服务器上 | 文莱、中国、印度尼西亚、尼日利亚、俄罗斯、越南 |
| 事实要求 | 相关法律对数据传输的要求相当于数据本地化 | 欧盟 |
| 部分要求 | 诸多措施要求在跨境传输前征得数据主体的同意 | 白俄罗斯、印度、哈萨克斯坦、马来西亚、韩国 |
| 轻微要求 | 在某些条件下限制跨境传输 | 阿根廷、巴西、哥伦比亚、秘鲁、乌拉圭 |
| 特定领域要求 | 仅在特定领域如医疗、电信、金融及国家安全领域限制 | 澳大利亚、加拿大、新西兰、中国台湾、土耳其、委内瑞拉 |
| 无规定 | 没有已知的数据本地化法律要求 | 美国等其他国家 |

（2）严格的跨境流动规制

印度1993年《公共记录法》规定包含政府电子邮件在内的所有由电脑产生的材料均禁止转移至境外，且政府部门雇员职能使用由非私企提供服务的政府电子邮件系统。2018年《个人数据保护法草案》则对个人数据进行了敏感度分级的跨境管控，关键个人数据不得出境，涉及人身安全及社会动乱等特殊情况下被中央政府特别授权许可的除外；除关

① 中央网络安全和信息化领导办公室小组,国家互联网信息办公室、政策法规局.外国网络法选编[M].北京:中国法制出版,2015:315.

键个人数据以外的敏感个人数据以及一般个人数据，可以在遵守相关数据保护部门批准的标准合同条款（类似于《通用数据保护条例》的有约束力的公司规划）、数据接收方被中央政府许可、数据主体已明确授权同意等条件下出境，但必须在印度境内保存副本以供核查。

俄罗斯现行的个人数据保护法规定，个人数据可跨境传输至欧盟《108 公约》的成员国及其他受到政府认可并列入充分维护个人数据主体权利的名单之中的国家及地区，或是未提供充分保护但已有相关国际条约、个人数据主体因履行合同需要、极端情况下为保护生命安全等情形。在跨境传输之前需确认充分性保护水平，在跨境过程中仍可因维护俄罗斯联邦宪法原则、社会道德、公民个人健康以及其他合法权益等原因而终止传输进程，可见俄罗斯政府对数据出境、数据传输、数据入境等跨境转移全流程均提出了较为细致严苛的要求。

## 7.7　总结

通过对各国主权域内的数据保护立法及其监管现状，以及主权域外的数据跨境流通规则的全面调研之后，本章总结了以美国为代表的"法无禁止即可为、分散监管不诉不理、发展国际跨境缔约"的利益驱动型数据治理模式、以欧盟为代表的"统一立法体系、独立集中监管、内松外紧明晰数据转移标准"的人本导向型数据治理模式、以日韩为代表的"迎合立法主流、寻求监管共识、本地存储与跨境流动兼容"的外部合作型数据治理模式，以及以印俄为代表的"审慎立法修订、设置专门监管、限制跨境流动"的国家稳健型数据治理模式。下文将就几大数据治理模式的成因、内在联系及差异、对我国的借鉴思考几方面展开分析。

### 7.7.1 几大数据治理模式的成因分析

美国利益驱动型模式的形成，首先在政府层面主要源于其历史上殖民时期过长直接导致对独立、自由和民主的强烈追求以及对专制王权的不信任，因而两次独立战争之后形成了立法、行政和司法三大机构相互制衡的总统共和制的政治体制状态，相应地在数据治理领域其执行监管权力也被分散至联邦下设各部门及委员会等机构之中，形成了分业立法、分散监管的格局；其次在行业层面继 20 世纪末互联网浪潮之后，美国便依托苹果、亚马逊、微软等跨国企业在互联网技术方面持续领先，占据着网络空间数据治理的优势地位，以巨头公司为主导所发起的美国隐私在线联盟 OPA、TRUSTe 隐私认证等行业自律联盟及标准协会也承担着辅助政府进行数据治理的重要角色，因而形成了出于利益驱动而对全球无障碍自由贸易的追求的商业氛围，进一步促使政府不断与各国寻求政策共识以达成数据跨境流动的合作缔约。

欧盟作为欧洲防卫共同体、欧洲政治共同体和欧洲经济共同体共同演化及发展整合的结果，秉承着发展共同外交及安全政策、加强司法及内政事务合作的理念，加上《里斯本条约》《欧盟基本权利宪章》等条约的陆续出台，欧盟对于欧盟公民的权利保障愈加重视，因而始终以人本为导向坚持统一立法和集中监管。随着《108 公约》到《个人数据保护指令》再到 2018 年 GDPR 的历史沿革及立法演变，欧盟不断提升对其成员国公民隐私保护的标准，一方面不断消除成员国之间的跨界壁垒、促进内部数据的一体化流通，另一方面对欧盟外部推出数据保护充分性水平认定标准以提升与欧盟境内交换数据的门槛，形成了"内松外紧"的数据跨境转移制度。

除欧美以外的日韩外部合作型、印俄国家稳健型等其他数据治理模式，基本皆由于缺乏一定的国家话语权，但又需要在保护本国公民隐私和国际贸易合作之间寻求平衡，于是出现了追随欧盟 GDPR 脚步，域内审慎立法、配套监管，域外修订数据跨境流动规则的格局。

### 7.7.2  几大数据治理模式的内在联系及差异分析

无论是美国利益驱动型模式，还是欧盟人本导向型模式，抑或是日韩外部合作型模式、印俄国家稳健型模式等，其核心思想均在于保护本国或本区域境内的公民个人数据，以求在最大限度内赋予公民最大的信息自主权。但是对于立法及监管模式、对于数据本地存储及跨境流动的态度，以及数据跨境流动及存取的具体规则方面，存在较大的模式间差异。

一是立法模式的不同，美国没有统一的立法而是针对特殊领域单独立法，其他未立法的领域则是默认"法无禁止即可为"；欧盟出于政治经济共同体的因素考虑，制定了统一的最低限度立法以供各成员国在此基础上延伸；日本、韩国等则是制定了统一的个人信息保护法，但条款大多是用以规制政府公共部门，私营领域的特殊行业立法仍行之有效，并作为一般性个人信息保护法的辅助进行全国的数据治理。

二是监管模式的不同，美国的监管权力分散至联邦下设诸多部门机构，从而达到互为制约的均衡效果；欧盟则为 GDPR 设置了专门的数据保护专员公署及数据保护委员会，用以监管此法案的实施效果及各成员国的执法监管情况；日本、韩国则是配套个人信息保护法设置了个人信息或个人情报保护委员会，名义上负责相关法规的解释及执行，但仍设有其他机构用于辅助或具体行动的实施；印度、俄罗斯等国则是将监管职责赋予信息通信技术部、国家安全局等相关机构，用于统领本国的隐私数据保护及国家安全维护等事宜。

三是对于本地化存储与跨境自由流通的态度差异，以美国为代表的国家或地区毫无数据本地化法律要求，以欧盟为代表的国家或地区虽无本地存储立法但对数据跨境转移的接收方提出了同等水平要求相当于数据本地化，以俄罗斯为代表的公民网络信息严格限制本地存储，形成了无本地存储要求、等价于本地存储、严格限制本地存储的三级分化的态势。

四是对于跨境流动规则的制定不同，欧盟对于成员国之外提出了充分性保护水平认定标准，需要数据接收国家或地区的相关法律法规达到欧盟认可的水平；美国则是为本国获取境外数据提供便利的同时，对境外获取本国数据提出了严苛的法律要求及程序要求；韩国则是不以国界为跨境标准，一切以数据主体的知情同意为前提。

### 7.7.3 几大数据治理模式对我国的借鉴思考

各国及地区均基于其特有的现有国情及历史沿革形成了独特的数据治理模式，我国于2021年8月刚通过《中华人民共和国个人信息保护法》，数据治理取得了重要进展。但具体的数据治理实施细则尚未出台，专职数据监管机构也尚未设立。国际上各类基于主权视角的数据治理模式，对于我国个人信息保护法在法律层面的立法宗旨及基本原则、管辖对象及适用范围、本地保护及跨境规则，在监管层面的执法主体及权力范围、监管对象及其方式、权力平衡制约，在国际缔约层面的跨国贸易及合作、数据出入境管理规则及风险管控等，均有借鉴意义。

# 8 数据主权下的我国数据治理现状

一国主权不仅体现于对外防御及参与国际交流协作，更在于对内把握互联网监管事务并对各行业进行数据治理。围绕国家大数据战略和"互联网＋"行动，我国各级政府及信息网络服务、银行金融、医疗健康等诸多行业逐步加大对大数据应用及数据治理的重视程度。随着数据标准规范、防欺诈防钓鱼、网络实时预警等技术的成熟应用，我国在国际数据治理领域的话语权日益提升，国家代表团在 2015 年巴西 SC40/WG1 工作组会议上提出的《数据治理白皮书》获得了国际广泛认可。本章将梳理我国域内数据保护和域外数据跨境流动的立法监管体系，并对银行金融、医疗健康、商业服务和交通地理等重要行业进行重要数据的梳理和数据治理的执法案例分析。

## 8.1 国内数据治理总体情况

就一国主权而言，我国在主权域内视角下搭建了较为完善的立法体系，通过法律、行政法规、司法解释、国家标准等形式对国家安全、网络安全及个人隐私安全等层面构建了全方位的保障体系；在主权域外视角下对特殊领域给予特别重视，通过行业管理办法及管理条例，对行业重要数据类型及存储方式、出境要求及出境方式予以规范，以保障国家的数据主权安全。就行业数据治理而言，伴随广泛的行业大数据应用场景而来的各种网络诈骗和网络犯罪行动愈加猖獗，国家网信办、工信部携手各地方法院及检察院，对各行业的违法行为进行惩处规范，以保持数据隐私保护与数据开放共享之间的平衡。本节将分别就主权域内视角下的数据保护、主权域外视角下的数据跨境，以及国内分行业数据应用及相关治理现状进行梳理。

### 8.1.1 主权域内的数据保护立法监管

我国对网络与数据安全的认知较早，最早在 1996 年的《中国公用计算机互联网国际联网管理办法》中就提到要加强对网络管理，而将网络安全上升到国家安全层面，将数据安全与国家主权结合起来的认知则发展较晚，在 2010 年后才开始有所论及。2015 年，《中华人民共和国国家安全法》（以下简称《国家安全法》）首次在法律层面明确使用了"网络空间主权"的概念，提出要"维护国家网络空间主权、安全和发展利益"。回顾我国的数据主权治理历程，当前尚未有统一的数据主权法律，主要通过各项数据保护、网络安全法律进行分散立法（见表 8-1）。

表 8-1 我国数据保护重要立法摘录

| 文件形式 | 文件名称 | 颁发机构 |
|---|---|---|
| 法律 | 《中华人民共和国刑法》（以下简称《刑法》） | 全国人民代表大会及其常委会 |
| | 《中华人民共和国国家安全法》 | |
| | 《中华人民共和国保守国家秘密法》（以下简称《保守国家秘密法》） | |
| | 《中华人民共和国电子签名法》（以下简称《电子签名法》） | |

续表

| 文件形式 | 文件名称 | 颁发机构 |
|---|---|---|
| | 《中华人民共和国网络安全法》（以下简称《网络安全法》） | 全国人民代表大会及其常委会 |
| | 《中华人民共和国电子商务法》（以下简称《电子商务法》） | |
| | 《中华人民共和国民法典》（以下简称《民法典》） | |
| | 《中华人民共和国个人信息保护法》（以下简称《个人信息保护法》） | |
| | 《中华人民共和国数据安全法》（以下简称《数据安全法》） | |
| 行政法规 | 《中华人民共和国计算机信息系统安全保护条例》（以下简称《计算机信息系统安全保护条例》） | 国务院 |
| | 《计算机信息网络国际联网安全保护管理办法》 | |
| | 《计算机病毒防治管理办法》 | 公安部 |
| | 《金融机构计算机信息系统安全保护工作暂行规定》 | 公安部、中国人民银行 |
| | 《互联网电子公告服务管理规定》 | 工业和信息化部 |
| | 《关于互联网中文域名管理的通告》 | |
| | 《电信网间互联管理暂行规定》 | |
| | 《互联网站从事登载新闻业务管理暂行规定》 | 工业和信息化部、国务院新闻办 |
| | 《计算机信息系统保密管理暂行规定》 | 国家保密局 |
| | 《计算机信息系统国际联网保密管理规定》 | |
| | 《涉及国家秘密的通信、办公自动化和计算机信息系统审批暂行办法》 | |
| | 《中国教育和科研计算机网暂行管理办法》 | 教育部 |
| | 《教育网站和网校暂行管理办法》 | |

续表

| 文件形式 | 文件名称 | 颁发机构 |
|---|---|---|
| | 《电子出版物管理规定》 | 教育部、新闻出版署 |
| | 《网上证券委托暂行管理办法》 | 中国证监会 |
| | 《个人信息和重要数据出境安全评估办法（征求意见稿）》 | 国家互联网信息办公室 |
| 推荐性国家标准 | GB/T 20984—2007《信息安全技术 信息安全风险评估规范》（以下简称《信息安全风险评估规范》） | 中国国家标准化管理委员会 |
| | GB/T 20988—2007《信息安全技术 信息系统灾难恢复规范》（以下简称《信息系统灾难恢复规范》） | |
| | GB/T 21054—2007《信息安全技术 公钥基础设施 PKI 系统安全等级保护评估准则》 | |
| | GB/T 35273—2020《信息安全技术 个人信息安全规范》（以下简称《个人信息安全规范》） | |
| | GB/T 39725—2020《信息安全技术 健康医疗数据安全指南》（以下简称《健康医疗数据安全指南》） | |
| | GB/T 39477—2020《信息安全技术 政务信息共享 数据安全技术要求》（以下简称《政务信息共享 数据安全技术要求》） | |
| | GB/T 37973—2019《信息安全技术 大数据安全管理指南》（以下简称《大数据安全管理指南》） | |
| | GB/T 37988—2019《信息安全技术 数据安全能力成熟度模型》（以下简称《数据安全能力成熟度模型》） | |
| | GB/T 37373—2019《智能交通 数据安全服务》 | |
| | 《信息安全技术 数据出境安全评估指南（草案）》（以下简称《数据出境安全评估指南（草案）》） | |
| 国家标准化指导性技术文件 | GB/Z 20986—2007《信息安全技术 信息安全事件分类分级指南》（以下简称《信息安全事件分类分级指南》） | 全国信息安全标准化技术委员会 |
| | GB/Z 24364—2009《信息安全技术 信息安全风险管理指南》 | |
| | GB/Z 28828—2012《信息安全技术 公共及商用服务信息系统个人信息保护指南》（以下简称《公共及商用服务信息系统个人信息保护指南》） | |
| | GB/T 35589—2017《信息技术 大数据 技术参考模型》 | |

表 8-1 的内容是对我国人大常委会通过的立法、国务院颁发的行政法规，以及国务院组成部门、直属机构、直属事业单位公布的部门规章和规范性文件进行了数据治理领域的重要立法摘编。我国目前已形成以《宪法》《刑法》《国家安全法》《网络安全法》《电子商务法》《民法典》《个人信息保护法》《数据安全法》为核心基准，以《计算机信息系统安全保护条例》《计算机病毒防治管理办法》《软件产品管理办法》《教育网站和网校暂行管理办法》《电子出版物管理规定》为部门规章，以《信息安全风险评估规范》《个人信息安全规范》《大数据安全管理指南》等为国家标准的数据保护立法体系。

《保守国家秘密法》<sup>①</sup> 限定内容包括国家秘密的范围和密级、保密制度、监督管理等，要求涉及国家安全的、泄露后可能损害重要领域安全利益的国家秘密，应符合绝密级国家秘密、涉密信息系统的相关保密制度规定，并受到国家保密行政管理部门的检查监督，否则将依法追究刑事责任；《网络安全法》<sup>②</sup> 规定由国家网信部门统筹网络安全预警及通报制度，国务院标准化行政主管部门应组织相关企业、研究机构等修订有关网络运行安全及信息安全管理的国家标准及行业标准，网络运营者应履行数据保存加密、防止网络入侵等相关健全用户信息保护制度的义务；《电子商务法》<sup>③</sup> 对电子商务经营者的合同订立和争议解决做出了法律规范。《个人信息保护法》<sup>④</sup> 是我国第一部法律层面的个人信息保护专门立法，对公民在处理个人信息活动中的权利、个人信息处理者的义务

---

① 中华人民共和国保守国家秘密法[EB/OL].[2020-12-25].http://www.gov.cn/flfg/2010-04/30/content_1596420.htm.

② 中华人民共和国网络安全法[EB/OL].[2021-03-25]. http://www.cac.gov.cn/2016-11/07/c_1119867116_2.htm.

③ 中华人民共和国电子商务法[EB/OL].[2021-03-25]. http://www.mofcom.gov.cn/article/zt_dzswf/.

④ 中华人民共和国个人信息保护法[EB/OL].[2021-03-25]. http://www.gov.cn/xinwen/2021-08/20/content_5632486.htm.

等方面做出了全面的规定，有效弥补了我国个人信息保护领域法律体系的重大缺失；《数据安全法》①聚焦数据安全领域的突出问题，确立了数据分类分级管理，建立了数据安全风险评估、监测预警、应急处置和数据安全审查等基本制度，是我国首部关于数据安全的专门立法。

《个人信息安全规范》②进行了个人信息示例及个人敏感信息判定，规范了个人信息收集过程中的合法化要求、最小化要求、授权同意、明示同意和隐私政策内容及发布，个人信息保存过程中的去标识化处理、敏感信息的传输和存储、信息控制者停止运营，个人信息使用过程中的访问控制措施、个人信息跨境传输要求等行为；《公共及商用服务信息系统个人信息保护指南》③对公共及商用服务信息系统中的信息主体、信息管理者及获得者和独立测评机构确立了处理个人信息的目的合理明确、公开告知同意等多项原则，以及贯穿信息收集、加工、转移、删除等四大环节的处理规范。

我国的域内数据保护立法监管，已经形成了覆盖国家安全、社会稳定和个人隐私安全等层面，《国家安全法》《网络安全法》《数据安全法》《个人信息保护法》以总体国家安全观为指引，在维护国家安全、网络安全、数据安全和保护个人信息权益方面形成了一个相互协调、有机的、统一的法律体系整体。就执法监管机构而言，我国也没有专门的数据治理集中监管机构，而是"中央政府＋地方政府＋各行业分管"的综合监管模式。对于全国性的综合管理立法如个人信息保护、消费者权益

---

① 中华人民共和国数据安全法[EB/OL].[2021-03-25]. http://www.gov.cn/xinwen/2021-06/11/content_5616919.htm.

② 中国国家标准化管理委员会.信息安全技术 个人信息安全规范:GB/T 35273—2020[EB/OL].[2021-03-25]. http://c.gb688.cn/bzgk/gb/showGb?type=online&hcno=4568F276E0F8346EB0FBA097AA0CE05E.

③ 全国信息安全标准化技术委员会.信息安全技术 公共及商用服务信息系统个人信息保护指南:GB/Z 28828—2012[EB/OL].[2021-03-25].http://www.zbgb.org/2/StandardDetail969962.htm.

保护等，则由工业和信息化部及其地方分支机构，以及国家市场监督管理总局及其地方分支机构进行监督实施；对于分行业的管理立法如金融征信行业、人口健康行业、交通地理行业等，则由中国人民银行、国家卫生健康委员会、交通运输部等进行主管治理。

## 8.1.2　主权域外的数据跨境立法监管

自从《网络安全法》明文规定"关键信息基础设施的运营者在中华人民共和国境内运营中收集和产生的个人信息和重要数据应当在境内存储。因业务需要，确需向境外提供的，应按国家网信部门会同国务院有关部门制定的办法进行安全评估；法律、行政法规另有规定的，依照其规定"[①]。随后，我国各行业对于数据本地存储要求及跨境传输限制成为常态，表 8-2 中摘录了各行业代表性的具备数据跨境流动条款规制的法律法规。

表 8-2　我国数据跨境流动立法规制

| 法规名称 | 义务主体 | 数据类型 | 存储要求 | 出境要求 |
|---|---|---|---|---|
| 《网络安全法》 | 关键信息基础设施（CII）的运营者 | 个人信息和重要数据 | 境内存储 | 因业务需要确需提供，依法进行安全评估 |
| 《数据安全法》 | 关键信息基础设施的运营者；其他数据处理者 | 收集和产生的重要数据 | 境内存储 | 适用《网络安全法》的规定；由国家网信部门会同国务院有关部门制定 |
| 《保守国家秘密法》 | 所有公民 | 国家秘密 | 境内存储 | 未经有关主管部门批准不得出境 |

① 中华人民共和国网络安全法[EB/OL].[2019-12-26].http://www.cac.gov.cn/2016-11/07/c_1119867116.htm.

续表

| 法规名称 | 义务主体 | 数据类型 | 存储要求 | 出境要求 |
|---|---|---|---|---|
| 《征信业管理条例》 | 征信机构 | 个人征信信息 | 整理、保存和加工应在中国境内进行 | 遵守法律法规和国务院征信业监管部门的规定 |
| 《中国人民银行金融消费者权益保护实施办法》 | 金融机构 | 个人金融信息 | 存储、处理和分析应在中国境内进行 | 除法律法规和中国人民银行另有规定外，金融机构不得向境外提供境内个人金融信息 |
| 《电子银行业务管理办法》 | 外资金融机构 | 电子银行业务数据 | 境内设置可以记录和保存业务交易数据的设施设备 | 因业务管理需要，遵守有关法规，采取必要措施保护客户的合法权益 |
| 《中国人民银行关于银行业金融机构做好个人金融信息保护工作的规定》 | 银行金融机构 | 个人金融信息 | 存储、处理和分析应当在中国境内进行 | 除法律法规及中国人民银行另有规定外，不得向境外提供 |
| 《关于加强在境外发行证券与上市相关保密和档案管理工作的规定》 | 证券公司、证券服务机构 | 境外发行证券及上市数据 | 境内存储 | 不得出境 |
| 《人口健康信息管理办法（试行）》 | 各级各类医疗卫生计生服务机构 | 人口健康信息 | 境内存储 | 因特殊情况需要出境的，需要经省科技部门或国务院有关部门审查批准后核发出口出境证明 |

续表

| 法规名称 | 义务主体 | 数据类型 | 存储要求 | 出境要求 |
|---|---|---|---|---|
| 《地图管理条例》 | 互联网地图服务单位 | 地图数据 | 服务器设置在中国境内 | 无 |
| 《网络预约出租汽车经营服务管理暂行办法》 | 网约车平台公司 | 个人信息和业务数据 | 境内存储，保存期限不少于 2 年 | 除法律法规另有规定外 |

就义务主体而言，《网络安全法》将传输主体定义为"关键信息基础设施的运营者"，而处于征求意见稿阶段的《个人信息和重要数据出境安全评估办法》和处于第二次征求意见稿阶段的《数据出境安全评估指南》将传输主体范围扩大至"网络运营者"，包括网络的所有者、管理者和服务提供者。数据出境被定义为"将在中华人民共和国境内收集和产生的电子形式的个人信息和重要数据，提供给境外机构、组织、个人的一次性或连续性活动"[①]，包括向位于本国境内但不受其司法管辖的主体提供的场景、数据未转移但被境外的机构组织访问查看的场景，以及运营者集团内部由境内转移至境外的场景等。

就数据客体而言，数据出境的客体对象是"在我国境内运营过程中收集产生的个人信息和重要数据"，非境内运营过程中收集产生的，以及经由本国中转出境但未经加工处理的，均不属于数据出境。其中对于境内运营的判定因素包括使用中文作为工作语言、以人民币作为结算货币、向中国境内配送物流等，而无论网络运营者是否在中国境内注册。

就出境方式而言，数据出境可以通过直接提供或通过产品服务等方式间接提供，可以为一次性活动也可以为多次性活动。就表现形态而

---

① 中国国家标准化管理委员会.信息安全技术 数据出境安全评估指南( 草案)[EB/OL].[2019-12-26].https://www.tc260.org.cn/ueditor/jsp/upload/20170527/87491495878030102.pdf.

言，包括了线上主动出境（如关联公司、合作伙伴、服务供应商等位于境外，需要向境外提供相关数据以供分析）、线上被动出境（如为了配合集团管理及业务运营，开放数据端口允许境外关联公司访问读取），以及线下出境（如通过 U 盘、硬盘、软盘等传统存储介质将数据递送至境外）等形式。

### 8.1.3　分行业数据治理概述

随着农业、工业、能源、交通、电信、金融等行业大数据的应用场景持续落地，由金融投资带来的个人征信信息泄露风险、由广告传媒带来的个人偏好预测及过度开发利用风险、由交通规划带来的个人行踪轨迹被滥用风险等尾随而至。我国也相应推出《征信业管理条例》《信息网络传播权保护条例》《地图管理条例》等行业性规定，用以约束本行业特定企业及群体的数据保护，并陆续开展政务大数据、高校教育大数据、医疗健康大数据的数据治理框架设计实施（见表 8-3）。

表 8-3　我国各行业数据应用现状

| 行业 | 数据源 | 应用场景 |
|------|--------|---------|
| 农业 | 自然环境数据<br>气象数据<br>种植养殖数据<br>农业市场管理数据 | 农业管理部门：促进农业产业链发展<br>气象部门：监测气象数据指导作物生产<br>财政部门：制定农业扶持政策及策略、农企信用评级<br>检疫检验部门：农产品质量安全追溯 |
| 工业 | 工业经营生产数据<br>政府及企业能源数据<br>电信运营数据 | 工业物联网的大数据应用及工业供应链的分析优化<br>国家能源局及国土局的能源运行负荷及调度优化<br>运营商的网络管理优化及客户关系管理 |
| 金融 | 银行数据<br>证券数据<br>保险数据 | 银行业用于信贷风控、差异化产品设计证券业用于客户预测、投资景气指数评估保险业用于精细化营销、赔付风险管理 |

续表

| 行业 | 数据源 | 应用场景 |
|------|--------|----------|
| 医疗健康 | 医疗临床数据<br>药品食品数据 | 开发创新医疗行业需求、支撑收益管理进行精准市场定位及产品研发、监测食品药品安全 |
| 交通物流 | 交通运输数据<br>物流快递数据 | 规划交通路线、路况监控治理提高物流服务质量、优化盈利方式 |
| 教育 | 教职工及学生数据<br>教育统计管理数据 | 提升教育质量、推动个性化发展推动区域教育均衡发展、实施教育改革 |
| 媒体 | 媒体内容数据<br>媒体受众数据 | 内容优化、跨平台联动营销节目精准推荐、智能广告投放 |
| 旅游 | 酒店餐饮数据旅游数据 | 商圈定位、个性化营销服务智慧景区、高峰旅行指导 |

表8-3的内容摘录了我国主要行业的大数据应用现状，可归纳为商业服务、公益服务和传统行业应用等三大类。一是最为广泛的商业服务业的营销类大数据应用；二是以公益为代表的公共服务类大数据服务及侧重于为公众提供公益服务的大数据应用；三是以农业为代表的传统行业的大数据应用。

更精准的数据分析和更广泛的数据应用，相应地也带来更高频的隐私风险。互联网金融会衍生网络诈骗、虚假交易等风险；互联网医疗会引起电子病历及就诊记录公开风险；互联网社交会导致个人基本信息及敏感信息泄露风险。近年来我国个人隐私泄露及违法侵犯个人隐私权、侵犯公民个人信息等的案件频发，表8-4摘录了近五年我国各行业的典型执法案例。

表8-4　我国各行业典型执法案例摘录

| 行业 | 事件 | 处罚对象 | 处罚行为 | 处罚依据 |
|---|---|---|---|---|
| 电商服务 | 淘宝网、同花顺金融、蘑菇街等5家网站被责令限期整改 | 淘宝网、同花顺、蘑菇街、虾米音乐、配音秀网 | 淘宝网店铺存在售卖违禁品、贩卖非法VPN行为；同花顺、配音秀存在低俗有害信息；蘑菇街、虾米音乐存在违规注册账号问题 | 《互联网信息服务管理办法》《互联网用户账号名称管理规定》 |
| 网络社交 | 腾讯、新浪微博等违反网安法被罚 | 微信、新浪微博、百度贴吧 | 微信用户传播恐怖暴力、危害国家安全及社会秩序的信息；新浪微博及百度贴吧用户发布传播宣扬民族仇恨信息 | 《网络安全法》《国家安全法》 |
| 新闻传播 | 58同城、赶集网等违法违规发布大棚房租售消息 | 58同城、赶集网、百度 | 58同城、赶集网、百度等网站违法违规发布"大棚房"租售信息 | 《互联网新闻信息服务管理规定》 |
| 金融 | 苏**信用卡诈骗、侵犯公民个人信息案 | 苏**个人 | 苏**非法获取公民个人信息，并伙同他人盗刷被害人银行卡 | 《刑法》《关于办理侵犯公民个人信息刑事案件适用法律若干问题的解释》 |
| 医疗 | 雀巢员工从医院医务人员手中非法获取公民个人信息 | 各单位涉事员工 | 雀巢员工为抢占市场，非法从兰州各大医院的医务人员手中非法获取公民个人信息 | 《刑法》《母乳代用品销售管理办法》 |
| 教育 | 四川一教育网站违反网安法被查处 | 宜宾市"教师发展平台"网站 | 未落实网络安全等级保护制度，未履行网络安全保护义务 | 《网络安全法》 |
| 政府事业单位 | 山西某网站违反网安法被查处 | 忻州市某省直事业单位 | 未采取防范计算机病毒和网络攻击、网络入侵的技术措施 | 《网络安全法》《国家安全法》 |

以淘宝为代表的电商等平台企业，因管理审核不慎而导致店铺违规

注册账号、售卖违禁品以及破坏信息系统安全的工具等，因未能及时制止而导致非法盈利数额过大，造成民事诉讼甚至刑事犯罪等；以腾讯为代表的社交软件企业，因内容审核不到位而出现网上泛滥传播暴力淫秽等危害国家安全、影响民族团结、破坏社会秩序、威胁个人安全的信息，引发对于信息传播权、个人著作权及版权的纠纷；此外，事业单位、政府网站、教育网站等由于网络安全等级保护制度落实不到位，遭遇计算机病毒黑客入侵等行为，从而使大量的用户信息被意外泄露甚至非法利用，引发了各种行业乱象，造成了恶劣的社会影响。

我国《网络安全法》将公共通信和信息服务、能源、交通、水利、金融、电子政务等七大重要行业领域纳入了关键信息基础设施的范畴，该范畴内数据处于一经泄露将严重危害国家安全、国计民生及公共利益的重要地位，下节将重点就银行金融业、医疗健康业、商业服务业和交通地理行业等四大行业的数据治理实践展开论述。

## 8.2 我国银行金融业治理实践

近年来，我国《银行业金融机构数据治理指引》等法规文件均在国家政策层面对银行业金融机构加强数据治理做出了相关指引，愈加注重通过决策管控以防范系统性金融风险。自 2018 年 3 月，国务院发布金融监管改革方案后，我国金融业形成了"一委一行两会"的金融监管格局。即便有相关立法监管的存在，随着网络经济犯罪日益规模化和智能化，银行金融业作为我国的重要基础行业之一，也正面临着前所未有的威胁和挑战。黑客攻击手段升级、恶意木马病毒泛滥，网络及数据安全的主要威胁已经迫使银行金融业不断维护升级网络基础设施，在网站设备升级、服务器扩容维稳、核心软件漏洞修复等方面投入巨大的人力物力。

从企业的角度出发，随着互联网金融浪潮的到来，越来越多的金融机构涉及数据跨境业务，需要在公司经营管理过程中通过网络提供产品及服务，并在不同国家及地区之间通过企业管理系统、电子邮件、网页终端及移动终端等各类平台及工具进行数据的传输和共享。金融机构更需要识别不同程度的个人信息和重要数据，对其进行脱敏处理及分级分类跨境流动管理，运用综合手段在维护自身基础设施建设、服务器端及移动终端安全优化、数据公开共享制度建设及跨境流动制度建设等领域进行规范治理，防范敏感数据的非授权访问、非合法跨境传输等，以保护个人隐私安全及国家主权安全。

### 8.2.1　行业重要数据及出境场景

随着金融全球化的推进和境内外金融交易的深化，银行金融业的个人信息和重要数据的传输及交换日益频繁，金融征信行业的数据治理备受挑战。下文将根据《网络安全法》等法律规章进行金融行业和征信行业的重要数据梳理，并对典型的银行金融机构数据出境业务场景进行探讨。

（1）金融行业重要数据

根据《信息安全技术　数据出境安全评估指南（草案）》①规定，金融行业重要数据包括三大类别，第一类是金融机构安全信息，包括新产品研发过程中产生的技术方案、研发记录、检测报告、实验结果等技术文档等；第二类是自然人、法人和其他组织金融信息，包括自然人、法人和其他组织金融信息、单位名称、统一社会信用代码等单位信息，银行业、证券业及保险业金融机构，以及非银行支付等交易机构办理业务

---

①　信息安全技术　数据出境安全评估指南（草案）[EB/OL].[2021-03-27].https://www.tc260.org.cn/ueditor/jsp/upload/20170527/87491495878030102.pdf.

时获取及保存的自然人、法人和其他组织信息；第三类是中央银行、金融监管部门、外汇管理部门工作中产生的不涉及国家秘密的工作秘密信息。

（2）征信行业重要数据

征信业重要数据包括：信用卡贷款及还款情况，欠缴税收、劳动及社会保障保险信息，行政事业性收费、政府性基金及公共事业欠费信息；法院判决裁定的信息；商业信用信息、民间借贷信息和水电费欠费信息等企业和个人与金融机构以外的市场主体发生融资授信关系产生的信息。

（3）数据出境的业务场景

随着经济贸易全球化和金融交流合作的深入，金融行业、征信行业等领域的个人信息和行业重要数据交换日益频繁，银行金融业的数据出境可能涉及以下场景：一是集团内部出于统一管理需要而进行数据跨境传输或共享，如同时设有境内和境外公司的中国企业，其客户资产、税收、征信、保险等数据存储于不同地域，需要借助内部统一平台进行整合分析并加以利用；二是向境外机构及个人提供部分产品或服务，如中国企业产品大量销往欧洲、美国市场等，在中国境内产生的金融产品研发信息、销售信息、交易记录等批量数据，可能将随着产品一起传输运送至境外；三是与境外第三方开展项目合作而进行数据跨境传输或共享，如中国企业与海外企业进行项目合作，合作中需要提供本地客户个人财产信息、金融消费偏好等数据以供海外企业进一步分析并提供产品及服务，则境内公民个人数据将作为数据源被传输至境外。

尽管数据出境评估有利于保护个人隐私及保障国家与数据主权安全，但汉坤律师事务所对我国部分境内银行和跨国银行的问卷调查结果显示，超半数的受访银行认为数据的存储维护及跨境评估会将增加公司的运营合规成本、影响公司的运营效率及提供服务的顺畅性等。银行金融业相关机构现行的数据出境处理方式只是脱敏处理、告知主体同意、采用安全的传输协议等，并未严格按照《网络安全法》及《数据出境安全评估指南（草案）》要求进行自查及自我评估，未来金融行业的数据出境仍要依托于国家政府部门、行业协会及企业自身三方面的共同努力。

### 8.2.2 司法案例执法解读

金融作为国民经济支柱行业，在互联网浪潮中又衍生出了互联网金融等新型业务方向，以蚂蚁金服、腾讯理财为代表的第三方支付、P2P网贷、众筹等多元化金融平台及投资产品，为金融行业带来了难以调控的风险隐患。银行金融行业的数据治理，一方面需要从产品及服务的资质许可入手，明确行业门槛并查处非法理财及网贷平台，另一方面也需要从法律政策层面对金融企业的网络安全建设进行常态评估及监管。下文将对工商银行员工贩卖公民个人信息、苏某某信用卡诈骗侵犯公民个人信息等案件进行分析解读。

（1）工商银行员工贩卖公民个人信息

2018年10月，辽阳市白塔区人民检察院对中国工商银行正式职员李某、宋某、桂某、刘某等人提起上诉，认为：①被告人李某作为大堂经理与拥有查询银行客户信息权利的蒋某某非法查询转卖公民个人信息获利达十万元；②被告人宋某在明知他人实施犯罪套现活动的前提下，仍通过网络平台和被告人李某勾结非法买卖公民个人信息，范围涵盖工商银行、建设银行等各大平台；③被告人桂某通过赌博QQ群获悉可查询买卖公民银行卡获利的信息，加入多个"信息交易群"并通过接受"下家"资金、支付"上家"查询费用的方式从中获取差价；④被告人刘某先后使用QQ、微信联系被告人桂某查询并出售公民个人的中国工商银行、中国建设银行、中国农业银行、中国民生银行账户信息，共计非法买卖公民个人财产信息四百余条，非法获利四万元。辽宁省辽阳市中级人民法院经公开审理并对涉案证据进行举证、质证，根据上述犯罪事实情节及社会危害性，依据《中华人民共和国刑法》（以下简称《刑法》）第二百五十三条、第六十四条之规定，认定被告人李某、宋某、桂某、刘某等犯侵犯公民个人信息罪[①]，予以判处有期徒刑及罚款处置。

此案中从非法获取数据再到建立平台公开转卖并以此获利，已经形成了完整的犯罪链条，对公民个人隐私的侵害涵盖了信息获取、信息存储、信息公开披露及利用等环节，侵犯的客体对象包括公民个人身份信息、账户信息、财产信息等范畴，涉事的侵权主体系中国工商银行、中国建设银行等国有银行以及中国民生银行等股份制商业银行的正式员工，产生了前所未有的行业负面性影响。此次侵权案件一方面折射出公民的个人隐私保护意识及相关普法教育有待加强，另一方面也暴露了企业在运营管理、数据存储安全以及雇员工作规范等方面的不足。

（2）苏某某信用卡诈骗及侵犯公民个人信息案

2016年5月，福建省厦门市同安区人民检察院对苏某某提起上诉，认为其冒用他人信用卡进行诈骗活动的行为已违反相关法规并构成信用卡诈骗罪；非法获取并向他人提供公民个人财产信息共计650余条，情节特别严重已构成侵犯公民个人信息罪。福建省厦门市同安区人民法院经审理认为上述情节属实，苏某某应两罪并罚，依照《刑法》第一百九十六条、第二百五十三条、第六十四条以及《最高人民法院、最高人民检察院关于办理侵犯公民个人信息刑事案件适用法律若干问题的解释》第五条之规定，判决被告人苏某某犯信用卡诈骗罪和侵犯公民个人信息罪，决定数罪并罚执行有期徒刑14年并处罚金12万元。

---

① 苏讨米侵犯公民财产信息并实施信用卡诈骗应数罪并罚[EB/OL].[2021-03-28].http://www.pkulaw.cn/Case/pfnl_a25051f3312b07f3938784ac8bc6dadc88e079babe9d6a0dbdfb.html?match=Exact.

　　此案中涉及对于信用卡信息与个人财产信息的讨论：对于信用卡信息我国法律没有明确定义，参考中国人民银行发布的《关于颁布〈银行卡发卡行标识代码及卡号〉和〈银行卡磁条信息格式和使用规范〉两项行业标准的通知》①等金融行业标准，信用卡信息主要包括主账号、发卡机构标识、校验位、个人标识代码等，而最高人民法院、最高人民检察院《关于办理妨害信用卡管理刑事案件具体应用法律若干问题的解释》（以下简称《解释》）②规定，"冒用他人信用卡"包括通过窃取等非法方式盗用他人信用卡资料并在网络终端使用的情形；对于公民个人财产信息，《解释》将公民个人信息定义为以电子等形式记录的能单独或辅助识别特定自然人身份及活动的信息，具备"与信息主体具有密切相关性""对信息主体身份的可识别性"等特征。本案中被告人非法获取并提供给他人共同实施盗刷的信息属于信用卡信息资料；非法获取的公民个人姓名、身份证、银行卡卡号及密码等信息可反映特定主体的存款等财产状况属于公民个人信息中的财产信息，因而构成信用卡诈骗罪以及侵犯公民个人信息罪。

　　除上述境内案件外，2018年8月无锡公安侦破全国首起境外侵犯公民信息案③，标志着我国在公民信息保护及数据治理领域的国际协作办案上更进一步。此案中犯罪分子通过向上与消费金融、车辆保险等信息源头合作、向下掌控贩卖渠道信息定价权，作为中间商构建起了公民个人信息非法交易的黑色产业网，并在湖南、广西、安徽等地，以及缅甸、

　　①　中国人民银行.关于颁布《银行卡发卡行标识代码及卡号》和《银行卡磁条信息格式和使用规范》两项行业标准的通知[EB/OL].[2021-12-28].http://www.pbc.gov.cn/bangongting/135485/135495/135499/2838369/index.html.

　　②　中华人民共和国最高人民法院.最高人民法院最高人民检察院关于办理妨害信用卡管理刑事案件具体应用法律若干问题的解释[EB/OL].[2021-03-28].http://gongbao.court.gov.cn/Details/fff8e96c66e3ecae40e69985732fae.html.

　　③　个人信息2分钟被泄露,无锡破全国首起境外侵犯公民信息案[EB/OL].[2021-12-28].https://www.thepaper.cn/newsDetail_forward_2389782.

老挝等东南亚国家一带活跃。在腾讯守护者计划团队和阿里天朗计划团队的协助下，公安机关协调多省警方以及缅甸警方先后抓获主要犯罪嫌疑人并破获此案。

我国已基本建立起个人金融信息保护制度，通过《中华人民共和国商业银行法》（以下简称《商业银行法》）《个人存款账户实名制规定》《个人信用信息基础数据库管理暂行办法》等法律法规对商业银行等金融机构进行了存款贷款、中间业务等各环节的保密义务[①]规定，并通过《征信业管理条例》等文件赋予征信主体与其征信规则相适应的知情权、同意权、信用记录重建权，以及异议权、投诉权和诉讼权等救济权利[②]。然而互联网金融背景下，不仅因隐私数据高度集中加重了侵权风险，更是因隐私数据高度隐匿造成了侵权救济困难[③]，金融消费者面临着不同于传统金融的侵权风险等新型问题。

从上述案例分析可知，金融行业各项司法执法案例呈现出行业信息源头数据管理不当、数据交易产业链乱象丛生、数据非法售卖涉嫌金额巨大的现状，而依托于个人金融、保险等财产信息关联度高、指向性强的特征，金融犯罪衍生出了电信诈骗、网络盗窃、暴力讨债等恶性犯罪形式，行业犯罪规模日益增大、技术手段愈加高明、活动地域扩展至跨国跨境。欧盟采用了"人权与隐私保护先行"的方式严格管控银行金融数据的共享，美国倡导在维护金融隐私和保障金融安全的前提下"最大程度促进金融数据自由流动"，然而我国《网络安全法》《个人信息出境安全评估办法（征求意见稿）》等上位法对于金融数据跨境的细则尚不

① 李爱君.商业银行个人数据应用的法律分析[J].中国银行业,2018（5）:77-79.
② 中国人民银行成都分行征信管理处课题组.金融科技背景下个人征信权益保护研究[J].西南金融,2019（1）:3-17.
③ 何颖,牛文茜.论互联网金融背景下的消费者隐私权保护[J].互联网金融法律评论,2015（3）:153-162.

明确①，各部门对于金融数据跨境流动的治理思路是，网信办主张"数据本地化但经安全评估后可跨境传输"、金融监管部门主张"数据本地化但原则上禁止跨境流动"②。面对跨境支付结算、客户尽职调查、国际化运营及风险管理、境外监管信息报送等金融数据跨境场景，我国对于银行金融业的数据治理仍存在金融业数据跨境流动细则有待立法确定、各部门治理主体规制思路有待协调、混合监管模式下各行业监管主体仍未明晰等问题，需要国家层面出台法律法规、行业层面加强安全防护、个人层面提升安全意识，各治理主体通力协作构建起完善的银行金融数据治理体系。

## 8.3 医疗健康业治理实践

2014年，国家卫生计生委在《人口健康信息管理办法（试行）》③规定，人口健康信息包含了各级各类医疗卫生机构依法在服务管理过程中产生的人口基本信息及医疗卫生服务信息等，不得在境外存储也不得托管租赁境外的服务器，所有人口健康信息管理工作都受到国家卫生计生委和各级地方人民政府卫生计生行政部门的监管；2015年，科技部《人类遗传资源采集、收集、买卖、出口、出境审批行政许可事项服务指

---

① 李伟.我国金融数据跨境流动规则建设的思考与建议[J].中国银行业,2020 (1):41-44.

② 王远志.我国银行金融数据跨境流动的法律规制[J].金融监管研究,2020(1): 51-65.

③ 国家卫生计生委关于印发《人口健康信息管理办法（试行）》的通知[EB/OL]. [2019-12-29].http://www.nhc.gov.cn/mohwsbwstjxxzx/s8553/201405/916e50f62c804ae68 de6bd811edcaf38.shtml.

南》①确立了人类遗传资源买卖及出境的审批标准，规定相关数据出境应符合目的明确、期限合理、签署合同并告知相关方知情同意等条件，并提交申请书、知情同意书、伦理委员会同意批件及其他法规要求材料，经由科技部审核批准才可实施出境活动；2016年，国务院《关于促进和规范健康医疗大数据应用发展的指导意见》对推进健康医疗行业治理大数据应用、推进网络可信体系建设、加强健康医疗数据安全保障提出了相关要求，提倡通过建立分级授权、权责一致的体系完善医院管理制度并加强医药卫生评估监管②；2019年，国务院《中华人民共和国人类遗传资源管理条例》（以下简称《人类遗传资源管理条例》）在"利用和对外提供"章节中规定，需将我国人类遗传资源传输出境的，需保证对我国国家安全及社会利益没有危害、具备明确的境外合作方和出于合理的出境用途、通过伦理审查，经由国务院科学技术行政部门批准出具证明后办理海关手续③。2021年7月1日正式实施的《健康医疗数据安全指南》④，在标准结构、合规控制项、合规尺度、典型场景等方面对健康医疗数据安全保护、融合共享、开放应用等做了规范指引。

自《人口健康信息管理办法（试行）》《促进健康医疗大数据发展意见》到《人类遗传资源管理条例》，我国立法始终秉承对人口信息、健康信息、医疗信息、人类遗传资源等各类信息的本地存储保护原则。在

---

①　关于发布《人类遗传资源采集、收集、买卖、出口、出境审批行政许可事项服务指南》的通知[EB/OL].[2021-03-29].http://www.scio.gov.cn/32344/32345/39620/40664/xgzc40670/Document/1656539/1656539.htm.

②　国务院办公厅关于促进和规范健康医疗大数据应用发展的指导意见[EB/OL].[2021-03-29].http://www.gov.cn/zhengce/content/2016-06/24/content_5085091.htm.

③　中华人民共和国人类遗传资源管理条例[EB/OL].[2021-03-29].https://www.gov.cn/zhengce/content/2019-06/10/content_5398829.htm .

④　国家标准化管理委员会.信息安全技术　健康医疗数据安全指南:GB/T 39725—2020[EB/OL].[2021-03-29].https://std.samr.gov.cn/gb/search/gbDetailed?id=B691BB77876CD126E05397BE0A0AF3B3.

始终严格规范出境审查程序的前提下，提倡医疗大数据资源、临床和科研大数据的开放共享，推动健康医疗的数字化及智能化设备应用，形成了对内广泛发展互联网＋健康医疗服务、建立健全医疗大数据保障体系建设，对外推进国际合作、严防关键遗传资源出境危害国家安全的数据治理格局。

### 8.3.1　行业重要数据及出境场景

上述《人口健康信息管理办法（试行）》《中华人民共和国人类遗传资源管理条例》等规定较为简单和狭隘，仅将健康信息限定在医疗卫生计生服务机构之内，且限定仅能在国内服务器进行物理存储，而对于数据的跨境流动场景未做深入细致的探讨。《数据出境安全评估指南（草案）》和《个人信息和重要数据出境安全评估办法（征求意见稿）》则对医疗健康行业的重要数据和出境评估做出了进一步解释。《信息安全技术　健康医疗数据安全指南》中规定"不涉及国家秘密、重要数据或者其他禁止或限制向境外提供的数据，经主体授权同意，并经数据安全委员会讨论审批同意，控制者可向境外目的地提供个人健康医疗数据，累计数据量宜控制在 250 条以内，否则宜提请相关部门审批"。

（1）人口健康行业重要数据

《数据出境安全评估指南（草案）》的附录《重要数据识别指南》[①] 提出了国内 26 个行业领域的重要数据的范围及判定依据，其中人口健康行业的重要数据包括但不限于：医疗健康服务机构登记的人口信息、计划生育、家族信息及其遗传史，保管的个人电子病历、就诊记录、健康档案，记录的器官移植、辅助生殖等信息；公共卫生事件中的流行病、传染病等相关患者及其家属信息，以及药物不良反应报告中监测的个人

---

① 信息安全技术　数据出境安全评估指南（草案）[EB/OL].[2019-12-29].https://www.tc260.org.cn/ueditor/jsp/upload/20170527/87491495878030102.pdf.

隐私等信息。

（2）食品药品行业重要数据

除了国家卫生健康委员会部门主管的人口健康信息外，国家市场监督管理总局主管的食品药品信息也属于医疗健康行业数据治理的范畴。该行业的重要数据包括：食品的产品名称、生产标准、生产厂商等安全溯源标识信息，大米小麦等大宗粮食加工品的抽检信息；药品的生产编码、配料及制作工艺等安全溯源标识信息，涉及国家安全的药品实验数据及临床试验数据；食品药品相关的事件发生的时间地点、危害程度、先期处理及后期应对等重大紧急信息等。

（3）数据出境的业务场景

国内医疗市场空间大、高净值人群需要高品质医疗服务、国内外医疗资源差距悬殊等多种因素共同推动了跨境医疗的兴起。我国国内跨境医疗服务机构大致包括传统跨境医疗服务机构、国外医疗机构中国办事机构和互联网跨境医疗服务平台三种类型，其中以好大夫在线、春雨国际等为典型代表。在企业的管理运营过程中，发生健康医疗数据跨境流动的主要业务场景，一是药械制造企业或研发机构，出于集团内部统一管理或与境外各类合作方共享目的，而实施药物研发及业务经营过程中收集的医疗健康数据的共享和转移；二是个人自发性地，出于远程医疗咨询或诊断服务等目的，将境内个人健康数据通过咨询、解释和诊断等形式自行或通过跨境医疗平台向境外传输；三是企业在开展向境外机构或个人提供医疗产品和服务的业务中，需要从境外收集个人健康医疗数据，在中国境内加工处理后对外传输。

## 8.3.2 司法案例执法解读

跨境医疗的兴起引发了系列的数据出境相关问题，在我国强调网络空间主权及数据主权的大形势下，商业机构在无法确定对外输出数据是否构成危害国家安全及社会民生的前提下，应尽量在本地存储个人健康医疗数据、避免敏感医疗数据的流出。在国内的医疗健康行业中，仍存在医务人员滥用职权、公民法律意识薄弱等导致婴幼儿数据被泄露、公民医疗系统中的个人信息被窃取贩卖等恶劣事件，下文将就裁判文书网公开的"雀巢员工非法获取婴幼儿个人信息""孙某某非法购买珠海医疗系统病人信息"等重点案例展开分析。

（1）雀巢公司员工从医院医务人员手中非法获取公民个人信息案

2017 年 5 月，兰州市城关区人民检察院对雀巢中国西北区婴儿营养部市场经理郑某、兰州分公司婴儿营养部甘肃区域经理杨某及其员工杨某某和李某某、兰州大学第一附属医院妇产科护师王某某、兰州军区总医院妇产科护师丁某某、兰州兰石医院妇产科护师杨某等人提起公诉①，认为雀巢公司员工涉嫌非法从医务人员处获取公民个人信息。甘肃省兰州市中级人民法院认为被告人郑某、杨某等以非法方式获取公民个人信息，情节严重；被告人王某某、丁某某、杨某违法将属于履职范围内获取的公民信息非法出售给他人，情节严重已构成侵犯公民个人信息罪，依照《刑法》第二百五十三条、第六十七条、第七十二条之规定，以侵犯公民个人信息罪判处被告人郑某等人以有期徒刑并处以罚金。

就国家法规层面而言，我国《中华人民共和国母婴保健法》②、《卫生部关于医疗机构不得展示、推销和代售母乳代用产品的通知》③等法规禁止生产者、销售者向医疗卫生保健机构赠送产品及样品，禁止医务人员

---

① 甘肃高院发布2017年度全省法院十大案件之一：郑震、杨莉等侵犯公民个人信息罪案[EB/OL].[2021-03-30].https://www.sohu.com/a/214621312_203820.

② 中华人民共和国母婴保健法[EB/OL].[2021-03-30].https://www.gov.cn/guoqing/2021-10/29/content_5647619.htm.

③ 卫生部办公厅关于医疗机构不得展示、推销和代售母乳代用产品的通知[EB/OL].[2021-03-30].http://www.nhc.gov.cn/bgt/pw10508/200603/9967537ee4704c64828b2999f10717e7.shtml.

接受生产者、销售者为推销产品而给予的馈赠或通过为相关企业推销产品从中获利。《世界卫生组织促进母乳喂养成功十条标准》《国际母乳代用品销售守则》[①]及相关法律规定，禁止医务人员向母亲免费提供代乳品样品或推销代乳品等；《医院母乳喂养规定》等明示医院不允许任何个人收取企业的报酬等。

就企业规范层面而言，雀巢公司在《员工培训教材及相关指示》《关于与保健系统关系的图文指引》等文件中明确规定，员工不得以推销产品为目的与孕妇、哺乳妈妈等接触，不得未经正当程序收集客户个人信息，不得对医务人员进行金钱或物质引诱。在此案件中，雀巢公司遵守了世界卫生组织及我国卫生部门的相关规定，要求营养专员、市场专员等员工接受培训并签署承诺函，履行了社会企业的基本责任及义务。

（2）孙某某非法购买珠海医疗系统病人个人信息案

2017 年 11 月，荆门市东宝区人民检察院对孙某某提起公诉，认为被告人孙某某违反国家规定，以非法牟利为目的在互联网上购买公民个人信息，通过 QQ 从张某处购买了珠海市卫计局服务信息系统内的慢性病诊断名册及有关病人信息，具体包括公民姓名、身份证号、就诊医院名称、就诊日期、诊断名称、联系电话、患者地址等个人健康档案信息[②]。湖北省荆门市中级人民法院认为上述情节属实，被告人行为已构成侵犯公民个人信息罪，按照《刑法》及《最高人民法院、最高人民检察院关于办理侵犯公民个人信息刑事案件适用法律若干问题的解释》，对其处以有期徒刑三年六个月，并处罚金人民币五千元。

---

① 国际母乳代用品销售守则常见问题（2017）[EB/OL].[2021-03-30].https://www.who.int/nutrition/publications/infantfeeding/breastmilk-substitutes-FAQ2017/zh/.

② 孙某某侵犯公民个人信息案[EB/OL].[2021-03-30].http://www.pkulaw.cn/Case/pfnl_a25051f3312b07f37bdb238cdf1e099fc3359f97c337bac3bdfb.html?match=Exact.

此外，在我国最高人民检察院于 2017 年发布的六起典型侵犯公民个人信息犯罪的名单中，上海市疾病预防控制中心的工作人员韩某以职务之便窃取上海市疾病预防控制中心每月更新的全市新生婴儿信息 30 万余条并出售<sup>①</sup> 的案件也引起了社会广泛关注。在我国医疗健康行业，基于医疗数据的复杂性及隐私性特征，相关医疗机构对于个人隐私和重要数据的认定和划分、对于数据的脱敏及匿名化处理、对于数据的分级分类管理及安全体系建设、对于职工对病患隐私保护的权责规范等，仍处于法律不健全、规则不明晰的状态，直接导致将病患隐私信息置于极大的泄露风险之下。

对于医疗健康数据的跨境流动管理，澳大利亚等发达国家已通过立法等形式对其境内的个人健康记录进行了严格监管，并规定了个人健康数据的境外传输及管理细则。而我国《健康医疗数据安全指南》中，对健康医疗数据全生命周期管理提供了详细的合规指引。未来随着智慧医疗的推进和医疗衍生数据的发展，医疗机构将面临来自电子病历、家庭病房、移动门诊等多种场景下的健康数据<sup>②</sup>，境内外的医疗健康数据来源、传输及获取方式、存储管理及再利用等在内的信息资源保护链将更加纷繁复杂。如何进行个人健康医疗数据的界定、如何处理与合作机构之间的数据使用共享权限、如何在实现各系统互联互通的前提下做好敏感信息出境评估等，将对我国网信办及卫生健康委等主管部门、各医疗机构及健康服务机构等提出更高的挑战。

---

① 最高检发布六起侵犯公民个人信息犯罪典型案例之一：韩某等侵犯公民个人信息案——国家工作人员利用职务便利非法获取公民个人信息出售，构成侵犯公民个人信息罪的，应当从重处罚[EB/OL].[2021-03-30].http://www.pkulaw.cn/case/pfnl_a25051f3312b07f3977ceb19c9a17c0e061a8e39da44970bbdfb.html?match=Exact.

② 宋庆贺,舒庆湘.大数据背景下医疗信息资源保护措施[J].电子世界,2019（10）:183-184.

## 8.4　商业服务业治理实践

我国《网络安全法》《电子商务法》和《互联网信息服务管理办法》作为互联网商业领域的主要法规，对商业服务业的数据治理提出了相关规范。《网络安全法》①规定网络运营者对于个人信息的收集、修改、利用及删除操作均应遵守相应规范，在对用户信息保密的前提下，加强用户发布内容审核、规范用户信息传输等。《电子商务法》②规定电子商务第三方平台应履行对平台销售服务申请者进行审查登记的义务，并通过平台服务协议及交易规则等文件对经营者和客户予以权责告知和必要警示；电子商务经营主体在从事跨境电子商务的活动过程中，应遵守国家建立的跨境数据交易规则，并依法保护个人信息和商业数据。《互联网信息服务管理办法》③对于从事提供有偿信息或网页制作等经营性互联网信息服务的相关主体，以及从事提供无偿的公开性、共享性服务的非经营性互联网信息服务的相关主体分别实行许可制度和备份制度，并对其提出了保存备份60日的服务记录以供相关执法部门查询的要求。

此外，就行业自律而言，腾讯于2016年成立全国首个反诈骗实验室，并于2017年提出拒绝网络传销的守护者计划、于2018年全面实行网络公益行动，守护者计划作为反网络诈骗和黑色产业链的社会责任平台，协助重庆市公安局渝中分局告破特大伪基站诈骗案、助力深圳警方

---

① 中华人民共和国网络安全法[EB/OL].[2021-03-31].http://www.cac.gov.cn/2016-11/07/c_1119867116.htm.
② 中华人民共和国电子商务法[EB/OL].[2021-03-31].http://www.npc.gov.cn/zgrdw/npc/lfzt/rlyw/2018-08/31/content_2060827.htm.
③ 互联网信息服务管理办法[EB/OL].[2021-03-31].https://scca.miit.gov.cn/cms_files/filemanager/907903353/attach/20224/f2afff33a3f3405c9886cbdecfcc64f0.pdf.

降低伪基站案发率、举办国家网络安全周进行博览及普法教育等，以其预警感知、实时提醒、举报监督和网址封禁的全流程感知防护系统，打造了防范网络犯罪和打击网络传销的有效屏障[①]；阿里也响应国家网络数据治理的号召推出了支付宝"天朗计划"，先后联合北京反诈中心搭建"安全概念屋"、会同上海警方开展"平安校园行"活动等，以其智能识别的"斩链"系统、深度挖掘的"天蝎"系统、实时交互的"猎影"平台、快速验证的"真探"、风险预警的"安全课堂"等五大产品矩阵，协助警方破获共计300起案件并抓获近3000名犯罪嫌疑人[②]。此外，还有360安全、深信服、奇安信等，均致力于为中央政府及企业、民营企业等组织机构提供网络安全产品和技术服务，并履行着企业的相关数据治理责任义务。

### 8.4.1　行业重要数据及出境场景

在众多行业领域中，包括酒店、传统零售和电子商务等在内的商业服务企业拥有着大量的客户信息，在国家网络主权安全和个人隐私保护中占据着重要席位。汉坤律师事务所于2018年与"威科先行·法律信息库"联合推出的《中国网络安全与数据合规蓝皮书》指出，根据《数据出境安全评估指南（草案）》所反映的法律监管态势，大型电商平台如淘宝、京东，旅游网站如携程、飞猪，社交平台如微信、微博等，也都存在极大可能被认定为关键信息基础设施CII，从而需要履行CII运营中对于个人姓名、手机号码、互联网账号密码等数据的相关合规义务。下文将综合有关法规梳理商业服务行业的重要数据及典型数据出境场景。

---

① 2018网络安全周 腾讯守护者计划汇报打击黑产900天成果[EB/OL]. [2019-12-31]. https://cn.chinadaily.com.cn/2018-09/21/content_36958501.htm.

② 支付宝天朗计划：以AI技术联防联控打击黑灰产业链[EB/OL]. [2019-12-31]. https://www.sohu.com/a/249535320_99963355.

（1）电子商务行业重要数据

《数据出境安全评估指南（草案）》及《个人信息和重要数据出境安全评估办法（征求意见稿）》所定义的电子商务重要数据包括：个人姓名、联系方式等电子商务平台注册信息，个人浏览记录、购买记录等消费偏好信息，个人支付、借贷等财产及信用信息；企业名称、经营执照、法定责任人等电子商务平台注册信息，企业货物上架、出售记录等电商经营数据，企业信用评价记录；支付、融资、物流等电商平台衍生信息，以及对上述数据加工形成的统计分析报告等。

（2）数据出境的业务场景

商业领域的数据出境场景，主要以电商零售和网络社交两类业务为典型。一是在网络零售的基本场景下，国内消费者在跨境电商网站上注册个人信息、浏览商品及购买记录、电商物流记录及财务信息等，海外电商企业通过对国内服务器及数据中心的数据复制及镜像收集，获取国内消费者个人数据并传至海外进行云计算及分析；二是在网络社交的基本场景下，以 Facebook、Instagram 为代表的社交平台，拥有巨量的跨国用户群体，通过其聊天、朋友圈等交互功能实现频繁的个人数据跨境流动，个人姓名、通信好友、日常行为习惯、出行定位、社交偏好等数据均在向外传输的数据范围之列。

## 8.4.2 司法案例执法解读

商业领域服务的用户群体体量大、业务范围广，需要采取更严密的安全措施进行防护。面对日益猖獗的网络犯罪、网络诈骗及网络非法买卖，国家市场监督管理总局及其地方分支机构、公安部及其地方分支机构、各类检察院及各级法院等也需承担起更大的责任，在消费者个人信息保护的综合监管，以及案件的侦查拘留、逮捕公诉、裁决判处等方面持续发力。

（1）PEAS 云网络交易平台、买号街网站等非法售卖

2017 年 6 月，浙江省绍兴市越城区人民检察院对朱某某、肖某、郑某、李某某、邓某某、杨某某等人提起公诉，认为被告人朱某某和肖某合谋采用戎某某编写的"钓鱼软件"通过修改支付宝充值金额骗取被害人钱款，并在淘宝店铺出售加载其钓鱼软件的虚构钻石充值等商品，截至案发，朱某某、肖某、戎某某共骗取人民币六万余元；被告人郑某开发 PEAS 云网络交易平台，被告人李某某、周某某等以买号街网站为平台，在明知他人利用该平台进行实名注册账号交易的情况下，仍提供网站存储、通信传输、支付结算等支持，并收取 2%—7% 不等的交易手续费及每笔 0.5% 的提现手续费获得非法利益；被告人邓某某和杨某某从他人处购得含有公民姓名、身份号码等信息的支付宝、淘宝实名账号，多次在买号街网站贩卖获利。浙江省绍兴市越城区人民法院判定被告人朱某某、肖某以非法占有为目的，合伙采用虚构事实、隐瞒真相的手段骗取他人财物构成共同犯罪，以诈骗罪追究刑事责任；被告人郑某、李某某等明知他人利用信息网络实施犯罪仍提供帮助行为，情节严重，以帮助信息网络犯罪活动罪追究刑事责任；被告人邓某某、杨某某等违法向他人出售公民个人信息，情节严重，以侵犯公民个人信息罪追究刑事责任，依照《刑法》第二百六十六条、第二百八十七条之规定对其判处有期徒刑并处罚金。

此案始于钓鱼软件的研发和应用，从在支付宝平台上修改充值金额，再到在淘宝店铺出售、在云交易平台获得传输支持，黑色产业链一步步蔓延开来，从单一平台网络诈骗发展到多平台辅助实施犯罪并共同获得不当营利收入。站在国家执法监管层面而言，目前我国对于网络服务及第三方支付等相关立法不足，也缺乏专门的执法监管机构；站在企业层面而言，企业没有将个人信息的安全防护落实到经营管理中的每个环节，导致违法犯罪分子有缝隙可钻；站在个人角度而言，个人安全意

识欠缺、遵纪守法意识不足，共同造成了网络环境安全防护不足、个人
隐私时有泄露的结果。

（2）天猫店主泄露店内用户购物记录案

2018 年 12 月，安徽省来安县人民检察院对何某提起公诉，认为被
告人何某在 2016 年 11 月至 2017 年 4 月期间违反国家有关规定，将其
工作的"莱娜斯旗舰店""苏黛专卖店""给力宝宝熊旗舰店"等网店客
户的公民个人信息通过 QQ 传送给黄某，其行为已构成侵犯公民个人信
息罪。安徽省滁州市中级人民法院经查证判定被告人何某违法向他人提
供公民个人信息 116322 条，情节严重，其侵犯公民个人信息罪罪名成
立，经审判委员会讨论决定，依照《刑法》第二百五十三条、第六十七
条第、第七十二条之规定，判决被告人何某犯侵犯公民个人信息罪，判
处有期徒刑并处罚金。

在商业服务领域，客户信息是企业经营发展的重要资源和发展增值
业务的驱动力，但诸如上述电子商务、网络社交等领域的企业，因追求
商业利益经常游走在法律合法合规的边缘，因而频繁曝出个人隐私泄露
事件并被有关机构责令整改。在国际商业领域数据治理中，《通用数据保
护条例》赋予数据主体的知情权、更正权、被遗忘权等多项权利对社交
媒体的跨境合规运营影响巨大，Facebook、Instagram、Twitter、YouTube
等大型在线服务及社交媒体公司相继更新其隐私政策及服务条款以适应
最新规则。欧盟《通用数据保护条例》虽在欧盟成员国之间施行，但其
所具备的域外效力使得欧盟在个人信息安全管理方面具有域外管辖权，
意味着我国企业在提供产品或服务过程中涉及处理欧盟成员国个人数据
的环节，即网站或移动程序能被欧盟成员国个人访问并使用、产品或服
务所使用的语言是英语或成员国语言、产品价格以欧元进行标识等场景，
都应当遵守欧盟相关规定。欧盟《通用数据保护条例》的正式生效，对
中欧商贸往来的跨境电商、网络社交等领域发起了严峻的合规挑战。

我国虽已有《网络安全法》《电子商务法》和《互联网信息服务管理办法》等法规对互联网商业领域的数据治理提出了相关规范，但对于商业数据的跨境流动管理仍缺乏实施细则。我国跨境电商及网络社交相关企业也应响应欧盟号召，扩展用户数据保护范围、新增用户主体权利，通过谨慎控制个人数据使用范围、使用前获得用户明确同意、赋予用户更多的自主决定权、调整邮件营销及新媒体内容营销规则①等方式，将数据治理贯穿于数据质量管理、数据分析和数据归档等各环节。相关企业更需在遵守《网络安全法》《中华人民共和国合同法》《中华人民共和国消费者权益保护法》（以下简称《消费者权益保护法》）等法规原则的前提下，对平台用户协议及隐私条款给予足够重视，规范用户同意、个人信息收集范围、个人信息处理目的及方式、共享传输方式及规则、投诉及举报机制、未成年人及其他限制民事行为能力人保护等条款要点，并就个人信息的安全管理、信息存储期限、条款更新修订、数据转移授权等事项明确应取得用户的默示同意或明示同意。于政府层面而言，应在宏观调控层面对跨境电商市场交易中所涉及的交易双方、海关、银行、质检、商检等相关部门进行协调处理②，在市场监管层面对企业侵犯消费者权益及用户隐私的行业行为进行治理规范。

## 8.5 交通地理行业治理实践

交通地理作为汇聚了地图、高速、公交、出租、客运、民航等众多

---

① 朱幼恩.论欧盟《一般数据保护条例》对我国跨境电商营销的挑战及启示[J].创新科技,2018(7):81-84.

② 陈玉慧,张旭,詹建军,等.大数据背景下跨境电商政府职能研究:以合肥市为例[J].现代商业,2019(23):19-21.

领域的综合行业，其数据源头既包括国家各级交通厅等交通运输管理部门、国有航空公司等交通运输企业，也包括百度地图、高德地图等互联网地图服务企业及滴滴出行等网络出行服务企业，以及数据开发机构、科研机构、社会公众等主体。数据来源的多样性和数据格式的非标准化，直接为交通地理行业的数据治理带来了极大挑战，而我国在该行业的相关立法仅以《地图管理条例》《网络预约出租汽车经营服务管理暂行办法》为代表，对相关信息的存储利用做出了初步规范。我国《地图管理条例》①规定，互联网地图服务单位收集使用用户个人信息，应当在公开具体规则并获得明示同意的前提下进行，收集的信息应存放在境内服务器中并制定相关的安全管理制度，同时接受网络安全和信息化主管部门、政府测绘地理行政部门等有关部门的监管。《网络预约出租汽车经营服务管理暂行办法》②对网约车的经营服务做出了法律规范，要求网约车平台所采集的驾驶员、约车人和乘车人的用户注册信息、交易信息、行驶轨迹及出行记录等均应遵循最少可用原则，涉及地理标志等国家安全的敏感信息不得外泄，且应在做好安保的前提下在中国境内存储不低于两年期限并配合国家机关的执法监督和刑事侦查。

### 8.5.1　行业重要数据及出境场景

国家地理位置及相关卫星轨道、军事部署，企业的地图数据、自动驾驶数据等商业资料，以及个人实时定位及行踪轨迹等，均是受重点保护的隐私对象并受到严格的出境规制。我国《数据出境安全评估指南（草案）》中所涉及的交通地理行业重要数据，主要体现在地理信息行业

---

①　地图管理条例[EB/OL].[2021-01-04].https://www.gov.cn/zhengce/2015-12/14/content_5023591.htm.

②　网络预约出租汽车经营服务管理暂行办法（交通运输部 工业和信息化部 公安部 商务部 工商总局 质检总局 国家网信办令 2016年第60号）[EB/OL].[2021-01-04].https://www.gov.cn/xinwen/2016-07/28/content_5095584.htm.

和交通运输行业两大领域。

（1）地理信息行业重要数据

由国家测绘地理信息局、国家海洋局等国土资源部门主管的地理信息行业重要数据，主要包括重要目标地理信息、有特殊形状及属性标识的地理信息、有特殊内容标识的地理信息、特殊测绘信息、公开地图数据、北斗卫星导航信息等几大类别。具体包括：未经审核发布的国家海岸线长度信息、领土领海面积信息、海滩及岛礁数量信息、重要地势地貌特征点等重要目标地理信息；标识有大型水利电力、通信、石油燃气等设施，以及水文及气象观测站等涉及国家经济命脉的民用设施等目标具体特征属性的地理信息；国家航空及海洋重力测量结果、军事禁区及重要海域的磁力测量数据、数字高程模型及地表模型等特殊测绘信息；《地图管理条例》规定的互联网地图服务单位应将其存放在中国境内的公开地图数据；北斗卫星导航系统的容灾备份数据、高精度位置数据、装备属性等相关数据。

（2）交通运输行业重要数据

由交通运输部、铁路公司等主管的交通运输数据，主要包括：含有或能推论出交通运输相关的信息通信系统部署信息、无线电频谱信息的数据；关键铁路线路图、车站布局及轨道分布资料、涉外交通运输工程中的水文地理及技术资料等可被单点测量但批量泄露会危害国家安全、影响军事行动的数据。

（3）数据出境的业务场景

网约车作为互联网新兴业务形态，具备一定的市场发展空间和潜在的隐私泄露风险，自动驾驶作为与包括交通系统在内的其他网络进行交互物联的核心，涉及交通、公共通信、公共事业等重要行业领域并与国家安全和经济发展紧密相连，下文将对以上两类专题进行数据出境的业务场景分析。一是网约车经营服务的跨境场景，以国内最大的网约车出行平台"滴滴出行"为例，滴滴出行在境外的澳大利亚、巴西、哥伦比亚、墨西哥、日本等国均开展了滴滴快车、礼橙专车、滴滴出租车、滴滴代驾等业务[①]，涉及驾驶员、约车人和乘客的姓名、联系方式、常用住址、银行支付账户、地理位置、出行线路等个人信息，以及地理坐标、地理标志物等涉及国家安全的敏感信息，存在海外分部需要境内公民个人数据以供分析制定市场战略的场景；二是自动驾驶的跨境场景，自动驾驶数据以个人主体身份信息、电话号码、实时位置及常用地址为主，其业务可能与公共交通、公共事业等重要领域交互互联，全球 GPS 定位、线路规划、交通路况等业务数据在统一云平台的分析计算将涉及个人数据出境。

### 8.5.2　司法案例执法解读

自动驾驶领域作为未来的商业发展方向，其涉及的个人主体身份信息及位置轨迹信息等数据，其跨境流动将严格受制于测绘行业规定及国家秘密出境要求。在我国交通地理行业现有的司法执法案例中，主要以网约车经营管理过程中的用户信息被窃取、公民非法买卖车辆轨迹等案件为主，下文将对滴滴外包员工利用职务之便售卖用户信息，以及李某某非法获取公民个人车辆轨迹及定位信息案件展开论述。

（1）滴滴外包员工售卖用户出行记录案

2017 年 2 月，北京市东城区人民检察院对王某某、邹某、曾某、秦某某、何某等提起公诉，认为被告人王某某、邹某利用滴滴外包商的客服工作职务及相关权限非法查询公民的滴滴出行记录并通过网络平台出售；被告人曾某、秦某某、何某等通过 QQ、微信等平台非法获取并二次转售公民位置信息、出行记录等数据，指控上述被告人侵犯公民个人

---

① 　滴滴出行.国际业务[EB/OL].[2021-01-04].https://www.didiglobal.com/international-business.

信息罪[1]。北京市第二中级人民法院受理此案，经调查被告人王某某和邹某非法出售、被告人曾某和秦某某非法购买他人行踪轨迹、征信信息等各类公民个人信息共计9000余条，通过上述犯罪行为，王某某等人共获利4000—10000元不等，按照《刑法》第二百三十六条之规定，对其处以有期徒刑并处罚金。

我国2015年11月施行的《中华人民共和国刑法修正案》增设了"拒不履行信息网络安全管理义务罪"，而2019年10月两高发布的《关于办理非法利用信息网络、帮助信息网络犯罪活动等刑事案件适用法律若干问题的解释》中，明确了将泄露用户行踪轨迹信息500条以上的情形认定为造成严重后果[2]，并以此作为量刑定罪标准。滴滴作为网约车平台公司，在其员工手册中明示不得触碰泄露用户信息的红线，并对公司内部产品经理、算法研发等核心技术工作人员展开了安全合规的专题培训，集中组织学习《网络安全法》、《互联网信息服务管理办法》、公安部及交通运输部等相关管理办法、习近平总书记对于网络安全的主要观点等文字材料，并普及工信部信息管理通信局、北京市公安局、国家密码管理局以及交通运输部等十余家单位对于企业信息安全的监管职责，尽到了规范职员行为、保护用户隐私安全的义务。

（2）李某某非法获取公民个人车辆轨迹信息、定位信息案

2018年3月，沈阳市大东区人民检察院对夏某某、李某某提起公诉，指控被告人夏某某在河北省石家庄市，通过手机微信将从他人处非法购买的手机定位、车辆轨迹、车辆档案、居民住宿等公民个人信息进行倒卖，共计出售行踪轨迹、财产信息、其他个人信息等200余条，违

---

① 曾奕等侵犯公民个人信息二审刑事裁定书[EB/OL].[2021-01-05].https://pkulaw.com/pfnl/a6bdb3332ec0adc4f95fed7cce2aa49a5a142b6b6ecb1767bdfb.html.

② 最高人民法院最高人民检察院关于办理非法利用信息网络、帮助信息网络犯罪活动等刑事案件适用法律若干问题的解释[EB/OL].[2021-01-05].https://www.spp.gov.cn/spp/xwfbh/wsfbh/201910/t20191025_436138.shtml.

法所得共计 24805.52 元；被告人李某某将从他人处非法获取的公民个人车辆轨迹信息及定位信息提供给夏某某，上述被告人侵犯了公民个人信息①。辽宁省沈阳市大东区人民法院经常住人口基本信息、扣押决定书、扣押清单、微信聊天记录等证据查证，认定上述情况属实，认为被告人夏某某、李某某违反国家有关规定，非法获取、向他人出售或提供公民个人信息，情节严重已构成侵犯公民个人信息罪，按照《刑法》第二百五十三条、第六十七条、第六十四条之规定，对夏某某、李某某判处有期徒刑并处罚金。

随着互联网的普及和各种互联网应用的推广，公民个人信息越来越多地被暴露于网络环境之下而随时面临隐私泄漏的风险，为我国在立法层面做好事前普法教育及事后犯法严惩措施敲响了警钟。一方面，对国家及企业内部职工降低入罪门槛，经查实在履行职责或提供服务过程中通过职务之便获得公民个人信息并向外出售的，其信息数量或金钱数额达到司法解释相关标准一半以上的，即可认定为《刑法》规定的情节严重情形并处以刑事处罚；另一方面，对于推销产品购买个人信息，或在明知非法的情况下胁从犯罪分子进行非法售卖并谋取利益的行为，应综合考虑其行为所造成后果的严重程度、违法获利数额、犯罪前科及认错悔错态度等，处以相应的财产刑法及人身刑法，剥夺其再次实施犯罪的经济能力等。

位置感知技术及车联网的应用使得家庭住址等个人位置数据、出行记录等轨迹数据在建立时空关联的同时易被攻击泄露，自动驾驶更是集成了包括公共交通、公共通信、国家地理等重大行业领域的重要数据，一旦未经授权披露或是非法跨境，将对国家安全及社会利益造成严重损害。我国主权域内的个人位置轨迹信息保护，面对位置轨迹追踪和位置

---

① 夏某某等侵公民个人信息案[EB/OL].[2021-01-05].http://www.pkulaw.cn/Case/pfnl_a25051f3312b07f39b5f04fc4983f0e5de72d197f0e9ffc9bdfb.html?match=Exact.

轨迹重构等主流攻击方法[①]，应做好位置查询服务和位置数据发布服务，对车辆行驶轨迹的敏感位置节点进行保护[②]，并确保轨迹与车辆标识的对应关系受到加密保护；我国主权域外的交通地理数据跨境管理，应在识别地图数据的持有人是国家测绘部门或是地图服务运营商的前提下，做好数据严禁出境、满足一定条件下可有限出境、满足一定条件下可无限出境等分类管理，并对智慧交通场景下的交通管理及交通安全保障、信息服务场景下的网络接入、基于位置的服务（Local-Based Service，LBS）等不同应用所涉及的数据传输、数据发布等活动，实行不同的跨境评估及审批办法管理。

## 8.6 我国数据治理现存问题剖析

从以上对银行金融、医疗健康、商业服务和交通地理等行业的重要数据及执法案例的分析梳理中，可见我国仍存在因法律体系不完善所导致的缺乏政府间数据跨境流通规则、缺乏企业相应管理规范等问题；因监管不到位所导致的中央政府和地方政府之间权责不明、裁决之后屡审屡犯等问题；因未贯彻数据全生命周期治理而导致的数据收集来源有限、数据存储安全不足等问题；因跨国跨境标准未明晰而导致的充分性水平认定不足、事后追责及司法救济制度缺乏等问题。下文将从宏观层面的立法架构及执法监管，中微观数据时间维度的全生命周期治理，以及数据地域维度的跨国、跨境场景等几方面展开分析我国数据治理的不足之处。

---

[①] 马春光,张磊,杨松涛.位置轨迹隐私保护综述[J].信息网络安全,2015(10):24-31.

[②] 高泽民.车联网轨迹数据隐私保护问题研究[D].郑州:河南工业大学,2016.

### 8.6.1 宏观架构之立法体系亟待完善

就立法层面而言，《中华人民共和国个人信息保护法》虽已经发布，当前在法律层面缺乏专门的个人数据保护下位法，缺乏对个人、企业组织以及国家主体之间进行权责约束，宏观架构上的立法体系亟待完善。

（1）个人数据保护法需补充完善

个人信息保护话题由来已久，我国也在此方面做出了各种探索，《网络安全法》《消费者权益保护法》分别对网络的管理者及运营者做出了运行安全规定、对广大消费者做出了相关权益保护，近两年《个人信息保护法》发布，同时《个人信息和重要数据出境安全评估办法（征求意见稿）》《未成年人网络保护条例》征求意见稿也已被起草且处于审议之中。然而我国当前数据治理尚处初级阶段，仍缺乏专门的个人数据保护法，关于个人信息的法律定义、个人主体的可携权及撤销权等权利体系、相关执法监管及侵权救济、个人数据的明确跨境转移规定等事项，只能参见相关国家推荐性标准或技术指导文件，缺乏强制法律定义及相关执行。

（2）不同国家主体间数据跨境流动机制不透明

国与国之间的外交正超越传统的地理边界，将国家主权推向动态更新的网络空间，我国的主权安全不仅面临着海陆空三军等军事活动、国际交流等影响，也面临着网络恐怖主义、网络战争及犯罪等威胁，亟待寻求网络安全防御基础之上的数据本地化保护及跨境互通互享机制。美国未达到欧盟充分性保护水平认定，仍积极通过签订《安全港协议》《隐私盾协议》的途径获得欧洲公民数据，以实现数据贸易的国际合作。我国在数据跨境方面只初拟了《个人信息和重要数据出境安全评估办法（征求意见稿）》及《数据出境安全评估办法》，缺乏对于待出境的数据分类、数据出境规则、数据出境监管及防范、数据出境事后追责及救济等内容的详细规定，整个数据出境的流程体系及配套执法监管仍未明晰。

（3）跨国企业的内部数据转移规则模糊

随着我国综合国力的增强及在国际环境下话语权的提升，我国企业，如华为、阿里、腾讯等，呈迅猛发展之势，纷纷开拓海外市场并在海外建立多个数据中心，各项跨境业务所产生的数据也亟待规范治理。虽然各公司存在公司运行规范及员工手册等文件用以管理约束，阿里、腾讯也基于企业社会责任推出网络防诈骗公益平台，支付宝"天朗计划"、腾讯"守护者计划"等都用以协助我国公安部进行网络安全防护及数据治理，但跨境企业内部的数据治理仍未达规范，遑论跨境数据转移标准及规则。2018 年，美国总统特朗普签署《NIST 小企业网络安全法》(*NIST Small Business Cybersecurity Act*)，要求其国家标准与技术研究院对小微企业进行网络扶持并协助其进行数据治理，我国也应在立法层面对公司内部数据管理、跨境数据转移规则等做出规范。

### 8.6.2　行为主体之执法监管力有不逮

就执法主体而言，我国作为欧陆法系下实行民主集中制的政权组织，在法律尚未完善的前提下也缺乏专门的个人信息保护监管机构。中央政府未设立拥有独立自主决策权的监管组织、地方政府在执行裁处层面未跟进落实、行业自律联盟成立之初未显成效等，均是行为主体在数据治理及个人信息保护方面力有不逮。

（1）中央政府缺乏专门的独立监管机构

2017 年 10 月，欧盟委员会发布首份《"隐私盾"协议年度审查报告》用以全面汇报对隐私盾协议的年度监管；2019 年 5 月，欧洲数据保护委员会也在《通用数据保护条例》实施一周年之后发布首份 GDPR 年度报告用以总结欧洲经济区的具体执法及各国监管机构受理跨境及互助案件的实施概况。

相比于欧盟专门设置欧洲数据保护委员会、欧洲数据保护专员公署等监管 GDPR 在各成员国的实施,日韩分别于 2016 年设置个人情报保护委员会、个人信息保护委员会等监管《个人信息保护法》的执行,我国则是由职能权力相互交叉的各政府机构同时在不同方面监管个人信息保护,既无独立赋权也无界限分明的职责,在域内的个人数据保护及域外的数据跨境等方面均无对应的中央集权独立监管机构。

(2)地方政府执行裁处未跟进落实

近两年,浙江省网信办核查淘宝网店铺售卖违禁品问题,责令淘宝网、蘑菇街、虾米音乐等进行限期整改;北京市、广东省网信办对微信公众号及微博用户传播危害国家安全及公共秩序的暴力恐怖及虚假信息进行查证,对腾讯公司及新浪微博公司做出最高罚款决定;广东省通信管理局对阿里云未经查证对为用户提供网络接入服务进行调查,对阿里云计算公司责令整改,并要求其落实网络备案真实性核验要求。以上均是我国地方相关政府机构对于重大企业的违法事件执法案例,由上述执法事实及我国裁判文书网公开统计可知,以《网络安全法》为执法依据,或以"侵犯公民个人信息罪"为案由的执法案件,多以赔偿损失、消除影响、恢复名誉、行政赔偿、行政拘留等为裁决结果,相关部门在检察院公诉、法院判决之后未做好长期跟进和改进落实的监督工作,相关企业及个人屡教不改、屡审屡犯的现象依然存在,地方政府执法效率有待提高,执法力度有待加强。

(3)行业自律联盟运行监管效果未知

国际电信联盟、经济合作与发展组织、亚太经济合作组织、信息社会世界峰会及联合国互联网治理论坛等均由来已久,在 Facebook、Google、Amazon 等知名企业的倡导下自发性进行行业安全及数据管理等相关治理，引领行业在法制规范下健康向上发展。

我国虽已陆续加入各大国际组织或多边协议，但由我国自主首发的专注于主权视角下数据跨境流动监管的组织"中国跨境数据通信产业联盟"于 2018 年才由信通院联合三大基础电信企业牵头成立，旨在为跨境业务发展及政府监管决策提供有效服务。联盟成立伊始发布自律公约，对联盟内理事单位及以阿里、腾讯、华为、滴滴等为代表的会员单位在云服务平台建设及跨境数据通信管理、跨国企业因数据交互实现跨境联网方法、跨国数据通信业务的长效监控及实时平台搭建等方面做出了自律条款限制，虽不断有各企业单位入会，但整体跨境数据通信产业联盟的运作效果未知、建设进程不明，暂无对外公开执法监管实况的窗口。

### 8.6.3 数据生命周期维度之安全隐患

我国《个人信息安全规范》虽已通过国家标准文件形式对各类组织、主管监管部门及第三方评估机构的个人信息处理活动提出了基本原则及安全要求，但在实际市场运行活动中仍存在数据收集标准不一、数据存储安全加密不足、数据利用共享不到位等突出问题。

（1）数据获取来源有限，数据标准口径不一

据银行内部员工对其行内数据治理存在的诸多问题调查显示，银行数据质量低、来源单一、口径不一已成为最突出的三大问题。对于银行等金融机构而言，其数据来源大多为一线业务经理或客户自身数据，各总行下分支机构日常运作规范各异，导致数据采集及存储口径不一，数据产生伊始的精确性、完整性等质量均无法得到保证。类比医疗、电商、社交等其他行业领域，也都存在电子病历记录不规范、电商购物数据冗杂、社交平台原生数据不规范等问题，行业内缺乏统一规范，直接导致存储内容及形式不规范，影响后续的分类处理及开发利用。

（2）数据存储加密不足，分级分类机制匮乏

2013年日本索尼欧洲分公司被黑客攻击直接导致上千万数据泄露，2016年国内阿里员工通过黑客技术写代码抢月饼，2017年相继出现知名云服务商Cloudflare泄露用户网络会话中的加密数据并影响Uber等二百多万网站，京东内部用户数据遭泄露等，近年来各大平台数据泄露事件时有发生，皆因内部安全管理制度尚有待加强。随着技术的更新换代和5G物联网时代的到来，未来将有更高速率的数据传输，更广泛的频率范围，以及更多样化的空中接口以供物物相连，随之也对云端存储和高频通信提出了更高要求。基于大数据平台的云存储及云计算，特别是涉及跨国跨境的业务场景，更需要对个人隐私数据、政府重大数据等进行严格的分级分类管理，以及对敏感个人数据的关键信息脱敏及加密处理。

（3）行业数据孤岛众多，业务系统共享无力

以健康医疗领域为例，随着病历及就诊服务电子化，各大医院开始着手建立自己的电子医疗系统，然而由于个人健康数据、患病记录等均较为敏感，因而各大系统之间数据孤岛众多、业务系统无法共通共享。每个医院系统有自己的病人健康档案、临床医疗数据、生物医学数据、医学文献等，口腔医院、骨科医院、肿瘤医院等可能拥有共同的病人，分别记录了其口腔疾病、骨科疾病、肿瘤疾病等数据，但是出于安全保密需求，各医院系统间无法互通互享，仅能在掌握患者部分身体数据及其患病史、住院志及用药记录的情况下对病人进行治疗，无法更加全方位地进行深度分析及治疗。其他行业与此同理，例如各大银行机构无法互通，只能与人民银行实现"多对一"的交流途径。我国各国民行业都存在或多或少的数据孤岛现象，虽倡导数据开放共享，但由于数据标准化程度不一，所以未实现实质上的共通共享及增值开发利用。

### 8.6.4　地域维度之跨国跨境机制不明

网络空间没有传统意义上的领土之分，各个国家基于属人管辖权、属地管辖权等管辖规则的冲突难以避免。面对因网络犯罪及网络恐怖主义兴起所带来的侦查诉讼困难、罪名体系缺失、管辖权限限制等问题，保护主权域内公民隐私安全并规范主权域外效力下的跨境数据流动管理，成为全球数据治理的共同话题。我国《数据出境安全评估申报指南》对数据出境进行了"网络运营者将其在中国境内收集的个人重要数据，通过开展业务或提供产品及服务的方式提供给境外的组织机构及个人的活动"的定义，并举例说明了三种具体出境情况及两种例外情况，然而我国对于跨国跨境的相关规制，仅限于对数据出境的概念进行定义并举例说明，缺乏事前认定、事中管控和事后追责等全流程的管理制度。

（1）事前充分性水平认定不足

充分保护水平最初由欧盟在 1995 年《关于个人数据处理保护与自由流动指令》中提出，后续 2018 年《通用数据保护条例》对其进行了适用情况的扩展说明，德法等欧盟成员国陆续在本国法规中沿用充分性保护认定说明。而我国在个人信息保护法尚未成型的前提下，仅在 2017 年发布的《个人信息和重要数据出境安全评估办法（征求意见稿）》中提到数据出境安全需评估其目的必要性、个人信息及重要数据情况、数据接收方的安保措施及国家环境、数据出境及再转移后的泄露滥用风险等事项。一方面未限定数据转移是对相关组织进行单次评估，还是每次出境活动均需要评估；另一方面，其颗粒度未落实到具体可实施的执行层面，没有对数据流入国及最终目的国的现行一般性法律、单行性法律、相关行业规则等具体环境及数据保护水准进行规制，另外也缺乏对相关充分性认定机构及例外情况下的豁免权利的说明。

（2）事中运营管控措施匮乏

《数据出境安全评估办法（征求意见稿）》规定数据出境安全评估采取"风险自评估与安全评估相结合"的方式，数据出境风险自评估及向网信部门申报的申报数据出境安全评估均需对所列出的数据出境目的及风险等评估事项进行逐一评估，一项不通过则禁止出境。但是评估通过允许出境之后，则再无相关管制。实际上数据跨境转移的全程，是包含了数据从本国出境、数据在国界之间传输，以及数据入境到接收方等三大阶段，数据在传输过程中仍面临着数据受损失真、数据泄露等风险，因而仍需用技术手段做好事中运营管控，以确保数据质量的完整性及数据内容泄露的风险规避。

（3）事后追责及司法救济制度缺失

以问责制原则著称的是美国主导下制定的《跨境隐私规则体系》，其核心思想是预设数据控制者会自觉遵守相关数据保护规则，在数据主体权利受到侵害之后再由问责代理机构介入进行相关处罚。我国数据出境相关评估指南及办法仅重点关注出境之前的评估事项，未对事后发生严重后果及相关处置进行预设。一是对于数据控制者等相关组织机构的追责，未根据事态的恶劣影响及严重程度列举调查、罚款、责令改正等惩处明细；二是对于个人数据主体，即受害者的司法救济暂无对应措施，我国现行法只在刑事诉讼、民事诉讼和行政诉讼中对司法救助进行了粗略规定，仍缺乏在数据跨境的特殊场景下，对于公民通过法律程序获得司法救济以保护自己的民事权利保障。

本章对我国主权域内视角下的法律、行政法规、司法解释及国家标准等各层级效力的立法文件及行业管理办法，主权域外视角下的特殊行业数据处境评估及管理办法进行了调研。就各行业数据治理而言，重点摘取银行金融、医疗健康、商业服务和交通地理等重要行业，结合相关法律文件进行个人信息及行业重要数据范畴界定，并展开了对于网信办、工信部及地方法院及检察院对于侵犯公民个人信息、售卖个人隐私并非法获利等重点司法案例的执法解读。在此基础上，归纳了我国现存的宏观架构层面立法体系不完善、行为主体层面执法监管不足、客体对象层面存在数据全生命周期的安全隐患、地域层面跨国跨境的规则不明晰等数据治理问题。

# 9  我国数据主权治理借鉴与进路

　　数据是大数据时代重要的国家战略资源，信息科技的不断发展，数据突破地理国界限制，在网络空间广泛传播，催生复杂的数据权利问题并逐渐与国家安全与主权深度关联，网络空间由此成为"第五疆域"，数据主权概念兴起并逐步成为各国发展战略的核心。当前，国际数据主权竞争日益激烈，各主权国家、地区及国际组织均积极出台法律政策，加快数据经济发展与关键技术突破，保障本国数据主权安全，强化综合国力。在这一现实背景下，数据治理成为我国保障国家主权安全、实施国家大数据战略、加快建设数字中国的关键领域与抓手，我国如何形成符合我国实际国情与战略需要的数据主权治理进路，在激烈的国际竞争与博弈下应对数据主权风险、保障我国数据主权安全，将是未来理论研究与治理实践都无法回避的关键问题。

　　本书基于前序章节对数据主权理论与演变的梳理，对数据主权保障全生命周期治理机制的探讨，对国际数据主权下数据治理方案与模式的剖析，以及对我国治理现状与问题的厘定，在借鉴国际做法的基础上，基于我国具体国情，从宏观意识、整体立法、执行监管、核心课题、关键环节，对我国数据主权治理路径与实践进路予以全面探讨。

## 9.1 战略层次：形成中国特色社会主义语境下的数据主权治理体系

正如国家主权原则是现代国际秩序和国际法的基石，数据主权原则也将是大数据时代国际秩序与国际法的基石。与传统领土主权相比，数据主权进一步趋向相互依赖的主权[①]，国家权力进一步分层化与中空化（横向上从民族国家向跨国的地区组织和国际组织转移，纵向上向公民与社会组织让渡）[②]。同时，与传统的领土、领海、领空主权所指向的安全不同，由数据资源及网络空间带来的国家主权安全问题多指向为非传统安全，对其的治理与应对难以依靠单一主体与独立方案。对于数据主权下数据治理方案与主权法规制度的探讨，首先需立足我国国家利益与战略定位，形成统一稳定的数据主权话语体系与治理意识，形成从宏观上意识层次的治理指导。

### 9.1.1 对外主权：以"共商共建共享"为核心打造有序治理生态

正如本书第一章提到的，传统基于领土排他性的威斯特伐利亚主权具有非常强的领土性和防卫性，这一主权理念下推广到国际政治原则和国际法逻辑中，则重在强调反抗自己以外的一切政治力量[③]。自"冷战"

---

① 相互依赖的主权不仅是一项定义,更是一种关于现实的描述:在全球化的进程中,世界上大多数国家正在失去控制跨境活动的实际能力。参见刘晗,叶开儒.网络主权的分层法律形态[J].华东政法大学学报,2020(4):67-82.

② 国家权利开始分层化和中空化,国家在权力体系中的核心地位受到一定程度的动摇。纵向上,随着世界经济一体化进程的加剧以及日益增多的跨国治理需求,越来越多的权力开始从民族国家向跨国的地区组织和国际组织转移,传统国家权利开始明显地在全球层面、地区层面、国家层面和地方层面分化;横向上国家权利多元化,表现为中央政府原先垄断的一些国家权力开始向公民社会让渡。

③ 刘晗,叶开儒.网络主权的分层法律形态[J].华东政法大学学报,2020(4):67-82.

以来，主权的"脱域性"已得到彰显，经济全球化下，弱化领土边界的呼声愈发强烈。

大数据技术与网络空间的普及，以及数字经济对传统经济模式的冲突，直接促成了经济全球化之后的新一轮"数据全球化"，现今的国际数据主权博弈与数据资源竞争也无可避免地波及全球。正如英国学者罗伯特·吉尔平（Robert Gilpin）所指出的："无论是支持全球化的人还是批评全球化的人都认为，各国的日益一体化导致了民族国家在经济、政治和文化上独立程度的降低或者国家主权的丧失"①，新一轮的数据全球化进一步推动了国家主权的让渡和削弱，围绕数据资源的全球问题的增加，使得国家权利的边界进一步模糊，同时，超国家组织尚未形成统一治理规则，由此带来了国家间出于保障自身利益的管辖冲突与利益冲突。这一背景下，对外面向上，我国数据主权治理方略需以和平共处五项原则为基本原则，以共建安全、开放、合作、有序的国际数据治理生态与导向，实现各主权国家的和平共处与协同共进。

（1）以"共商共建共享"为核心，共建有序国际治理生态

数据主权侧重以符合数据所在民族国家法律、惯例和习俗的方式管理数据②，也指向不同国家采取的一系列方法控制在国家互联网基础设施中生成或通过国家互联网基础设施生成的数据，并将数据置于国家管辖范围内③。但同时，从国际视角来看，国家数据主权在"数据全球化"下

---

① 吉尔平.全球资本主义的挑战:21世纪的世界经济[M].上海:上海人民出版社,2001:311.

② SNIPP C M. What does data sovereignty imply:what does it look like?[EB/OL].[2021-03-26].http://press-files.anu.edu.au/downloads/press/n2140/pdf/ch03.pdf.

③ POLATIN-REUBEN D, WRIGHT J. An internet with BRICS characteristics:data sovereignty and the balkanisation of the internet[EB/OL].[2021-03-26].http://citeseerx.ist.psu.edu/viewdoc/download?doi=10.1.1.902.7318&rep=rep1&type=pdf.

存在让渡和削弱的可能性①，而实际的数据主权治理问题又难以依靠单个国家来全面应对，数据跨境进一步强化了全球治理的观念，对原有的国家主权的自主性造成了挑战，国家主权逐渐开始更多地要求每一个国家以多边民主协商的方式承担全球治理的共同责任，主权国家的独立权和平等权在国际数据治理合作的过程中更加凸显。因此，我国的数据主权在尊重他国主权、平等互利的基础上，以"共商共建共享"为核心，推动共建有序的国际数据治理生态。

从与主权国家间的关系来看，随着全球化的深入，数据对象的特殊性，绝对和专属主权的时代已经过去，国家主权越来越从"国家主义"过渡到"全球主义"②。数据主权因其数据对象与现实风险，在其治理过程中更多地要求独立主权国家以多边民主协商的方式承担全球治理的共同责任。因此，我国面向数据主权，应将私域思维与公域思维相统一。一方面，我国应始终秉持对他国数据主权中独立权、平等权的尊重与认可，坚决反对与抵制网络空间中的霸权主义和网络战争，维护我国的合法权益和发展利益；始终坚持以和平发展为核心立场，主张数据主权是反对在网络空间中使用武力或者物理相威胁，反对将全球经济发展和人民相互沟通的网络平台用于战场，反对在网络空间中划分敌我集团，我国致力于推动各方切实遵守和平解决争端、不使用或威胁使用武力等国际关系基本准则，建立磋商与调停机制，预防和避免冲突。

另一方面，在现有联合国相关文件框架下，在共同承认主权国家对网络空间、数据资源的主权基础上，以问题治理为导向实现主权共享，与各国共同探讨关涉共同利益与人类总体发展问题上的相关数据治理问

---

① 刘杨钺,王宝磊.弹性主权:网络空间国家主权的实践之道[J].中国信息安全,2017(5):37-39.

② 章成.国家主权的概念建构与行使实效经纬:张力下的发展与创新[J].西北工业大学学报(社会科学版),2014(1):6.

题，对数据使用与流动的规则与各国进行友好协商与谈判，共同应对网
络空间的安全威胁，为制定国际协议建言献策，推动国际社会协商和共
建规范，推动各国共同优化自身数据治理环境，完善数据治理规则，主
动加强网络空间与数据资源治理，为推动世界各国，特别是发展中国
家，都可以分享大数据新时代下的发展机遇、共享发展成果、平等参与
治理奠定重要基础。

从与超国家组织、跨国企业主体间的关系来看，超国家组织与跨国
企业对国内政治生活的影响日益增大。数据领域的超国家组织如互联网
名称与数字地址分配机构（ICANN）、国际数据管理协会（DAMA）、
国际信息系统审计和控制协会（ISACA）等，直接掌握了网络空间重要
数据资源和数据规则，对主权国家的国内政治、经济进程产生直接的重
大影响。而跨国公司本就是经济全球化的发动机与主要操纵者，不仅操
纵着经济全球化进程，也在相当程度上左右着主权国家的国内政治。大
数据时代下，资本的全球流动和跨国公司的全球活动客观上都要求冲破
领土和主权的束缚，国际组织权力的加强与国家主权的削弱，是同一进
程的两个不同侧面，因此在我国数据主权的外部面向上，必须将超国家
组织与跨国公司纳入治理范畴。

一方面，我国应积极参与超国家组织中如网络公域管理，数据根服
务器，互联网域名地址管理等关涉国际数据治理利益相关议题的讨论，
参与全球技术标准的制定、研发与全球互联网关键基础资源管理，推动
超国家组织中涉及全体人类权益的数据管理与资源处理活动公开，推动
由主权国家、地区组成的平等协商机构的成立并由其负责监管，变革既
有国际组织中存在的不合理、不公正的国际规则，并通过增强自身在国
际组织中的影响力，构建更加公平正义的国际规则与规范①，为相应国际

---

①　陈亚州.新中国参与和创建国际组织的基本经验[EB/OL].[2021-03-28].http://
www.cssn.cn/gjgxx/gj_bwsf/201912/t20191212_5057705.shtml.

关键资源管理与数据治理协商方案提供中国智慧；另一方面，针对数据寡头与跨国数据公司，我国应对标国际风险提升本国数据企业意识，与其他国家、组织共商跨国数据公司的规制规则，明确此类主体的基本义务、行为规范、惩罚机制，同时，促进全球数字产业合作，推动完善公平、有序和开放的国际数据市场体系和准入标准，以健康有序运行的国际数据市场规避由跨国数据公司带来的主权安全风险。

（2）体现中国主张，强化理念认同与立场宣传

网络主权是中国在互联网时代率先提出并坚定秉持的创新性国家主权观[1]，数据主权也同样是我国在大数据时代进一步强调的新型国家主权观。目前数据主权概念及立场主要由以我国为代表的发展中国家提出，以美国为核心的优势国家虽认同国家主权对数据资源的管辖权利，但对于国际网络空间，其主要采用"网络自由""数据自由"的宣传理念，对数据主权持反对或中立态度，力图在数据自由流动、市场自由出入的网络空间中最大化获取全球数据活力。秉持不同立场原则的各主权国家形成不同利益诉求与治理方案，在数据的跨境流动与跨国服务下，国际地缘政治格局反而加剧。我国在面向国际主权治理下，需要进一步形成符合中国特色、强调中国主张的国际治理方案，在不断宣示与实践中，强化我国数据主权理念在全球的认同，增强我国数据主权理念的凝聚力，从而推动国际网络空间治理机制的变革发展，推动构建更符合人类社会发展共同福祉的国际治理体系的形成。

理念认同是国际社会自觉合作的最高境界，具体到数据主权，即是指国际社会各行为主体根据自身利益需要，在人类共同的物质和精神基本需求下产生对数据主权理念的理解、信任和赞同，主动使自己的政策

① 杭敏,周长城.互联网治理下的数据主权与媒介策略[J].传媒,2022(2):91-94.

理念与数据主权理念保持协调一致①。近年来，我国面临严峻的国际网络空间竞争，数据主权遏制与竞争愈发激烈，围绕我国发展的实际环境，需以数据主权理念为核心，形成符合我国具体需求的国际应对方案，不断强化国际认同，深化理念共识。

总体上，我国需要进行广泛的国际对话，通过多边合作参与到国际数据主权治理标准体系建设中，加入或与国家、地区达成相应的数据跨境、司法协作、犯罪打击等方面的国际协议，从而在国际数据治理体系中彰显自身力量，提升我国数据主权安全保障的国际话语权和影响力。

一方面，在国际组织中积极参与数据主权治理标准的协商和制定，提高议程设置、规则制定、理念创新及话语构建能力，宣示数据主权原则。对于我国当前处于亚太经济合作组织（APEC）、中国—东盟命运共同体、上海合作组织命运共同体，我国应积极参与到其建立的相应的数据规则体系，如出境商业个人隐私保护规则体系（CBPR）等，使国内数据处理、传输、存储、开放等过程符合其体系规定，并推动此类标准进一步完善与革新，从而与组织内各国开展数字经济合作，达成数据流通的统一协定，推进区域数据流通和主权保障，提升数字产业合作水平；另一方面，根据自身发展需求，搭建多方合作框架。我国应重视与发达经济体、利益攸关方合作，关注如美国 CLOUD 法案、欧盟《通用数据保护条例》涉及的数据流通标准和要求，通过对话与协商达成利益均衡的双边合作，同时应积极利用我国作为"一带一路"国家的优势，积极与贸易相关国家达成尊重主权基础上的数据合作战略，在"数字丝绸之路"建设合作的谅解备忘录及《中国—东盟战略伙伴关系 2030 年愿景》等协议基础上推动数据安全流动，促成沿线各国的数据流通标准和数据开放合作，保障数据主权的同时发挥数据的产业经济价值。

---

① 蔡翠红.基于网络主权的三维国际协作框架分析[J].中国信息安全,2021（11）:71-72.

（3）彰显大国担当，兼顾自身数据硬实力发展

数据主权是权利与义务的统一。我国在博弈趋向白热化的国际数据环境下，需要积极承担大国责任，以数据治理实践彰显大国担当。我国需以人类命运共同体、世界数字共同体明确我国参与国际数据主权治理的目标与原则，始终坚持数据主权治理应坚持多边参与和多方参与，无论是发达国家抑或是尚处弱势的发展中国家，都应当通过有效的国际数据治理机制和平台平等参与国际秩序和规则建设，推动发展中国家有更多机会参与全球数据治理，网络空间与数据资源的未来发展应由全球人民共同掌握和分享。

同时，践行多边主义，积极参与国际多方协作与商谈，防范少数西方国家利用数据与数字技术优势进行数字技术垄断并实施数字霸权给国际社会带来的风险，与其他国家共同应对网络空间恐怖主义的冲击。当前国际数据主权存在事实上的不平等，以美国、欧盟为代表的优势国家主张强势外扩的数据主权战略方案，而以我国为代表的发展中国家则趋向采用防御式方案，主要诉求在于保障本国数据资源与数据主权安全，免受外部威胁侵害，实现开放、包容、均衡、普惠发展

在承担大国责任的同时，需明确我国仍为发展中国家的定位，在规范数据处理活动同时兼顾数字经济发展[①]，承担大国重任的同时兼顾我国自身综合实力发展，需要重视数字经济与数据技术发展，强化自身发展基础"硬实力"。技术发展到现阶段，网络上的经济活动规模远远大于网络产品的市场规模，网络经济模式远比网络技术更重要。网络已经处于国家和社会发展战略核心位置，认清网络的金融内涵和利益输送以及

---

① 庄媛媛.数据保护框架下的大国博弈：从总体国家安全观视角看我国《数据安全法》发布[EB/OL].[2021-10-27]. http://www.stdaily.com/guoji/luntan/2021-06/21/content_1158568.shtml.

政治意义，对国际博弈具有重要意义①。数据主权保障的内涵与目的都包含了促进国家数字经济发展，保障人民群众利益的基本内涵，我国已经成为互联网应用第一大国，也将是数据创造第一大国②，数据经济已成为我国未来经济转型发展、社会进步的重要方向，我国的数据治理与数据经济发展，对全球网络空间与数字市场具有重要影响。一方面，我国需要正视与网络空间发达国家间的差距，积极突破"卡脖子"数据技术，完善数据市场并提升主体活力，推动我国数据发展积极向好；另一方面，过于保守的数据治理方案，可能带来我国数字经济发展滞后，丧失国际数据主权博弈话语权的弊端，我国需在当前《中华人民共和国数据安全法》等相关法规的指导下，进一步推进数据资源与市场的制度型开放，通过国内国外法规与协定，细化相应全面规范的数据处理规则，鼓励数据依法合理有效利用，促进以数据为关键要素的数字经济发展。

### 9.1.2 对内主权：以总体国家安全观为指引完善数据治理宏观体系

正如本书前序章节对国际数据主权风险应对、治理模式的探讨与总结，本书始终坚持一个核心观点即为，数据主权治理方案始终是基于独立主权国家的具体国情而提出和发展的，不同国家的历史渊源、发展需求、法律体系、国际环境都对其数据主权观点与治理路径具有"塑性作用"，我们也始终在强调，在探讨我国数据主权治理问题与保障路径时，必须始终关切我国的总体方略、国内需求和国际环境，对于国际默认规则和他国治理方案的全盘认可、照搬照抄并不合适。

习近平总书记于 2014 年 4 月 15 日在中央国家安全委员会第一次会

---

① 张捷.网络霸权[M].武汉：长江文艺出版社,2017:4.
② 中国国际经济交流中心网络空间治理课题组.网络空间治理需把牢数据主权[EB/OL].[2021-03-18].http://www.npopss-cn.gov.cn/n1/2016/1012/c219470-28772077.html.

议上提出关于"总体国家安全观"的概念，强调要准确把握国家安全形势变化新特点新趋势，坚持总体国家安全观，走出一条中国特色国家安全道路①。坚持总体国家安全观，是习近平新时代中国特色社会主义思想的重要组成部分，是中国国家安全理论的最新成果，是维护国家安全的行动纲领和科学指南，对决胜全面建成小康社会、加快推进社会主义现代化、实现中华民族伟大复兴的中国梦具有深远的重要意义②。在新时代提出的新要求、新历程下，我国数据主权治理方略也需交出新的答卷。因此，当我们将视角置于数据主权的内部面向时，我们必须积极思考我国发展历程与现实环境，并在我国总体国家安全观统摄下，从数据安全规制与数据有序流动、国家权力发挥与多元主体参与、政策"软实力"与经济技术"硬实力"同步等方面形成符合我国国家利益与需求的数据主权宏观治理方略。

（1）数据风险应对与数据有序流动同步

网络安全的核心是数据安全③，数据风险的应对则是我们保障数据主权安全、完备数据治理体系的首要要义。随着数据资源价值与数字经济占比的不断提升，在可以预见的未来，在网络空间战场围绕数据资源的争夺与竞争将会愈演愈烈。因此，我国必须夯实自身数据风险应对机制。首先，完善我国差异化、精细化管理的数据分级分类制度体系，根据数据利用对国家安全的不同影响和损害后果，参考欧美现行分级分类管制方法，结合我国国情对不同类别的数据分别采取不同监管与流动规则，并对不同级别的数据采取不同的授权和责任模式；其次，以场景评

① 中央国家安全委员会第一次会议召开习近平发表重要讲话[EB/OL].[2021-03-28].http://www.gov.cn/xinwen/2014-04/15/content_2659641.htm.

② 深刻把握新时代坚持总体国家安全观的重要意义[EB/OL].[2021-03-28].http://www.scio.gov.cn/31773/31774/31779/Document/1627522/1627522.htm.

③ 王春晖.《数据安全法》:坚持总体国家安全观[EB/OL].[2021-10-27].http://tech.china.com.cn/internet/20210910/380683.shtml.

估方式规避数据主权风险,实施精准化风险识别与应对方案,重点关切数据出境、数据入境、数据本地存储等关键环节;综合纳入数据实体与数据技术考量,合理扩展"长臂管辖"跨境规制,将数据实体纳入数据主权治理的核心范畴,关切实体及其数据、技术、服务在出入境中的风险,合理拓展"长臂管辖"规则,实现"有为而治"。

另外,在保障国家数据主权安全基础上,也通过提升数据治理融通性,优化传输渠道,促进开放和共享等途径来鼓励和促进数据资源的安全流动。首先,我国应强化数据流通标准的制定与衔接,在我国相应治理法规与国际协定中,不应再强调绝对权力和独占数据控制,转向以控制我国网络关键节点、核心关键数据资源,规范我国数据处理行为与流动规则的核心目标,鼓励安全、高效的数据跨境流动与跨境服务,积极参与数据安全相关国际规则和标准制定,避免我国数据跨境政策的域内域外"两张皮";同时,将个人、组织和国家的数据权益作为有机整体来治理,以数据主权为核心,以国家引导为主,允许适当和必需的个人、企业和行业自治,提升数据治理的融通性,鼓励我国相关组织与企业在符合国家利益与安全保障需求的前提下参与全球数据经济竞争;进一步优化数据传输渠道,完善数据传输设施技术建设,提高数据资源输送覆盖率,使更多区域能访问数据,缩小数据鸿沟,基于此,政府应推进数据资源开放和共享,优化现有数据开放政策,探索科学数据、行业数据等的共享开放,从而提升优质数据资源的联通度,利用数据推动科学研究、产业经济、医疗卫生等多行业发展,提升国家数据管理权的行使水平[①]。

（2）国家权力发挥与多元主体参与同步

随着互联网的不断普及和数据技术的不断演进发展,公众成为数据

---

① 冉从敬,何梦婷,刘先瑞.数据主权视野下我国跨境数据流动治理与对策研究[J].图书与情报,2021（4）:1-14.

资源的生产者、传播者和利用者，网络空间逐渐超越媒介的功能与定位，成为集聚人类社会政治、经济、文化发展的"真实场所"。这一全新场域下，数据权力不再由国家独有，国家要和数据控制者、犯罪集团、恐怖组织以及个人等网络行为体共同分享权力，国家数据主权安全风险的多样化则由此发生①。因此，保障数据主权、应对多样数据主权风险，需要同步发挥国家与数据企业、行业组织、个人等多元主体能力，全面提升我国数据主权治理与保障能力。

进一步发挥数据主权保障上的国家权力。国家利益作为一个国家相对于其他国家而言所偏好的客观实在的综合，在数据领域也必须由该国自身行使管辖权来维护。政府及相关部门是数据主权治理的关键主导者，对外，需持续加强政府间交流对话、宣示我国数据主权立场、不断凝聚国际共识，从而为我国数据主权治理与数字经济发展营造良好国内外环境；对内，需要与网信、工信、商务、公安、司法等多部门联动，进一步强化数字基础设施建设，完善相关法律规则供给与数据行为监管，联动企业、个人等多元主体，打击危害数据主权安全的国内外犯罪行为，完善企业问责机制、提升个人数据主权意识。

同时，重视多元主体对数据主权保障的关键作用。大数据时代，数据主体的多元化直接导致国家权力从国家行为体向非国家行为体转移，全球性的市场、公民社会正在分享过去由国家垄断的权力。其中，特别是企业主体，新一代信息技术催生了大批我国科技企业，部分影响国家安全的数据并不在传统国家安全部门的统领之下，而是由企业掌握②，主权国家不仅要应对来自其他国家的安全挑战，还必须面对源于数据科技

① 肖冬梅,文禹衡.在全球数据洪流中捍卫国家数据主权安全[J].前线,2017(6):111-112.
② 朱雪忠,代志在.总体国家安全观视域下《数据安全法》的价值与体系定位[J].电子政务,2020(8):82-92.

公司与寡头的风险①。因此，我国在主体上必须认知数据寡头、数据服务商、科技公司等企业主体的重要作用，设立针对企业主体及其特殊跨境数据服务、跨境数据传输场景的法律制度，强化对企业等主体的数据存储、利用、传输行为的监管与合规指导，参照欧盟、美国等国家做法，在企业内设立专门部门与人员负责监督；明确我国跨国数据企业的"前哨"作用，推动我国跨国数据企业的跨国合规运行，强化此类企业在国际数据市场的布局与竞争，充分完善我国数据主权治理域内、域外双重体系。同时，我国需注重发挥技术社群、民间机构、公民个人等关联主体的作用，不断提高相应主体的数据主权风险意识和参与意识，保障个人隐私及相关数据主体利益，充分激发各主体创新能力，共同应对数据主权风险。

（3）数据政策"软实力"与经济、技术"硬实力"同步

法规政策与国际协定是当前数据主权治理的核心手段，在尚未有统一国际规则的背景下，各主权国家均积极采用数据政策与战略，完善本国数据主权保障方案。美国通过 CLOUD 法案、《加利福尼亚州消费者隐私法案》等制定数据流通标准，管控数据市场行为；英国分别于 2009年、2011 年和 2016 年颁布和修订了《国家网络安全战略》，维护国家网络安全和加强数据资源保护；俄罗斯陆续通过《俄罗斯联邦信息、信息化和信息保护法》《俄罗斯联邦国家安全战略》《俄罗斯联邦信息安全学说》等加强了数据管控和主权保障。当前，我国已以《中华人民共和国网络安全法》《中华人民共和国数据安全法》和《中华人民共和国个人

---

① 2021年7月2日,国家网信办发布针对滴滴出行启动网络安全审查的通告,依据《中华人民共和国网络安全法》第九条,滴滴出行泄露地理位置信息到境外,涉嫌威胁国家安全。于是,刚刚在美股上市的"独角兽"企业滴滴出行,被监管机构启动网络审查下架,停止新用户注册。

信息保护法》三部基本法律形成我国网络空间与数据治理的基本框架①，提出了国家数据安全管理制度、组织和个人的数据安全保护义务、支持和促进数据安全与发展的措施，以及政务数据安全与开放等内容。同时，近年来我国围绕数据安全与主权保障的治理政策密集发布，2019《数据安全管理办法（征求意见稿）》《个人信息和重要数据出境安全评估办法（征求意见稿）》等文件加强管控跨境数据流动，2021 年进一步通过了《数据安全法》和《个人信息保护法》。面向瞬息万变的网络空间与国际数据竞争场，我国需进一步夯实我国数据主权政策体系，以我国总体国家安全观为引导，以《数据安全法》为基础立足点，一方面，进一步细化我国数据主权治理细则，对数据资源进一步展开分级分类治理，并不断纳入多元主体，同时也关注设施和技术进步基础上的数据制度适用性，关注国内数字经济发展需求和水平，通过完善制度寻求更优的数据主权保障支撑，从而架构完善的国内数据主权保障体系框架；另一方面，进一步完善我国匹配数据主权政策的监管与执行机制，借鉴国际现有成熟的建设方案，在我国国家、地区纵向以及分行业、组织横向上，建设专门数据主权政策实施与监管机构，保障我国数据主权政策在政府、企业、个人各层面得到稳步实施。

总体国家安全观提出需同步重视发展与安全问题。2020 年中国数字经济实现了 9.6% 的增速，规模达 5.4 万亿美元②，未来数字经济的发展孕育着中国经济高质量发展的巨大潜力，也必将成为完备数据主权治理的重要基础前提。从总体国家安全观到数据安全，从技术民族主义到网

---

① 洪延青.与时俱进 筑牢国家安全的审查防线:对《网络安全审查办法》的认识和理解[EB/OL].[2021-10-05].https://mp.weixin.qq.com/s/b4h2Ej3lN6-N1fGeQD9JsQ.

② 中国信息通信研究院.全球数字经济白皮书——疫情冲击下的复苏新曙光[EB/OL].[2021-08-30].http://www.caict.ac.cn/kxyj/qwfb/bps/202108/P020210913403798893557.pdf.

络强国，正如"信息力"是美国外交力量的倍增器一样[①]，强调提升自我技术能力以抵御外来危险的安全防御思想，是中国数据防御主义的认知建构基础[②]，在推进政策治理的同时，也需推进我国自身数据经济、数据技术的稳步发展。一方面，持续推进数字经济健康发展，健全与数字经济相适应的法律体系，完善数字经济立法相关的法律供给，夯实数字经济法治规范，推动数字产权制度改革、数字要素市场改革、数字价格改革等，推动实现数据充分汇聚与开发；另一方面，推进国家关键数据基础设施建设、安全技术研发、专门激励机制，优化现有数据资源安全保障体系，完善软硬件等物理设施，保障国家数据存储、传输等全流程的安全性，并自主研发数据安全技术，避免在关键技术问题上受制于人，通过吸纳专业研究团队，培育优质后备人才，扩展研究合作机构等方式提升网络防御度。

## 9.2 立法层面：实行综合立法与特殊立法相结合

我国已形成了以宪法为统帅，以宪法相关法、民法商法等法律为主干，以网络安全法、电子商务法等为主权时代数据治理的法律依据，以各项行政法规、部门规章及规范性文件为辅助的中国特色社会主义法律体系，同时我国《中华人民共和国数据安全法》《中华人民共和国个人信息保护法》也陆续表决通过，数据治理立法取得重要进展。但我国尚未形成完善的对内、对外数据主权治理体系，因而我国应借鉴欧盟统一

---

① NYE J S.Power in the global information age:from realism to globalization[M]. New York:Routledge,2004:75.

② 刘金河,崔保国. 数据本地化和数据防御主义的合理性与趋势[J]. 国际展望, 2020（6）:89-107,149-150.

立法、美国分业立法的模式，立足国情加快出台如数据主权安全法、数据跨境传输法、未成年人信息保护法等专门性法律政策，用以规范政府、企业、个人等相关主体对于境内隐私保护和境外跨境传输等事项的权利义务，并形成以综合立法为主导、以特殊领域专门立法为辅助的法律体系。

### 9.2.1 综合立法为主，对特殊部门实行专门立法

欧盟的统一立法有利于对个人数据的保护，美国的分散立法及行业自律则更符合数据自由流通的需求，而我国在隐私权制度尚未全面建立、信息产业行业力量不足以自律调控的背景下，应调和各种数据治理立法模式的特点以保护个人数据的相关利益，并顺应国际趋势与国家标准规范接轨，在已通过的《中华人民共和国个人信息保护法》基础上，补充相关实施细则与司法解释，进一步推动《中华人民共和国个人信息保护法》的全领域行业适用，包括个人数据跨境转移风险事项，个人数据分级分类管理，以及相应的损害赔偿与救济规定等。

综合性与特殊性立法立规相结合，革新政策体系构建范式。欧美及俄罗斯均呈现个人数据跨境保障综合性、统一性立法与分行业、分领域、分地区特殊性立法相结合特征，欧盟与俄罗斯的统一立法、安全诉求有利于对个人数据的保护，美国的分散立法及行业自律则更符合数据自由流通的需求。当前，我国为保护个人信息权益、规范个人信息处理活动、促进个人信息合理利用，通过了《中华人民共和国个人信息保护法》，构建起了有关保护个人信息的科学、系统、全面的顶层设计，但在实施上存在着信息划分与认定标准仍需明确、规则落实困难等问题，由于个人信息保护涉及的对象多、领域广，还存在针对不同主体保护规则不够健全、多部门职责交叉或者职权定位不够明晰等问题。因而除继续完善综合立法之外，要针对不同主体（如妇女、未成年人、特定职业

人群）、不同公私部门（政府、企业、行业组织等）、不同数据行业（金融、电信、互联网、医疗健康、教育等）、不同地区范畴（试点区域、省市县级、外贸港口等），展开针对性的立法立规，明确可实施的细分细则，满足不同细粒程度的个人数据跨境流动需求①。

对于国家司法、海关税务等特殊领域以及银行金融、电子医疗等国家命脉行业，应有通用法之外的特殊规定或是分行业立法规制，如《通用数据保护条例》（GDPR）规定不适用于基于侦查刑事犯罪、预防公共安全威胁等目的的个人数据处理及自由流动规制。考虑到国家司法机关履行职责及做出决策的独立性，以及海关税务等部门所掌握个人数据与社会利益及国家安全的紧密性，应有专门的立法来规制司法税务等相关机构及其人员的职责义务等。

对于妇女、未成年人、残疾人等特殊人群，应将相关主体所产生的数据纳入敏感信息范畴并制定专门的数据保护规则，如美国《儿童在线隐私保护法》等。我国虽已有《中华人民共和国民法》《中华人民共和国未成年人保护法》等规定 18 岁以下未成年人需要有监护人，并且任何组织和个人不得披露未成年人隐私，但是考虑到网络环境中未成年人数据的特殊性，仍需要一部专门保护未成年人网络个人数据的单行法规，用以确立数据有限收集原则、父母等监护人事先同意原则等数据的收集处理原则，以及父母及未成年人的相关权利等，以提供未成年人数据保护的法律保障。

### 9.2.2　对政府机构进行赋权及权力约束

主权域内而言，需维持政府信息公开与个人隐私保护之间的平衡。我国《中华人民共和国政府信息公开条例》规定行政机关应依法公开与

①　冉从敬,刘瑞琦,何梦婷.国际个人数据跨境流动治理模式及我国借鉴研究[J].信息资源管理学报,2021（3）:30-39.

社会成员利益相关的信息以供其查阅下载等，但《中华人民共和国保守国家秘密法》也限定行政机关不得未经相关权利主体同意而公开涉及国家秘密、商业秘密和个人隐私的政府信息。所以我国在当前已通过的《中华人民共和国个人信息保护法》的基础上，应进一步参考已有的《个人信息安全规范》《个人信息保护指南》等国家标准对个人信息的定义，进一步明确界定保护对象的数据范围、赋予相关机关单位调查执法权力、规定发生侵害行为之后应承担的行政责任等，细化《个人信息保护法》的实施细则，并与《保守国家秘密法》等已有法律保持基本原则的一致性及法律条款的有效性。

主权域外而言，需维持数据跨境流动与公民权利保障、社会利益维护和国家网络安全防护之间的平衡。如美国 CLOUD 法案赋予其政府跨境单边电子取证的权力，虽然其网络霸权及长臂管辖的主张不可取，但我国可借鉴其中充分保障本国政府在涉外事件中的主导权的思想，在我国《中华人民共和国个人信息保护法》的跨境数据转移场景中进一步赋予相关机构以充分的决策自主权，对于接收我国公民数据的第三方国家或地区做出严格的规范要求，并在发生侵害数据主体权利、损害社会公共利益、破坏国家主权完整等行为之后施以严格的处罚措施。

### 9.2.3 对数据控制者进行责任与义务规范

公司企业作为数据控制者与数据处理者，承担着保护个人数据隐私不受侵犯的基本职责。欧美大型互联网企业中已开始广泛设置数据首席官、隐私保护官等职位，以监督企业大规模处理个人数据的行为规范。我国也可借鉴《通用数据保护条例》对数据保护官的定义，并以法律明文规定，超过 5000 人的大型公司必须设置数据保护官一职，无论是外部聘用还是企业内部员工，都需保证其履行数据保护监督职责中的独立自主权，并对接相应的政府监管机构。

借鉴《通用数据保护条例》中赋予个人数据主体以可得权、修改权与便携权，以及删除权、限制权、忘却权与反对权等各项权利，我国的法学学术界及政府立法进程也相应引入数据可携权、被遗忘权等说法，鉴于权利与义务一体两面，则也应对数据控制者做出相关的删除义务、安全管理义务、告知同意义务等规范。

一是提供数据查询、修正及删除的义务。英国《数据保护法》规定数据控制者应向数据主体提供开放的数据库，以便其查询并发现不正确的个人数据，且应与数据主体保持定期联系并及时更新不正确的数据。美国《公平信用报告法》中也提到消费者有权获知自己的信用状况评估并对不实信息进行申诉。所以数据控制者作为对数据主体的个人数据进行收集存储、开发利用等系列行为并为其提供商品或服务的行为体，应履行提供数据查询、修正及删除的义务。

二是保障个人数据安全管理的义务。法律允许数据控制者追求合理的商业利益，但是需保障其合法性及正当性，禁止通过滥用个人数据、非法售卖等行为侵害数据主体权利。《通用数据保护条例》规定数据控制者应实施相应的技术性和组织性保护措施，以免个人数据被窃取、篡改、损毁或泄露，德国、法国等国家也相应建立自己的基础设施网络以保障数据传输安全。所以在我国《中华人民共和国个人信息保护法》及未来的下位法、配套制度与实施细则的制定与完善中，应始终严格规范数据控制者确保网络安全、抵御网络危害、保护数据主体的个人数据安全的义务。

三是在数据跨境场景发生之前主动告知同意的义务。韩国《个人信息保护法》确立了严格的知情同意机制，要求数据控制者应充分履行告知义务并协助数据主体理解其内容。《通用数据保护条例》中所引用的《关于消费者合同的不公平条款指令》也提出数据控制者应事先制定易理解、易获取，且不能包含不公平条款的同意声明，以供数据主体做出真实自由的选择并做出知情同意的操作处理。因而我国在数据跨境转移规则尚不明晰的前提下，出于对人权的尊重应在相关个人数据跨境之前对数据主体予以告知并获取其同意。

## 9.3 监管层面：设置中央监管和地方辅助执行

我国尚不存在专门的个人信息保护监管机构，而是由国家网信办统一协调网络安全的监督和规制工作，由工信部、中国人民银行、国家市场监督管理总局等分别监管电信服务、金融服务以及消费者服务相关领域的个人信息保护。借鉴欧盟设置数据保护委员会专门监管《通用数据保护条例》及各成员国的立法实施、美国授权联邦各委员会并行执法、日韩设置政府部门与私营领域分开监管等方式，我国立足于在数据领域还未形成完善的法律体系及有效的行业联盟的基本国情，应设置专门的监管机构负责《个人信息保护法》等相关法规的实施并由地方机构具体执行，在各行业内部逐步加强数据保护立法及配套监管，并与国际上相关机构合作处理跨境纠纷，形成"中央监管地方执行、行业内统一标准、国际联合执法"的监管体系。

### 9.3.1 中央监管、地方执法、互为监督

考虑到我国之前没有专门的个人信息保护立法，因而《个人信息保护法》出台之初可能会遇到个人、社会企业、政府部门等诸多层面的实施困难，因而需借鉴欧盟为 GDPR 专设数据保护委员会的做法，也应设置配合《个人信息保护法》的专门执法机构。结合我国现有的中央及地方分支机构共同执法的状态，应设置中央个人信息保护监管委员会负责统领个人数据保护的监管职责，并在各省市设立中央监管委员会的地方

支委会负责执行。

个人信息保护监管委员会作为独立的执法机构，应通过报告、建议、指令等形式落实对个人的数据保护及公民的权益维护。中央监管委员会应重点对《个人信息保护法》进行执行监督，制定相关的解释条款及实施细则以供指导，并对个人数据保护的行业自律进行相关指导监督，比如跨境数据通信产业联盟等；地方监管委员会则侧重于《个人信息保护法》在地方政府的落实，并提供日常的数据主体申诉与仲裁救济服务。此外借鉴德国将联邦数据保护专员作为国家监管机构对内与各州数据保护专员建立单点联系、对外综合协调欧盟成员国之间跨境合作的做法，我国也可由中央个人信息保护监管委员会统一协调国内监管事项，但是可在此基础上增设各地方政府监管支委会之间可以互通有无，相互协作并彼此监督的机制，支委会之间形成网状的联络方式以便跨市或跨省执法。

### 9.3.2 统一行业数据治理监管

以我国金融行业为例，《中华人民共和国商业银行法》《中华人民共和国证券法》《中华人民共和国保险法》均有设置相应的监督管理条款，例如《中华人民共和国商业银行法》规定商业银行的存款贷款、清查结算等情况随时受到国务院银行业监督管理机构的检查监督以及审计机构的审计监督，且商业银行应按规定向其监管机构及人民银行报送财会统计报表、经营管理资料等；《中华人民共和国证券法》规定证券市场中证券的发行、上市、交易、结算等行为受国务院证券监督管理机构的监督管理及审批核准，以保障证券市场的合法运行；《中华人民共和国保险法》规定保险行业保险险种相关的保险条款及保险费率由国务院保险监督管理机构进行审批及监管，以此保障投保人及受益人的相关合法权益。除上述规范金融市场活动的立法之外，金融行业还有《电子银行业务管理办法》《征信业管理条例》等法规对电子银行数据、征信信息等相关的采集处理及出境做出了规定，但是缺乏统一的行业数据保护规范。基于"一致性适用原则"，我国应借鉴美国分业立法及监管的模式，例如消费者金融保护局及联邦银行依照《金融消费者保护法》对金融领域进行监管、卫生部依照《健康保险携带和责任法》对医疗领域进行监管、教育部依照《家庭教育权和隐私权法》对教育领域进行监管，在各行业内部统一标准规范，从单行法律监管转入统一行业数据治理监管。

### 9.3.3　国际协同办案、联合执法

随着网络空间逐步超越国界，互联网企业提供跨国或跨地区的产品及服务，网络空间的管辖权成为数据治理的核心议题。在立法层面，互联网相关法规已突破传统法规中的属地原则，不仅适用于一个国家或地区的实体，还对国家或地区之外的实体产生法律约束，个人数据保护立法超越其领域管辖区域的管辖权也逐步得到国际法的认可。美国1998年出台的《儿童在线隐私保护法》对所有收集美国儿童信息的网站做出规范，无论该网站是在美国境内或境外注册，也无论其建立者是美国公民还是外国人；新加坡2012年《个人数据保护法》规定，该法案的管辖对象范围为所有与新加坡有连接点的个人数据。在监管层面，欧洲数据保护委员会、美国司法部、新加坡个人数据保护委员会等也被赋予了域外执法的权力。我国应取其精华，在构建主权域内个人数据保护监管体系的同时，也增设监管机构的域外执法监管权，并与域外相关监管机构搭建起协同办案、联合执法的桥梁。

## 9.4　核心客体：进行数据全生命周期治理

对于治理的数据客体，我国《个人信息安全规范》作为推荐性国家

标准、《互联网个人信息安全保护指南》作为国家标准指导性文件，确立了贯穿信息收集阶段、加工阶段、转移阶段和删除阶段等生命周期各环节的对于信息的收集、保存、使用、委托处理及公开披露等行为的原则规范。但由于上述文件的法律效力不足以强制执行，且只提出了基本原则要求而未曾考虑实际落地场景的适用，网络空间数据治理仍存在安全管理不足、隐私泄露泛滥、侵害投诉无门等诸多问题，因而缺乏强有力的数据分级分类管理制度、隐私保护及数据泄露制度以及司法救济制度的规则设计。

### 9.4.1　数据分级分类管理制度

数据的分级分类管理，不仅应借鉴澳大利亚政府对数据进行安全分类标识、传播限制标识和警告标识用以分类进行域内数据保护及域外数据传输管理，更应重视敏感数据保护、数据画像规范和数据匿名化处理等特殊专题。

一是对敏感数据的特殊保护，应对唯一身份识别信息、儿童个人数据和个人位置数据给予足够重视。如身份证号码等辨识度极高的唯一身份识别信息，一旦泄露或篡改将对数据主体带来长远性的、连带性的权益损害，韩国网络实名制的几经废立事件便是前车之鉴，所以我国应对唯一身份识别信息的收集利用予以更严格的规定；对于儿童数据和个人位置数据的泄露，我国已出现雀巢员工从医务人员处非法获取婴幼儿信息、滴滴外包员工非法售卖用户出行记录的先例，并对当事人造成无法挽回的恶劣影响。随着网络在未成年人群中的普及以及未来自动驾驶技术的发展，我国更应对儿童数据和位置数据的利用做出严格规制。

二是针对数据画像的特别规范。数据画像是通过对个人数据的自动化处理及分析预测之后，所形成的对个人全方位的特征及偏好评估，被广泛用于市场营销等活动。由于数据画像的数据源仍是受保护的个人数据，因而相关企业在进行画像活动之前必须取得用户的知情同意，并告知画像所使用的具体信息、画像服务的目的及可能的风险等事项。若是涉及个人的财产、健康、身份识别等敏感信息，则应在画像之前借鉴英国《个人隐私影响评估手册》、加拿大《隐私影响评估指令》等展开隐私影响评估。

三是数据匿名化处理，通过匿名化切断个人与匿名数据之间的法律联系。美国《健康保险携带和责任法》对去身份化做出了"没有合理的基础能认为该数据可被用来识别特定个人"的法律界定，英国、新加坡、日本等国的个人数据保护法也对于企业向第三方提供匿名化数据提出了相关义务要求。我国处于面对隐私保护和数据流通之间的矛盾及平衡的关键阶段，应巧妙利用数据匿名化处理方式，实现充分保障个人隐私安全的前提下数据最大化合理利用。

### 9.4.2 隐私保护及数据泄露通知制度

在解决日益迫切的隐私保护及跨境流通平衡的问题之上，一方面应设计隐私保护制度做好事前防护措施，另一方面应设计相应的数据泄露通知制度以完善事后补救机制。二者双管齐下，形成事前、事中和事后的全流程闭环的数据治理模式。

隐私保护设计（Privacy by Design，PbD）最早由加拿大的隐私专员提出，为应对基于大规模地处理个人数据所带来的隐私风险，应在产品设计→投放市场→停止使用等产品及服务的全生命周期中贯穿数据保护理念，并使之成为企业组织运营的常规模式。PbD提出了主动预防而非消极补救、隐私保护作为默认设置、隐私保护贯穿设计、全功能正和而非零和规则、终端安全、可视度和透明度、以用户为中心尊重其隐私等七项基本原则，其把用户利益作为最高利益、将完善的隐私保护措施作为默认设计的思想，已逐步被欧盟及美国政府认可，并在隐私保护框

架指南中初见雏形。我国应借鉴其在产品服务全流程中均赋予个人以最
大数据控制权的做法，构建一套面向终端用户的软件开发及后台管理的
完整隐私保护体系。

数据泄露通知（Data Breach Notification，DBN）制度由美国最早
立法创立，旨在规范数据控制者应在用户个人数据泄露之后及时通知当
事人及相关监管机构。美国各州规定应在 5 到 45 天不等的时间期限内
完成泄露事故影响评估并通知相关用户；欧盟制度更为严格，要求在发
生泄露事故的 24 小时内应通知主管机构；韩国也规定事件发生后应及
时报告给韩国通信委员会及用户。我国可适当借鉴其做法，规范数据泄
露之后相关运营商应对用户及监管机构告知泄露范围、泄露时间、用户
可采取的措施、服务商的应对措施等事项的义务。

### 9.4.3　侵权责任及司法救济制度

欧盟及其成员国对违反个人信息保护法之后的罚款金额做出了规
定，《通用数据保护条例》（GDPR）将其侵权行为和行政处罚分为两类，
一类最高处 1000 万欧元或企业年营业额 2% 罚款，另一类最高处 2000
万欧元或企业年营业额 4% 罚款；法国《信息自由法》及《刑法典》规
定在 GDPR 条款的基础之上，法国信息自由委员会可根据特定的违法行
为对其处以刑事处罚并判处五年监禁和 30 万欧元罚金；德国《联邦数
据保护法》则规定 GDPR 的处罚条例可直接适用。日本政府对于侵犯行
为的处理方式则是先向违规者签发行政指引，其本质是在处罚前给予警
告并协助解决违规问题，对于未遵守行政指引的再处以最高一年监禁或
50 万日元罚款。

在我国的司法体系中，违反个人信息保护法的相关组织及个人应承
担不同层次的民事责任、行政责任或刑事责任。对于个人隐私被侵犯的
行为可申请仲裁或提起诉讼，主张侵权责任并向违约方主张违约责任，

要求其停止侵害、恢复名誉、赔偿损失等；对于违反相关法规的企业经营者，主管机关可对其施以行政处罚，要求其改正违法行为、处以所得十倍以下罚款、停业整顿等；对于非法窃取及出售个人数据情节严重的，可构成侵害公民个人信息罪，可处以七年以下有期徒刑及相应刑事处罚。但是对于受害人的补偿及相关救济仍不完善，我国应考虑在相关立法中纳入受害人隐私被侵犯程度的评估，并对被侵权人施以不同程度的救济，提供相关申诉渠道。

## 9.5 关键环节：对数据跨境做好出入境的安全规制

全球贸易环境下的数据跨境转移，已经在个人与个人之间、公司与公司之间、政府与政府之间，以及公司与用户及政府之间发生得更加频繁。我国对于数据跨境流动的规制，仅在《个人信息和重要数据出境安全评估办法（征求意见稿）》和《信息安全技术 数据出境安全评估指南（草案）》中有所体现，且仅是粗略地对个人信息和行业重要数据做出定义并草拟了总体评估流程，而缺乏对于境内数据的出境管理以及对于境外数据的入境管理等分类情形下具体实施场景的规范管理。

### 9.5.1 境内数据的出境管理规范

我国《个人信息和重要数据出境安全评估办法（征求意见稿）》规定，数据出境是指"网络运营者将在我国境内运营中收集和产生的个人信息和重要数据，提供给位于境外的机构、组织及个人"的行为。数据出境主要发生在本国企业境内总部向境外分部提供数据，以及外国企业在我国的境内分部向其境外总部及其他分部提供数据两种场景之下。

对于本国企业境内总部而言，公司可能把研发、市场、营销等不同职能部门分散部署在不同的国家，也可能通过外包方式将数据的录入工作从国内转移至欧洲或亚洲其他国家，以上情形催生频繁的数据跨境转移行为，因而公司需做好以下方面的重点风险管控：

一是选择合适的数据中心所在地。例如腾讯云已在我国香港地区、美国硅谷、美国弗吉尼亚州和印度孟买建立了国际四大数据中心，以期为当地政企及出海企业用户提供云计算相关产品及技术方案，则意味着几大数据中心要分别遵守中国香港的个人数据保护法、美国的分行业数据保护法以及印度的本地化数据保护法。而早在 2014 年，小米就因将用户信息回传至北京服务器而受到新加坡等国家的相关调查。故而企业应依据不同司法地区的数据保护立法水平，评估相关风险系数并选择合适的数据中心。

二是对于跨境收购案中的尽职调查风险管控。在跨境收购案中，公司需要对被收购方的雇员信息、供应商名单、合同信息等展开调查以确认其收购行为物有所值，在此过程中就会涉及双方保密协议以及跨国跨境的信息审查和数据转移问题。在许多欧盟成员国，雇员代表拥有法定的咨询权甚至共同决定权，用以阻挠其个人信息的跨境转移从而阻碍收购活动。所以我国政府及企业应重视尽职调查程序带来的数据保护问题，并通过评估所处理的数据内容及范围、为数据处理寻找法律依据、为数据转移制定安全措施等方式进行风险规避。

三是考核数据处理及跨境传输的外包方。外包即委托第三方进行数据处理以便节省费用并提高效率，然而随之会带来个人数据跨境转移、相关主体失去对数据的控制权，以及境外数据处理的安全侵害问题等风险。英国工会向英国信息专员投诉，指出劳埃德银行将客户数据处理的IT 业务外包给 IBM 违反了《数据保护法》；加拿大信息和隐私专员发布报告对英属哥伦比亚公共部门向美国外包的业务表示关注，因为根据《爱国者法案》美国可能访问这些数据。以上案例均是因为引入外包带来的数据保护风险，所以我国应对引入外包技术进行域内数据处理和域外跨境传输的问题给予足够重视，对外包服务供应商的法定义务、访问权限控制、加密技术保障等做好规范。

对于外国企业境内分部而言，存在与其境外总部的数据共享、分公司的数据回传等业务场景，应重点考察其公司是否存在内部约束规则、是否已制定完善的数据出境全流程安全评估、是否已有对于数据连续转移的规范等。

一是公司内部约束规则，考察企业内部是否有一套通用的数据保护标准，是否已达到本地的数据保护最低要求。例如位于我国的个人直接或通过中国分公司向位于欧洲的分支机构提交了个人信息，当欧洲分公司违反公司的隐私规则并不当处理个人信息后，我国个人用户可以直接向中国分公司投诉并得到协助解决，而至于究竟是由中国分公司还是欧洲分公司担责则由公司内部决定。若是外企境内分部违反了我国个人数据保护立法，则我国有关监管机构有权对其展开调查并施以处罚。

二是数据出境全流程的安全评估及风险防范。对于外企在我国的境内分部而言，需要制定完善的出境流程评估制度，包括出境的数据类型限制→出境目的及必要性评估→对于相关的法律风险和技术风险评估→发生侵权行为后的事后处罚及救济等全流程，以评估数据出境的合法性、正当性和必要性，并将数据出境后被泄露的风险降至最低。在公司成立安全自评估工作组进行以上工作的基础上，还需接受我国网信办、行业主管部门所代表的政府评估。三是对于数据的连续转移控制。在如今的全球贸易商业环境中，数据不再仅是发生一次跨境转移就停止，更多的是数据的连续转移及数据处理者的多次变更。如外企的中国分公司将产品数据出售给美国公司，美国公司再次转卖给英国的第三方公司；或者是外企的中国分公司将其业务数据传给欧洲总公司，但欧洲及其他地区的分公司也可以对此数据集进行日常访问。欧盟欧洲数据保护委员会的前身，全称第 29 条数据保护工作组已强调"数据从目标第三国再向其他第三国转移，只有当第二个数据接收国已达到充分保护水平才允许"，我国也应对数据连续转移的过程进行恰当控制，并对其最终目的地国家提出数据保护水平的相关要求。

### 9.5.2　境外数据的入境流通准则

欧盟的数据转移相关法律只考虑了从欧盟向第三方国家或地区出口个人数据的情况，而未考虑从第三方进口个人数据的情形，但是这并不意味着个人数据进口到欧盟国家就没有法律后果。欧盟众多成员国的数据保护机构均认为，数据一旦进口到欧盟就必须遵守欧盟的个人数据保护法，即使该数据集中不包括欧盟公民数据。在 2000 年微软和西班牙数据保护署的争议案件中，西班牙数据保护署坚持认为，微软从美国网站上收集的西班牙公民个人数据一旦回到西班牙便受到西班牙法律管辖。对于我国而言，考虑到基本人权及社会秩序的维护，也应确立境外数据入境的流通准则，明确禁止入境数据清单、检查入境数据的合法性及完整性、控制相应数据的留存期限等。

一是明确禁止进入境内流通的数据清单。上海市数据交易中心于 2017 年发布了"数据流通禁止清单"，通过禁止相关数据的复制传播以维持交易市场正常秩序，其中禁止流通的数据类型包括危害国家安全和社会稳定的数据、诽谤及损害名誉等涉及特定个人权益的数据、商业秘密等涉及特定企业权益的数据等。在我国主权域内，《中华人民共和国消费者权益保护法》《中华人民共和国电信条例》《互联网信息服务管理办法》等相关法规已对有关数据做出了明确定义，但是上升到主权国家层面，我国仍需有专门的跨境转移办法及跨境数据禁止清单，用以维护境内的网络环境安全及国家主权安全。

二是对传输数据是否受损及其完整性的确认。无论是国际组织层面的欧盟《通用数据保护条例》、经合组织《保护个人信息跨国传送及隐私权指导纲领（1980）》、亚太经济合作组织《APEC 隐私框架》《跨境隐私规则体系》，还是各主权国家的美国《隐私法》、英国《数据保护法》、日本《个人信息保护法》、韩国《个人信息保护法》，以及我国的《中华人民共和国个人信息保护法》，均在个人数据保护条款中声明数据处理过程中的完整性原则。个人数据准确、完整且及时更新，是一切数据处理活动的前提和基础，所以在数据入境之后，需要检查传输数据是否受损、是否失真以确保其完整性，从而保障传输的数据可以作为交易标的物直接在数据交易市场正常流通。

三是对于存储保留期限的控制。欧盟《通用数据保护条例》从时间维度要求数据存储的时间不能长于实现特定目的所必需的时间，目的达成之后数据控制者不得继续存储相关可识别的数据；美国 CLOUD 法案对于适格外国政府提出的限制性要求也规定，外国政府按审查协议收集的数据，仅可在必要期限内存储在安全系统内提供给专业人员访问。所以考虑到数据的隐私保护，对于域外电子取证或跨国执法所需的数据跨境转移，应保证数据转移之后仅保留为实现目的所必需的最短期限，一旦目的实现或执法完成，则应及时删除跨境所得数据的副本。

本书基于我国数据治理现存问题从立法、监管、数据生命周期治理及数据跨境专题等层面提出了对策建议。在立法层面，构建"综合立法 + 分业立法 + 特殊立法"的多维立法体系，以综合立法为主、对特殊部门实行专门立法，并分别对政府机构进行权力约束、对企业进行责任义务规范；在监管层面，实施"中央监管 + 地方执行 + 行业内统一标准"的监管模式，国内各行业内部统一监管标准，并实行中央监管、地方执法并互为监督，国际之间协同办案、联合执法；在数据客体对象层面，进行全生命周期的数据治理，在数据收集存储阶段实施数据分级分类管理、在数据利用阶段实行隐私保护及数据泄露通知制度、在数据披露阶段推行侵权责任及司法救济制度；在数据跨境专题层面，对境内数据的出境重点实行谨慎选择数据中心、实施尽职调查、考核数据传输外包方等风险管控方案，对境外数据的入境重点采取明确禁止入境流通清单、确认所接收数据的完整性、严格控制存储期限等措施。

# 结　语

　　主权是国家概念的核心。传统的国家主权概念，总是与地理空间因素相关联。信息科技的不断发展，网络空间无处不在、无所不及、无人不用，数据资源成为重要的战略资源，网络空间生态与综合国力的格局发生深刻变化，网络空间的国际冲突和安全危机成为国家主权安全的巨大隐患。网络空间成为大国间进行政治、经济、外交、安全博弈的新空间和新战场，将国家间的博弈维度从海、陆、空、太空进一步扩展到第五维度。美国、英国和澳大利亚宣称国际人道主义法适用网络战争，为可能出现的网络战争做好法律准备；美国明确提出将战略威慑作为未来重点，声称保留使用所有必要手段的权力，对网络空间的敌对行为作出反应；俄罗斯、英国、法国、德国等国家也都将网络攻击列为国家安全的主要威胁之一。在相继发布《网络空间国际战略》《网络空间行动战略》后，奥巴马签署《美国网络行动政策》，明确从网络中心战扩展到网络空间作战行动等。

　　在此背景下，主权概念开始与地理要素脱离，数据主权成为新的概念分支并占据主权体系版图核心，对国家的日常运行和长远发展产生重要影响，越来越成为综合国力竞争的核心要素。数据主权是国家主权在网络空间的核心表现，关系到数据安全、数字鸿沟、个人隐私，是国家安全和发展的核心利益所在[①]。为了争夺数据主导权，各国之间的数据主权博弈日益加剧，发达国家相继推出数据主权政策并制定相关发展战略。《爱国者法案》增强了美国联邦政府搜集和分析全球民众私人数据信息的权力；欧盟委员会则提出改革数据保护法规，试图对所有在欧盟境内的云服务提供者和社交网络产生直接影响；德国总理默克尔表示，欧洲互联网公司应当将相关数据的流动情况告知欧洲，如果与美国情报部门分享数据，首先必须经过欧洲的同意认可；德国本国公民数据的行为必须遵守德国的法律；欧盟议会高票通过《欧盟个人数据保护条例》，促进形成欧盟数字统一市场。

我国作为世界上最大的发展中国家，拥有着海量数据资源、广阔数据市场与复杂的数据关涉主体，数据主权是我国在大数据时代下提出的具有中国特色的主权理论。面向大数据时代，探讨数据主权保障方案，是我们数据领域研究者必须回答的关键问题，也是我们研究者不可推卸的时代责任。本书主要围绕数据主权的理论体系、国际进展与我国应对问题，探讨数据主权发展缘起、概念体系与功能构成，对国际数据主权体系演进、保障实践予以梳理和总结，并明晰数据主权的国际风险态势与关键治理环节，并在国内外主权视角下数据治理态势与进展的基础上，提出我国数据主权治理借鉴与进路。本书对于数据主权问题展开了宏观把握与探讨，明确了我国数据主权研究必须在借鉴国际、立足自身的双重视角下深入的思路，也提出了初步的具有中国特色社会主义的数据主权实践进路，提供了来自图情学科、公共管理与法学的交叉视角，并将在后续研究中对本书中提到的相关问题进一步探究。

---

① 张晓君.数据主权规则建设的模式与借鉴:兼论中国数据主权的规则构建[J].现代法学,2020(6):136-149.

# 附　录

## 附录 1　数据主权主要国际法中英文对照表

| 国家 / 组织 | 法规中文名称 | 法规英文名称 |
|---|---|---|
| 澳大利亚 | 《隐私法》 | *Privacy Act 1988* |
| 印度 | 《信息技术法》 | *The Information Technology Act* |
| 印度 | 《个人数据保护法案》 | *Personal Data Protection Bill* |
| 印度尼西亚 | 《信息和电子交易法》 | *Electronic Information and Transactions Law* |
| 日本 | 《个人信息保护法》 | *Act on the Protection of Personal Information*（APPI） |
| 日本 | 《网络安全战略》 | *Cybersecurity Strategy*（2013、2015、2018） |
| 韩国 | 《个人信息保护法》 | *Personal Information Protection Act* |
| 韩国 | 《信用信息的利用及保护法》 | *Credit Information Use and Protection Act* |
| 马来西亚 | 《个人资料保护法令》 | *Personal Data Protection Act 2010*（PDPA） |

续表

| 国家 / 组织 | 法规中文名称 | 法规英文名称 |
|---|---|---|
| 新西兰 | 《隐私法》 | *Privacy Act 2020* |
| 菲律宾 | 《数据隐私法案》 | *Data Privacy Act of 2012* |
| 新加坡 | 《个人数据保护法案》 | *Personal Data Protection Act 2012* |
| 斯里兰卡 | 《知情权法案》 | *Right to Information Act* |
| 泰国 | 《商业秘密法》 | *Trade Secrets Act* |
| 泰国 | 《个人数据保护法》 | *Personal Information Protection Act 2019* |
| 越南 | 《网络信息安全法》 | *Law on Cyberinformation Security* |
| 经合组织 | 《关于隐私保护与个人数据跨境流动的指南》 | *Guidelines on the Protection of Privacy and Transborder Flows of Personal Data*（2013） |
| 世贸组织 | 《服务贸易总协定》 | *General Agreement on Trade in Services*（GATS） |
| 亚太经合组织 | 《APEC 隐私框架》 | *APEC Privacy Framework*（2015） |
| 亚太经合组织 | 《跨境隐私规则体系》 | *Cross Border Privacy Rules System*（CBPRs） |
| 欧盟 | 《关于个人数据自动化处理的个人保护公约》 | *Convention For the Protection of Individuals with regard to Automatic Processing of Personal Data* |
| 欧盟 | 《个人数据保护指令》 | *Directive 95/46/EC on the protection of individuals with regard to the processing of personal data and on the free movement of such data* |
| 欧盟 | 《欧盟基本权利宪章》 | *EU Charter of Fundamental Rights* |
| 欧盟 | 《电子通信领域个人数据处理和隐私保护指令》 | *Directive 2002/58/EC concerning the processing of personal data and the protection of privacy in the electronic communications sector* |

| 国家/组织 | 法规中文名称 | 法规英文名称 |
|---|---|---|
| 欧盟 | 《与第三方国家进行个人数据转移的标准合同条款》 | *Standard contractual clauses for the transfer of personal data to third countries*（SCC） |
| 欧盟 | 《数字化单一市场战略》 | *Digital Single Market Strategy*（DSMS） |
| 欧盟 | 《通用数据保护条例》 | *General Data Protection Regulation*（GDPR） |
| 欧盟 | 《非个人数据在欧盟境内自由流动框架条例》 | *Regulation on a framework for the free flow of non-personal data in the European Union* |
| 欧美 | 《安全港协议》 | *U.S.-EU Safe Harbor Framework* |
| 欧美 | 《隐私盾协议》 | *EU–U.S. Privacy Shield* |
| 美国–墨西哥–加拿大 | 《美墨加协定》 | *Agreement between the United States of America，the United Mexican States，and Canada* |
| 美国 | 《信息自由法》 | *The Freedom of Information Act* |
| 美国 | 《公平信用报告法》 | *The Fair Credit Reporting Act* |
| 美国 | 《联邦贸易委员会法案》 | *Federal Trade Commission Act* |
| 美国 | 《隐私权法》 | *The Privacy Act* |
| 美国 | 《金融隐私权法案》 | *The Right to Financial Privacy Act* |
| 美国 | 《电子通信隐私法》 | *The Electronic Communication Privacy Act* |
| 美国 | 《健康保险携带和责任法》 | *The Health Insurance Portability and Accountability Act* |
| 美国 | 《儿童在线隐私保护法案》 | *The Children's Online Privacy Protection Act* |
| 美国 | 《金融服务现代化法案》 | *Financial Services Modernization Act* |
| 美国 | 《电子政务法》 | *E-Government Act* |

续表

| 国家／组织 | 法规中文名称 | 法规英文名称 |
|---|---|---|
| 美国 | 《联邦信息安全现代化法》 | *The Federal Information Security Modernization Act* |
| 美国 | 《电子邮件隐私法》 | *Email Privacy Act* |
| 美国 | 《边界数据保护法》 | *The Protecting Data at the Border Act* |
| 美国 | 《数据经纪人问责制与透明度法案》 | *Data Broker Accountability and Transparency Act* |
| 美国 | 《澄清域外数据合法使用法案》 | *Clarifying Lawful Overseas Use of Data Act* |
| 英国 | 《公共记录法》 | *Public Records Act* |
| 英国 | 《数据保护法》 | *Data Protection Act* |
| 英国 | 《信息自由法》 | *Freedom of Information Act* |
| 英国 | 《通信监控权法》 | *Interception of Communications Act* |
| 英国 | 《隐私与电子通信条例》 | *Privacy and Electronic Communications Regulations* |
| 英国 | 《公共部门信息再利用条例》 | *The reuse of Public Sector Information Regulations* |
| 英国 | 《英国政府许可框架》 | *UK Government License Framework* |
| 英国 | 《自由保护法》 | *Protection of Freedom* |
| 英国 | 《个人隐私影响评估手册》 | *Privacy Impact Assessment* |
| 英国 | 《网络和信息系统安全法规》 | *The Security of Network and Information Systems Regulations* |

# 附录 2　国际主要数据治理机构一览表

| 组织 / 国别 | 机构名称 | 机构网址 |
|---|---|---|
| 欧盟委员会 | Informatics | https：//ec.europa.eu/info/departments/informatics_en |
| 欧盟委员会 | Communications Networks，Content and Technology | https：//ec.europa.eu/info/departments/communications-networks-content-and-technology_en |
| 欧盟委员会 | Data Protection Officer | https：//ec.europa.eu/info/departments/data-protection-officer_en |
| 欧洲数据保护委员会 | The European Data Protection Board，EDPB | https：//www.edpb.europa.eu/ |
| 欧洲数据保护专员公署 | The European Data Protection Supervisor，EDPS | https：//www.edps.europa.eu/ |
| 奥地利 | Osterreichische Datenschutzkommission | https：//www.dsk.gv.at/ |
| 比利时 | Commission de la protection de la vie privee | https：//www.privacy.fgov.be/ |
| 捷克 | Úřad pro ochranu osobních údajů | https：//www.uoou.cz/ |
| 丹麦 | Datatilsynet | https：//www.datatilyynet.dk/ |
| 芬兰 | Tietosuojavaltuutetun toimisto | http：//www.tietosuoja.fi/ |
| 法国 | Commission Nationale de l'informatique et des Libertés，CNIL | http：//www.cnil.fr/ |

续表

| 组织/国别 | 机构名称 | 机构网址 |
|---|---|---|
| 德国 | Der Bundesbeauftragten für den Datenschutz und die Informations freiheit，BFDI | https：//www.bfdi.bund.de/ |
| 希腊 | Hellenic Data Protection Authority | https：//www.dpa.gr/ |
| 匈牙利 | Hungary Paliamentary Commisioner for Data Protection and Freedom of Information | http：//abiweb.obh.hu/abi |
| 爱尔兰 | Data Protection Commission | https：//www.dataprotection.ie/ |
| 意大利 | Garante per la Protezione dei dati personali | https：//www.garanteprivacy.it/ |
| 荷兰 | Autoriteit Persoonsgegevens | https：//autoriteitpersoonsgegevens.nl/ |
| 波兰 | Urząd Ochrony Danych Osobowychul，UODO | https：//www.uodo.gov.pl/ |
| 西班牙 | Agencia espanola protection dtos，AEPD | https：//www.agpd.es |
| 瑞典 | Datainspektionen | http：//www.datainspektionen.se/ |
| 英国 | Information Commissioner's Office，ICO | https：//www.ico.gov.uk |
| 日本 | 个人情报委员会（Personal information protection commission，PPC） | https://www.ppc.go.jp/ |

## 附录 3   美国分行业领域数据权利代表性制度概览

| 年份 | 制度 | 内容 |
|---|---|---|
| 1939 | 《侵权法重述》（*Restatement of the Law*） | 明确隐私权独立地位 |
| 1971 | 《公平信用报告》（FCRA） | 明确征信、授信业务链中个人信息利用与保护规则 |
| 1972 | 《正当信息通则》（*Fair Information Practices*） | 应对自动数据系统信息收集风险 |
| 1974 | 《家庭教育和隐私权法》（FERPA） | 强调保护学生个人信息安全 |
| 1974 | 《隐私法案》（*The Privacy Act of 1974*） | 规范个人信息的收集、存储、使用和保密 |
| 1984 | 《计算机欺诈和滥用法》（CFAA） | 规制网络信息侵害 |
| 1986 | 《联邦有线通信政策法案》（CCPA） | 限制收集、存储、公开、利用用户个人信息 |
| 1986 | 《电子通信隐私法》（ECPA） | 限制政府未经许可擅自窃取监听私人电子通信 |
| 1988 | 《录像隐私保护法》（VPPA） | 保护录像带租赁和销售记录安全 |
| 1996 | 《健康保险携带和责任法》（HIPAA） | 规范个人医疗信息披露规则 |
| 1998 | 《儿童在线隐私权保护法》（COPPA） | 保护 13 岁以下儿童的信息 |
| 1999 | 《金融服务现代化法案》（GLBA） | 明确个人金融信息的使用与保护 |
| 2003 | 《反垃圾邮件法》（CAN-SPAM） | 管制电子邮件 |
| 2018 | 《加利福尼亚州消费者隐私保护法案》（*California Consumer Privacy Act*） | 规范企业的个人数据保护责任和义务 |

续表

| 年份 | 制度 | 内容 |
|---|---|---|
| 2019 | 《数据保护法：综述》（*Data Protection Law: An Overview*） | 系统介绍美国数据保护立法现况以及在下一步立法中美国国会需要考虑的问题 |
| | 《数据保护与隐私法律：简介》（*Data Protection and Privacy Law: An Introduction*） | 《数据保护法：综述》的简版 |

# 附录4 重要国际性文件中的数据主权

1. 中俄等国向联合国提出《信息安全国际行为准则》（2011 年首次提出，于 2015 年 1 月重新修订）

重申"与互联网有关的公共政策问题的决策权是各国的主权，对于与互联网有关的国际公共政策问题，各国拥有权利并负有责任"，提出"各国政府与各利益攸关方充分合作，并引导社会各方面理解他们在信息安全方面的作用和责任，包括私营部门和民间社会，促进创建信息安全文化及保护关键信息基础设施"，要求以和平方式解决网络空间争端。

2.《联合国宪章》中的网络主权（2013 年 6 月 24 日）

A/68/98 文件，通过了联合国"从国际安全角度看信息和电信领域的发展政府专家组"所形成的决议。第 20 条认可了"网络主权"的理念，即"国家主权和源自主权的国际规范和原则适用于国家进行的信息通信技术活动，以及国家在其领土内对通信技术基础设施 的管辖权。"2015 年 7 月，20 国形成的新的政府专家组在报告 A/70/174 中第 27 条重申了上述内容。

3. 二十国集团领导人《安塔利亚峰会公报》（2015 年 11 月 17 日）

指出"确认国际法，特别是《联合国宪章》，适用于国家行为和信息通信技术运用，并承诺所有国家应当遵守进一步确认自愿和非约束性的在使用信息通信技术方面的负责任国家行为准则"。

4. 金砖国家领导人《果阿宣言》（2017 年 1 月 11 日）

重申"在公认的包括《联合国宪章》在内的国际法原则的基础上，通过国际和地区合作，使用和开发信息通信技术。这些原则包括政治独立、领土完整、国家主权平等、以和平手段解决争端、不干涉别国内政、尊重人权和基本自由及隐私等。这对于维护和平、安全与开放的网络空间至关重要"。

5. G20 大阪峰会《大阪数字经济宣言》（2019 年 6 月 9 日）

指出"为了建立信任和促进数据的自由流动，应当尊重国内和国际的法律框架，通过合作鼓励不同框架之间的互操作性"，确认数据在发展中的作用，同时"要加强数字经济安全性重要性的意识"弥合数据主权理念上的分歧，充分发挥数据和数字经济潜力。

6. G7 联合 OECD 制定《开放、自由和安全的数字化转型战略》（2019 年 8 月 26 日）

肯定数据在发展中的作用，认同"基于信任的数据流动将有利于全球的数字化转型"，需要尊重国内和国际的基于不同数据主权理念的数据跨境流动框架，"合作鼓励不同框架的互操作性"。

7.《欧盟数字主权》报告（2020 年 7 月 2 日）

提出"数字主权"概念，涉及大数据、人工智能、5G、物联网以及云计算等内容，暗含数据主权含义，并在报告中阐述欧盟提出的数字主权背景和加强欧盟在数字领域战略自主权的行政方针及二十四项可能采取的措施，其核心为提高欧盟在数字领域的战略地位。

8. 欧洲对外关系委员会（ECFR）《欧洲的数字主权：中美对抗背景下从规则制定者到超级大国》报告（2020 年 7 月 30 日）

报告提到，GAIA-X 作为以"数据主权""数据治理"概念为动力，旨在将提高欧洲对数据流的控制能力，建立一个真正属于欧洲的数据基础设施。当"大数据和数据服务成为主权博弈的另一个空间"，"欧洲数据战略"将通过建立独立数据市场确保欧洲的国际竞争力和数据主权。

9. 欧洲数字转型协会《默尔克致力于欧盟的数字主权》（2020 年 7 月 30 日）

德国强调了促进欧盟"数字主权"的必要性，指出"希望将数字主权确立为欧洲数字政策的主旨"，捍卫其自主权，以抵御全球其他大国的技术巨头，迈向基于欧洲价值观的数字领导地位。

10. "抓住数字机遇，共谋合作发展"国际研讨会高级别会议《全球数据安全倡议》（2020 年 9 月 8 日）

外交部发言人王毅提倡尊重他国主权、不侵害个人信息的数据安全原则，提到"各国应尊重他国主权、司法管辖权和对数据的安全管理权，未经他国法律允许不得直接向企业或个人调取位于他国的数据"，反对"利用信息技术破坏他国关键基础设施或窃取重要数据"，呼吁不得"滥用信息技术从事针对他国的大规模监控"或"非法采集他国公民个人信息"。

11.《中非携手构建网络空间命运共同体倡议》（2021 年 8 月 25 日）

在尊重网络主权，构建网络空间命运共同体，合作进行数据治理的前提下，提出要"加强关键信息基础设施保护""加强数据安全管理和个人信息保护"，反对利用信息技术破坏他国关键信息基础设施或窃取重要数据，开展数据安全和个人信息保护及相关规则、标准的国际交流合作。

12. 国际主权视角下跨境数据流动相关协定

| 名称 | 理念宣言 | 协约方 | 发布时间 |
|---|---|---|---|
| 《隐私保护和跨境个人数据流动指南》 | 提出"数据跨境流动"概念，避免以隐私保护为名，为跨境数据流动设定障碍；同时保护和限制对个人数据的过度收集，维护国家数据权 | 经济合作与发展组织成员国 | 1980 年 |
| APEC 跨境隐私保护体系 | 以自愿为原则促进数据自由流动，同时建立隐私机构、问责机制协调数据流动与数据主权保护的需求 | 亚太经济合作组织成员国 | 2012 年 |
| 《关于保护隐私和个人数据国际流通的指南的建议》 | 在促进跨境数据流动的基础之上，建立"隐私执法机构"，配备具有效行使权力的管理机构捍卫国家数据权力 | 经济合作与发展组织成员国 | 2013 年 |
| 《全面与进步跨太平洋伙伴关系协定》 | 允许商业数据跨境流动；在实现合法的公共政策目标之外数据本地化不作为贸易条件 | 亚太 11 国（包括中国） | 2018 年 |
| 《美墨加三国协议》 | 确保数据的跨境自由传输和例外条款，最大限度减少数据存储与处理地点的限制 | 美国 墨西哥 加拿大 | 2020 年 |
| 《数字经济伙伴关系协定》 | 允许金融机构日常运营中的跨境数据流动；尊重成员国对跨境传输数据的监管需求，确保网络主权、数据主权安全 | 新西兰 新加坡 智利 | 2020 年 |
| 《数字经济协议（DEA）》 | 加快金融服务关系，确保数据无障碍自由流动；共同建立网络安全防御机制，包围两国网络与数据主权 | 英国 新加坡 | 2020 年 |
| 《区域全面经济伙伴关系协定》 | 明确电子商务情境下的跨境数据流动原则；非必要情况下，数据本地化不作为贸易条件 | 亚太 15 国（包括中国） | 2021 年 |

## 附录 5  我国法律政策文件中的数据主权（部分）

法律类

1.《中华人民共和国网络安全法》（2017 年 6 月 1 日施行）

建立了数据本地化存储制度，即国家通过国内立法对本国数据流向境外的活动施加限制。

第三十七条  关键信息基础设施的运营者在中华人民共和国境内运营中收集和产生的个人信息和重要数据应当在境内存储。因业务需要，确需向境外提供的，应当按照国家网信部门会同国务院有关部门制定的办法进行安全评估；法律、行政法规另有规定的，依照其规定。

2.《中华人民共和国数据安全法》（2021 年 9 月 1 日施行）

我国首部关于数据安全的法律，明确在保障数据安全的前提下，推进跨国大数据治理合作，对数据跨境流动做出相应制度安排，维护国家数据主权。

第十一条  国家积极开展数据安全治理、数据开发利用等领域的国际交流与合作，参与数据安全相关国际规则和标准的制定，促进数据跨境安全、自由流动。

第三十一条  关键信息基础设施的运营者在中华人民共和国境内运营中收集和产生的重要数据的出境安全管理，适用《中华人民共和国网络安全法》的规定；其他数据处理者在中华人民共和国境内运营中收集和产生的重要数据的出境安全管理办法，由国家网信部门会同国务院有关部门制定。

行政法规类

1. 国务院关于印发促进大数据发展行动纲要的通知（国发〔2015〕50 号）

《促进大数据发展行动纲要》系统部署了大数据发展工作。大数据成为重塑国家竞争优势的新机遇。在全球信息化快速发展的大背景下，大数据已成为国家重要的基础性战略资源，正引领新一轮科技创新。充分利用我国的数据规模优势，实现数据规模、质量和应用水平同步提升，发掘和释放数据资源的潜在价值，有利于更好发挥数据资源的战略作用，增强网络空间数据主权保护能力，维护国家安全，有效提升国家竞争力。

2. 国务院关于开展营商环境创新试点工作的意见（国发〔2021〕24 号）

《关于开展营商环境创新试点工作的意见》聚焦市场主体关切，加快打造市场化法治化国际化的一流营商环境。其中，在首批营商环境创新试点改革事项清单中指出"培育数据要素市场 开展数据确权探索，实现对数据主权的可控可管，推动数据安全有序流动。在数据流通、数据安全等方面形成开放环境下的新型监管体系"。

司法解释

1. 最高人民法院关于人民法院为北京市国家服务业扩大开放综合示范区、中国（北京）自由贸易试验区建设提供司法服务和保障的意见（法发〔2021〕11 号）

加强数据权利司法保护。依法保护权利人对数据控制、处理、受益等合法权益，依法保护数据要素市场主体以合法收集和自身生成数据为基础开发的数据产品的财产性权益。依法审理因数据确权、数据交易、数据服务、数据市场不正当竞争、数据隐私保护等产生的各类案件，加大数字安全和个人隐私保护力度，严惩侵犯个人信息的犯罪行为，为数字经济发展营造竞争中立、开放包容的环境。妥善处理国家安全、国家数据主权、企业数据产权和个人信息保护的关系，以及意思自治与行政监管的关系，为形成数据资源汇集共享、数据流动安全有序、数据价值市场化配置的数据要素良性发展格局提供司法服务和保障。

部门规章

1. 国家测绘地理信息局关于印发 2018 年测绘地理信息工作要点的通知（国测发〔2018〕2 号）

《2018 年测绘地理信息工作要点》提出切实维护国家地理信息安全。贯彻总体国家安全观，完成卫星导航定位基准站专项整治和安全升级改造，巩固全覆盖排查整治"问题地图"专项行动成果并建立治理长效机制，深化与中央和国务院有关部门的执法协作，依法查处测绘地理信息涉证、涉网、涉密、涉外、涉军违法行为。提高互联网地图监管技术水平，完善互联网地图监管、地图在线审批、地图技术辅助审查系统，研制审图号规范管理系统。强化网络安全和保密工作，探索涉密地理信息可追溯管理，增强网络空间数据主权保护能力。推广使用安全可信的地理信息技术和设备，加强重要军事设施周边测绘管理，实施涉密领域国产化替代工程，推进重要信息系统商用密码应用，开展电子政务内网建设，提高防范和抵御安全风险能力。推进各级政府、有关部门加强国家版图意识教育，引导新闻媒体开展国家版图意识宣传，协调推动将国家版图意识教育纳入中小学教学内容，规范搜索引擎优先推送标准地图供公众使用，组织开展第四届国家版图知识竞赛和少儿手绘地图大赛，切实增强公民的国家版图意识。

2. 公安部关于印送《贯彻落实网络安全等级保护制度和关键信息基

础设施安全保护制度的指导意见》的函（公网安〔2020〕1960 号）

指导重点行业、部门全面落实网络安全等级保护制度和关键信息基础设施安全保护制度，健全完善国家网络安全综合防控体系，有效防范网络安全威胁，有力处置重大网络安全事件，配合公安机关加强网络安全监管，严厉打击危害网络安全的违法犯罪活动，切实保障关键信息基础设施、重要网络和数据安全。

**党内法规**

1. 中共国家测绘地理信息局党组关于学习宣传贯彻党的十九大精神的意见（国测党发〔2017〕63 号）

要坚持国家利益至上，贯彻总体国家安全观，依法加强卫星导航定位基准站、地图市场监管，建立"问题地图"治理长效机制，依法查处测绘地理信息涉证、涉网、涉密、涉外、涉军违法行为，增强网络空间数据主权保护能力，强化国家版图意识宣传教育，切实保障国家地理信息安全，维护国家主权、安全、发展利益。